普通高等教育电工电子类课程新形态教材

电路与电子技术Ⅱ——电路分析基础

主　编　陈　晓　金　哲

副主编　夏　红　孙月兰　王淑琴

中国水利水电出版社

www.waterpub.com.cn

·北京·

内 容 提 要

本书系浙江省普通高校"十三五"新形态教材。为适应新工科背景下电类专业人才培养需求，编者以 OBE 教育理念为指导，学习和借鉴诸多电路与电子技术类优秀教材，对传统的"电路原理""模拟电子技术"和"数字电子技术"三门专业基础课程内容进行整合，形成《电路与电子技术 I ——数字电子技术》《电路与电子技术 II ——电路分析基础》和《电路与电子技术III——模拟电子技术》系列教材。

《电路与电子技术 II ——电路分析基础》适用于在低年级开展电路分析教学，主要内容包括电路定理、含有运算放大器的电阻电路、电容元件和电感元件、正弦稳态电路的分析、含有耦合电感的正弦稳态电路、三相电路、非正弦周期电流电路的分析、一阶线性动态电路的时域分析、线性动态电路的复频域分析、二端口网络、基于 Multisim 的电路仿真等。

本书配套多媒体教学课件、微课视频及课前课后测试与解析、课后习题与参考答案等，通过扫描相应位置的二维码就能获得在线教学资源，便于开展线上、线下混合式教学。

本书可作为应用型普通高等院校电气与电子信息类等本科专业的基础课程教材，也可用于高职院校电气或电子类等专业的基础课程教学，以及作为相关专业技术人员的参考用书。

图书在版编目（C I P）数据

电路与电子技术. II，电路分析基础 / 陈晓，金哲
主编. -- 北京 : 中国水利水电出版社，2022.5
普通高等教育电工电子类课程新形态教材
ISBN 978-7-5226-0279-0

I. ①电… II. ①陈… ②金… III. ①电路理论－高
等学校－教材②电路分析－高等学校－教材 IV. ①TM13
②TM133

中国版本图书馆CIP数据核字(2021)第248418号

策划编辑：石永峰　　责任编辑：王玉梅　　加工编辑：赵佳琦　　封面设计：梁　燕

书　　名	普通高等教育电工电子类课程新形态教材 **电路与电子技术 II ——电路分析基础** DIANLU YU DIANZI JISHU II ——DIANLU FENXI JICHU
作　　者	主 编　陈 晓　金 哲 副主编　夏 红　孙月兰　王淑琴
出版发行	中国水利水电出版社 （北京市海淀区玉渊潭南路 1 号 D 座　100038） 网址：www.waterpub.com.cn E-mail：mchannel@263.net（万水） 　　　　sales@mwr.gov.cn 电话：（010）68545888（营销中心）、82562819（万水）
经　　售	北京科水图书销售有限公司 电话：（010）68545874、63202643 全国各地新华书店和相关出版物销售网点
排　　版	北京万水电子信息有限公司
印　　刷	三河市德贤弘印务有限公司
规　　格	190mm×230mm　16 开本　17 印张　333 千字
版　　次	2022 年 5 月第 1 版　　2022 年 5 月第 1 次印刷
印　　数	0001—2000 册
定　　价	48.00 元

凡购买我社图书，如有缺页、倒页、脱页的，本社营销中心负责调换

前　　言

"电路与电子技术"是普通高校电气与电子信息类专业的重要基础课程，通常分为"电路原理""模拟电子技术"和"数字电子技术"三门课程来开展教学，其中，"电路原理"主要介绍电路的基本概念、定律和分析方法，要求具备高等数学和电磁学等基础数理知识；"模拟电子技术"主要介绍各种半导体器件和线性集成电路的特性、电路分析和应用；"数字电子技术"以逻辑代数为数学基础，主要介绍逻辑电路分析设计和数字集成电路应用。"电路与电子技术"课程在电类专业人才培养中具有极其重要的地位和作用，使学生具备电路与电子技术等工程基础知识，能够识别、分析和解决工程实践中的电类相关问题。

随着电子技术的快速发展，尤其是数字电子技术的发展速度几乎呈现指数规律，电子技术在现代科学技术领域中越发占有极为重要的地位。伴随着半导体集成电路技术不断向高密度、高速度和低功耗的方向取得突破，微处理器技术和大规模可编程逻辑器件得到越来越广泛的应用，人工智能、机器人等新的产业形态不断涌现。高校电气和电子信息类专业跟踪新技术发展，除了原有的单片机和微机等课程之外，相应推出了 DSP 技术、EDA 技术、嵌入式系统等以数字电子技术为基础的专业技术课程。为了适应新形势下对创新型人才的需求，很多高校将数字电子技术的课程教学前移，使之成为开启学生学习电路与电子技术的第一门专业基础课程。实践证明，只要对电路与电子技术三门基础课程的内容进行有机整合，那么，"数字电子技术"课程前移不但具有可行性，而且对培养学生创新实践能力具有显著优势。

本套书针对电路与电子技术课程改革而编写，按照"数字电子技术""电路分析基础"和"模拟电子技术"的教学顺序对课程内容进行调整，同时，根据教育部对高校课程建设提出的"两性一度"要求，结合电路与电子技术领域的最新发展成果，在保证基础的同时，强调应用性，特别是数字电子技术部分，注意引入现代数字系统设计的新理念和新方法，以适应新工科背景下的人才培养需求。本套书以学业产出导向的 OBE 理念为特色，以培养应用型人才为目标，学习借鉴了电路与电子技术众多相关优秀教材，为顺利开展教学配套了丰富的教学资源。本书在每一章前面都提出本章课程目标，并配套在线测试题库，便于读者自测学习效果；本书为每一章提供课后习题；为培养学生综合学习能力和开展课程思政，书中提供多个探究研讨案例，要求学生课外通过小组合作学习，理论联系实践，并思考工程师职责和伦理。读者在使用本书时不需将精力大量地放在元器件的内部结构和物理原理上，而应更多地注意学习和掌握其外部特性、分析方法和实际应用。

本套书的数字电子技术部分由浙江科技学院的郑玉珍、王淑琴、孙月兰、朱广信、张志飞和浙江机电职业技术学院的代红艳等共同完成，郑玉珍定稿，刘思远、戴实通等协助完成部分绘图工作。全书共十二章，分别是：电路基本概念和基本定律、电路分析基本方法、数制与编码、逻辑代数基础、基本逻辑门电路、组合逻辑电路的分析与设计、触发器、时序逻辑电路的分析与设计、半导体存储器及其应用、脉冲发生与整形电路、数模转换器与模数转换器、现代数字电路设计概述。

电路分析基础部分由浙江科技学院的陈晓、金哲、夏红、孙月兰、王淑琴等共同完成，陈晓定稿。全书共十章，内容主要包括电路定理、含有运算放大器的电阻电路、电容元件和电感元件、正弦稳态电路的分析、含有耦合电感的正弦稳态电路、三相电路、非正弦周期电流电路的分析、一阶线性动态电路的时域分析、线性动态电路的复频域分析、二端口网络，以及基于 Multisim 的电路仿真（附录）。

模拟电子技术部分由浙江科技学院的刘峰、孙勇智、郑玉珍、于爱华、徐宏飞等共同完成，刘峰定稿。全书内容共十章，分别是：绪论、半导体二极管及其基本电路、三极管及其放大电路、场效应管及其放大电路、模拟集成电路、功率放大电路、集成运算放大器及其应用、放大电路中的负反馈、信号发生与有源滤波电路、直流稳压电路。

本书在编写过程中，参考了大量国内外相关教材和技术资料，以及相关网站的公开资料，在此对这些资料的作者表示衷心的感谢！由于编者水平有限，书中难免存在错误或不当之处，恳请读者批评指正！

编　者

2021 年 12 月

目　　录

第 1 章 电路定理

1.1　叠加定理和齐次定理

【微课视频】

叠加定理和
齐次定理

　　线性元件是指输出量和输入量之间呈现一次函数关系的元件。例如，阻值不变的电阻，其电压和电流之间为线性关系，属于线性元件。由线性元件、独立源或线性受控源构成的电路称为线性电路。本节要讨论的叠加定理和齐次定理，是线性电路的重要定理。

1.1.1　叠加定理

　　叠加定理可表述为：在线性电路中，多个独立源共同作用时，在任一支路中产生的响应等于每个独立源单独作用时在该支路所产生响应的代数和。下面通过一个具体的例子，说明叠加定理的应用方法及需要注意的问题。

　　对图 1-1（a）所示的电路，用叠加定理求 R_1 上的电压 U 和 R_2 上的电流 I。先考虑电压源单独作用，将电流源置零（开路），如图 1-1（b）所示。此时，R_1 和 R_2 串联，R_1 上的电压和 R_2 上的电流分别为

$$U' = \frac{R_1 U_s}{R_1 + R_2} \ , \quad I' = \frac{U_s}{R_1 + R_2}$$

　　再考虑电流源单独作用，将电压源置零（短路），如图 1-1（c）所示。此时，R_1 和 R_2 并联，R_1 上的电压和 R_2 上的电流分别为

$$U'' = \frac{R_1 R_2 I_s}{R_1 + R_2} \ , \quad I'' = \frac{R_1 I_s}{R_1 + R_2}$$

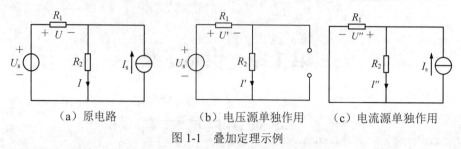

（a）原电路   （b）电压源单独作用   （c）电流源单独作用

图 1-1　叠加定理示例

根据叠加定理，对电压分量 U' 和 U'' 求代数和

$$U = U' - U'' \tag{1-1}$$

在式（1-1）中，由于 U' 与 U 的参考方向相同，求代数和时，U' 取正号。而 U'' 与 U 的参考方向相反，求代数和时取负号。类似地，对电流分量 I' 和 I'' 求代数和

$$I = I' + I'' \tag{1-2}$$

在式（1-2）中，I'、I'' 和 I 的参考方向均相同，所以 I' 和 I'' 都取正号。

在运用叠加定理分析电路时，需要注意以下几点：

（1）线性电路中，元件的功率并不等于每个独立源单独作用产生的功率之和。这是因为功率与电压或电流之间不是线性的关系。譬如对于上例，图 1-1（a）中 R_2 上的功率为

$$P = I^2 R_2 = (I' + I'')^2 R_2$$

图 1-1（b）和图 1-1（c）中 R_2 上的功率分别为

$$P_1' = I'^2 R_2 , \quad P_2' = I''^2 R_2$$

显然

$$P \neq P_1' + P_2'$$

（2）响应分量的叠加是代数量的叠加，当分量与总量的参考方向一致时，取正号；当分量与总量的参考方向相反时，取负号。

【例 1-1】用叠加定理求图 1-2（a）所示电路的电流 I，并计算 3Ω 电阻消耗的功率。

解： 12V 电压源单独作用时，电路如图 1-2（b）所示。根据串并联关系可得

$$I_1 = \frac{12}{(8+4)//4+3} = 2 \text{ A}$$

24V 电压源单独作用时，电路如图 1-2（c）所示。从 24V 电压源两端看，等效电阻为

$$R_{eq2} = 8 + 4 + 4//3 = \frac{96}{7} \ \Omega$$

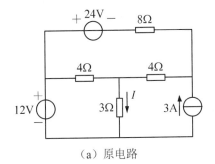

（a）原电路

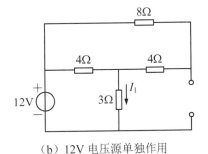

（b）12V 电压源单独作用

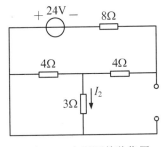

（c）24V 电压源单独作用

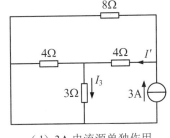

（d）3A 电流源单独作用

图 1-2 例 1-1 图

根据并联电阻的分流公式可得

$$I_2 = -\frac{24}{96/7} \times \frac{4}{4+3} = -1\,\text{A}$$

在上式中，I_2 的实际流向与参考方向相反，所以取负值。

3A 电流源单独作用时，电路如图 1-2（d）所示。

$$I' = \frac{8}{8+4+4//3} \times 3 = \frac{7}{4}\,\text{A}\ ,\quad I_3 = \frac{4}{4+3} \times \frac{7}{4} = 1\,\text{A}$$

对 I_1、I_2、I_3 进行叠加，得

$$I = I_1 + I_2 + I_3 = 2 - 1 + 1 = 2\,\text{A}$$

3Ω电阻消耗的功率

$$P = I^2 \times 3 = 2^2 \times 3 = 12\,\text{W}$$

容易验证

$$P \neq I_1^2 \times 3 + I_2^2 \times 3 + I_3^2 \times 3$$

可见不能直接使用叠加定理来计算功率。

如果电路中含有受控源，在对原电路进行分解时，仍要把受控源保留在各分电路中，控制系数不变，控制量的位置和参考方向不变，控制量的大小随不同的分电

路而变化。

【例 1-2】用叠加定理求图 1-3（a）所示电路中的电位 V_x。

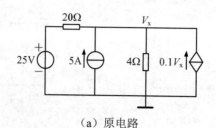

（a）原电路

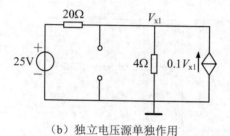

（b）独立电压源单独作用

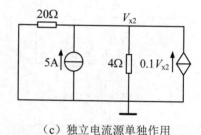

（c）独立电流源单独作用

图 1-3　例 1-2 图

解： 独立电压源单独作用时，电路如图 1-3（b）所示。节点电压方程为

$$\left(\frac{1}{20}+\frac{1}{4}\right)V_{x1}=\frac{25}{20}+0.1V_{x1}$$

解得

$$V_{x1}=6.25\text{ V}$$

独立电流源单独作用时，电路如图 1-3（c）所示。节点电压方程为

$$\left(\frac{1}{20}+\frac{1}{4}\right)V_{x2}=5+0.1V_{x1}$$

解得

$$V_{x2}=25\text{ V}$$

所以

$$V_x=V_{x1}+V_{x2}=6.25+25=31.25\text{ V}$$

1.1.2　齐次定理

如果线性电路中只有一个激励源（独立电压源或独立电流源），那么任意支路的响应（电压或电流）与该激励成正比。若有多个激励源作用，根据叠加定理，可以得到如下结论：在线性电路中，当所有激励（独立源）都同时增大 K 倍（K 为实

常数）时，响应也将同样增大 K 倍。这就是线性电路的齐次定理。

【例 1-3】图 1-4 所示的电路中，$I_S=15A$，$R_1=6\Omega$，$R_2=7\Omega$，$R_3=2\Omega$，$R_4=4\Omega$，$R_5=3\Omega$，$R_6=5\Omega$。求各支路电流。

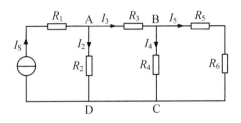

图 1-4　例 1-3 图

解：利用齐次定理，采用"倒退法"求解。假设 R_5 所在支路的电流为 $I_5'=1\,\text{A}$，则

$$U_{BC}' = (R_5 + R_6)I_5' = (3+5) \times 1 = 8 \text{ V}$$

$$I_4' = \frac{U_{BC}'}{R_4} = \frac{8}{4} = 2 \text{ A}$$

$$I_3' = I_4' + I_5' = 2 + 1 = 3 \text{ A}$$

$$U_{AD}' = R_3 I_3' + U_{BC}' = 2 \times 3 + 8 = 14 \text{ V}$$

$$I_2' = \frac{U_{AD}'}{R_2} = \frac{14}{7} = 2 \text{ A}$$

$$I_S' = I_2' + I_3' = 2 + 3 = 5 \text{ A}$$

题中给定 $I_S = 15\,\text{A}$，相当于将激励 I_S' 增至 3 倍，所以各支路电流应同时增至上述值的 3 倍，即

$$I_2 = 3I_2' = 3 \times 2 = 6 \text{ A}$$

$$I_3 = 3I_3' = 3 \times 3 = 9 \text{ A}$$

$$I_4 = 3I_4' = 3 \times 2 = 6 \text{ A}$$

$$I_5 = 3I_5' = 3 \times 1 = 3 \text{ A}$$

用齐次定理分析此例中的 T 型电路特别方便，计算从离电源最远的一端开始，先对某个电压或电流设一便于计算的值，然后倒推至激励处，最后根据齐次定理修正计算结果。

【例 1-4】在图 1-5 所示的电路中，N 为线性无源电阻网络。已知当 $U_S = 0$，$I_S = 5\,\text{A}$ 时，$I = 1.5\,\text{A}$；当 $U_S = 10\,\text{V}$，$I_S = 5\,\text{A}$ 时，$I = 3\,\text{A}$。求：当 $U_S = 20\,\text{V}$，$I_S = 5\,\text{A}$ 时，电阻 R 上的电流 I。

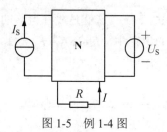

图 1-5   例 1-4 图

解：根据叠加定理和齐次定理，可将电阻 R 上的电流响应表示为激励 U_S 和 I_S 的线性函数

$$I = K_1 U_S + K_2 I_S$$

根据已知条件可得

$$\begin{cases} 1.5 = K_1 \times 0 + K_2 \times 5 \\ 3 = K_1 \times 10 + K_2 \times 5 \end{cases}$$

解得

$$\begin{cases} K_1 = 0.15 \\ K_2 = 0.3 \end{cases}$$

当 $U_S = 20\,\text{V}$，$I_S = 5\,\text{A}$ 时，有

$$I = 0.15 U_S + 0.3 I_S = 0.15 \times 20 + 0.3 \times 5 = 4.5\,\text{A}$$

1.2 替代定理

一旦已知电路中的某个电压和电流后，如何比较简便地计算出其余支路的电压和电流呢？本节介绍的替代定理可以用于解决此类问题。

替代定理可表述为：如果网络 N 由一个电阻单口网络 N_R 和一个任意单口网络 N_L 连接而成，如图 1-6（a）所示，则：

（1）如果端口电压 U_k 有唯一解，则可用电压为 U_k 的电压源来代替一端口网络 N_L，如图 1-6（b）所示。只要替代后的网络仍有唯一解，就不会影响一端口网络 N_R 内部的电压和电流。

（2）如果端口电流 I_k 有唯一解，则可用电流为 I_k 的电流源来代替一端口网络 N_L，如图 1-6（c）所示。只要替代后的网络仍有唯一解，就不会影响一端口网络 N_R 内部的电压和电流。

下面通过一个具体的例子来验证替代定理的正确性。在图 1-7（a）所示的电路中，已求得电路的所有电流和电压：$I_1 = 6\,\text{A}$，$U_1 = 12\,\text{V}$，$I_2 = 2\,\text{A}$，$U_2 = 4\,\text{V}$，$I_3 = 8\,\text{A}$，$U_3 = 8\,\text{V}$。在最简单的情况下，N_L 仅为一条支路。把 R_2 所在的支路替换

为一个电流源，其电流 I_S 等于 I_2，如图 1-7（b）所示。容易验证，替代后，网络 N_R 中的所有电压和电流仍保持不变。

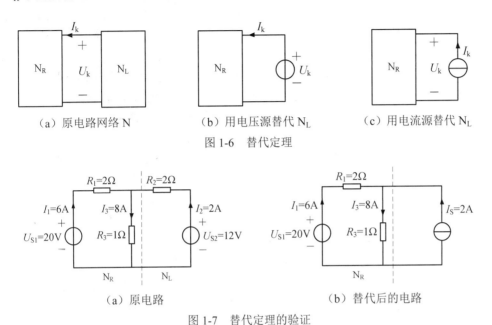

（a）原电路网络 N　　　　（b）用电压源替代 N_L　　　　（c）用电流源替代 N_L

图 1-6　替代定理

（a）原电路　　　　　　　　　　（b）替代后的电路

图 1-7　替代定理的验证

应用替代定理时，需要注意：

（1）进行替代之前和替代之后，所有支路电压和电流均应具有唯一解。在图 1-8（a）所示的电路中，如果把网络 N_L 用一个 1V 的电压源替代，如图 1-8（b）所示，则电路中的电流 I_1 和 I_2 将变成不确定的值。因此，不能进行这样的替代。

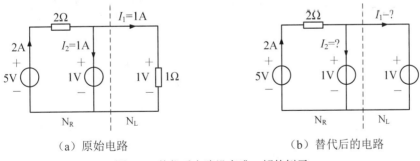

（a）原始电路　　　　　　　　　　（b）替代后的电路

图 1-8　替代后电路没有唯一解的例子

（2）被替代的支路与电路的其他支路之间不可存在耦合关系。如果网络 N_L 中的某支路电压或电流为网络 N_R 中受控源的控制量，则该支路不能被替代。因为替代后该控制量将不复存在。

替代定理对一端口网络 N_L 并无特殊要求，它可以是非线性电阻一端口网络或非电阻性的一端口网络。替代定理的价值在于，一旦网络中某支路电压或电流成为已知量时，就可以用一个独立源来替代该一端口网络，从而简化电路的分析和计算。此外，替代定理也可用于证明其他定理。

【例 1-5】电路如图 1-9（a）所示，求 20V 电压源在 $I=2\mathrm{A}$ 时发出的功率。

解：将图 1-9（a）中虚线右边的一端口网络用 2A 的电流源替代，得到如图 1-9（b）所示的电路。设图 1-9（b）中下部两个网孔的电流分别为 I_{m1}、I_{m2}，列出

$$\begin{cases}(2+2)I_{\mathrm{m1}}-2I_{\mathrm{m2}}=20\\I_{\mathrm{m2}}=-2\end{cases}$$

解得

$$I_{\mathrm{m1}}=4\ \mathrm{A}$$

20V 电压源的功率为

$$P=-20I_1=-20\times4=-80\ \mathrm{W}$$

上式中，20V 电压的参考方向与电流 I_1 的参考方向相反，所以功率计算式的前面带负号。计算结果为负值，表明电压源发出功率。

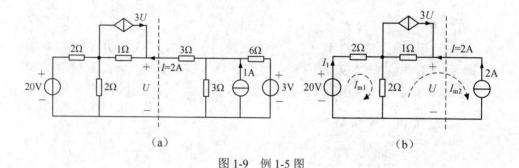

(a)　　　　　　　　　　　　　(b)

图 1-9　例 1-5 图

【例 1-6】图 1-10（a）所示的电路中，已知电容电流 $i_{\mathrm{C}}(t)=2.5\mathrm{e}^{-t}\ \mathrm{A}$，求电流 $i_1(t)$ 和 $i_2(t)$。

解：把电容和 R_3 组成的支路用电流为 $i_{\mathrm{C}}(t)=2.5\mathrm{e}^{-t}\ \mathrm{A}$ 的电流源替代，得到如图 1-10（b）所示的电路。根据 KCL 和 KVL，列出

$$\begin{cases}i_1-i_2-i_{\mathrm{C}}=0\\-U_S+i_1R_1+i_2R_2=0\end{cases}$$

代入数据得

$$\begin{cases} i_1 - i_2 - 2.5\mathrm{e}^{-t} = 0 \\ -10 + 2i_1 + 2i_2 = 0 \end{cases}$$

解得

$$\begin{cases} i_1 = 2.5 + 1.25\mathrm{e}^{-t}\ \mathrm{A} \\ i_2 = 2.5 - 1.25\mathrm{e}^{-t}\ \mathrm{A} \end{cases}$$

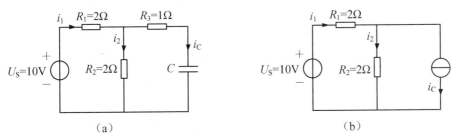

图 1-10　例 1-6 图

在替代定理中，被替代的网络既可以是电阻性的，也可以是非电阻性的。所以，本例中可以用独立电流源来替代电容所在的支路。

1.3　戴维宁定理和诺顿定理

【微课视频】

戴维宁定理和
诺顿定理

在电路分析中，有时只需要计算一个复杂电路中某一支路的响应。如果待求支路与电路的其他部分不存在耦合关系，则可以将该支路单独划出，而把电路的其他部分看作一个一端口网络，并用等效电路来替代该一端口网络。这就是本节要讲述的戴维宁定理（Thevenin's theorem）和诺顿定理（Norton's theorem）的基本思想。

1.3.1　戴维宁定理

戴维宁定理可表述为：一个含独立源、线性电阻和受控源的一端口网络，对外电路来说，可以用一个电压源和电阻的串联组合等效替换，电压源的电压等于该一端口网络的开路电压，电阻等于将一端口网络的全部独立源置零后的输入电阻。上述电压源和电阻的串联组合称为戴维宁等效电路，等效电路中的电阻称为戴维宁等效电阻。

戴维宁定理可由替代定理和叠加定理导出，证明过程如下：如图 1-11（a）所示，含源线性单口网络 $\mathrm{N_S}$ 与外电路 M 相连，端口电流为 i，端口电压为 u。根据替代定理，用电流为 $i_\mathrm{S} = i$ 的电流源替代外电路 M，得到如图 1-11（b）所示的电路。

图 1-11（b）中的电路为线性电路，根据叠加定理将其分解，得到如图 1-11（c）和（d）所示的两个分电路。在图 1-11（c）所示的电路中，电流源 i_S 被置零（开路），响应由一端口网络 N_S 内部独立源产生，端口电压为 u_{OC}，端口电流为零。在 1-11（d）所示的电路中，N_S 内的所有独立源被置零，响应由电流源 i_S 产生，端口电流为 i，端口电压为 $-R_{eq}i$。N_S 内部所有独立源置零后的网络记为 N_0，受控源仍保留在其中。R_{eq} 为从 a、b 两端看进去 N_0 的等效电阻。由叠加定理可得，原含源线性一端口网络 N_S 的端口电压为

$$u = u_{OC} - R_{eq}i \qquad (1\text{-}3)$$

根据式（1-3）中的电压 u 与电流 i 之间的关系，可以构造出 N_S 的戴维宁等效电路，如图 1-11（e）所示。图 1-11（f）是将戴维宁等效电路与外电路 M 连接后形成的电路，用于计算外电路中的电压、电流等参数。

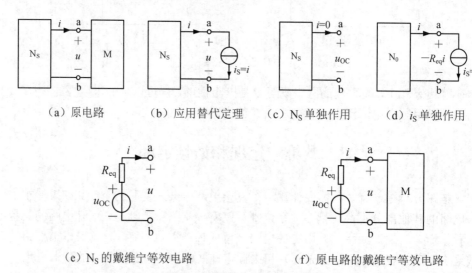

（a）原电路　　　　（b）应用替代定理　　　　（c）N_S 单独作用　　　　（d）i_S 单独作用

（e）N_S 的戴维宁等效电路　　　　　　（f）原电路的戴维宁等效电路

图 1-11　戴维宁定理的证明过程

应用戴维宁定理的关键在于，正确地求出线性有源二端网络 a、b 两端之间的开路电压 u_{OC} 和等效电阻 R_{eq}。开路电压 u_{OC} 的求解比较灵活，可以采用前面章节中讲述的多种方法。求解 R_{eq} 时，应把单口网络中的全部独立电源置零，也就是将电压源短路、电流源开路，但受控源仍需要保留。

【例 1-7】电路如图 1-12（a）所示，已知 $R_1=R_2=5\Omega$，$R_3=10\Omega$，$R_4=5\Omega$，$R_5=10\Omega$，$U_S=12V$。用戴维宁定理求解 R_5 中的电流 I_5。

解： 断开待求支路，得到如图 1-12（b）所示的电路。为了求出开路电压 U_{OC}，先求出电流 I_1 和 I_3。

$$I_1 = \frac{U_S}{R_1 + R_2} = \frac{12}{5+5} = 1.2 \text{ A} \ , \quad I_3 = \frac{U_S}{R_3 + R_4} = \frac{12}{10+5} = 0.8 \text{ A}$$

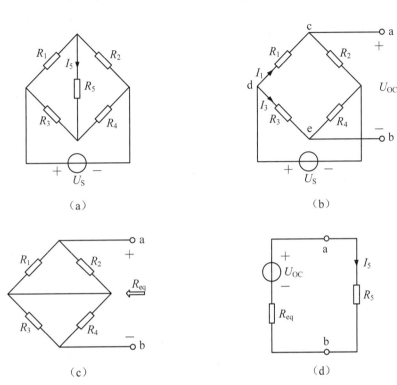

图 1-12　例 1-7 图

根据回路 bedcab 的 KVL 方程可得

$$U_{OC} = I_3 R_3 - I_1 R_1 = 0.8 \times 10 - 1.2 \times 5 = 2 \text{ V}$$

将图 1-12（b）中的独立电源置零后，得到的电路如图 1-12（c）所示。从 a、b 两端看进去，等效电阻为

$$R_{eq} = \frac{R_1 R_2}{R_1 + R_2} + \frac{R_3 R_4}{R_3 + R_4} = \frac{5 \times 5}{5+5} + \frac{10 \times 5}{10+5} = 5.8 \ \Omega$$

戴维宁等效电路如图 1-12（d）所示。由此可得

$$I_5 = \frac{U_{OC}}{R_{eq} + R_5} = \frac{2}{5.8 + 10} = 0.126 \text{ A}$$

【例 1-8】在图 1-13（a）所示的电路中，已知 U_{S1}=8V，U_{S2}=12V，I_S=1A，R_1=4Ω，R_2=3Ω，R_3=6Ω，R_4=2Ω。运用戴维宁定理求电流 I。

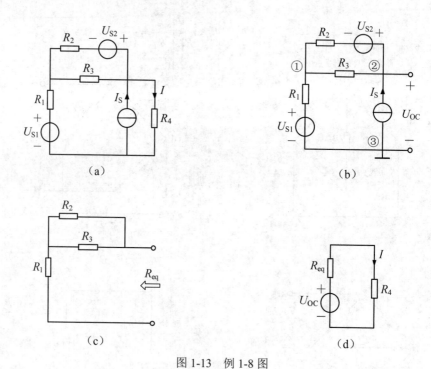

图 1-13   例 1-8 图

解：将包含待求电流 I 的支路断开，得到如图 1-13（b）所示的电路。采用节点电压法求开路电压 U_{OC}。取节点③为参考节点，①和②的节点电压分别设为 U_{n1} 和 U_{n2}，列出节点电压方程

$$\begin{cases} \left(\dfrac{1}{R_1}+\dfrac{1}{R_2}+\dfrac{1}{R_3}\right)U_{n1}-\left(\dfrac{1}{R_2}+\dfrac{1}{R_3}\right)U_{n2}=\dfrac{U_{S1}}{R_1}-\dfrac{U_{S2}}{R_2} \\[2mm] -\left(\dfrac{1}{R_2}+\dfrac{1}{R_3}\right)U_{n1}+\left(\dfrac{1}{R_2}+\dfrac{1}{R_3}\right)U_{n2}=\dfrac{U_{S2}}{R_2}+I_S \end{cases}$$

代入数据得

$$\begin{cases} \left(\dfrac{1}{4}+\dfrac{1}{3}+\dfrac{1}{6}\right)U_{n1}-\left(\dfrac{1}{3}+\dfrac{1}{6}\right)U_{n2}=\dfrac{8}{4}-\dfrac{12}{3} \\[2mm] -\left(\dfrac{1}{3}+\dfrac{1}{6}\right)U_{n1}+\left(\dfrac{1}{3}+\dfrac{1}{6}\right)U_{n2}=\dfrac{12}{3}+1 \end{cases}$$

解得

$$\begin{cases} U_{n1}=12\ \text{V} \\ U_{n2}=22\ \text{V} \end{cases}$$

由图 1-13（b）可知
$$U_{OC} = U_{n2} = 22\ \text{V}$$

将图 1-13（b）中的所有电源置零，得如图 1-13（c）所示的电路。

戴维宁等效电阻为
$$R_{eq} = R_1 + R_2 /\!/ R_3 = 4 + \frac{3 \times 6}{3 + 6} = 6\ \Omega$$

戴维宁等效电路如图 1-13（d）所示。因此
$$I = \frac{U_{OC}}{R_{eq} + R_4} = \frac{22}{6 + 2} = 2.75\ \text{A}$$

1.3.2 诺顿定理

诺顿定理：一个含独立源、线性电阻和受控源的一端口网络 N_S [图 1-14（a）]，对外电路来说，可以用一个电流源和电阻的并联组合等效替换[图 1-14（b）]，电流源的电流等于该一端口网络的短路电流[图 1-14（c）]，电阻等于将一端口网络的全部独立源置零后的输入电阻[图 1-14（d）]。上述电流源和电阻的并联组合称为诺顿等效电路。

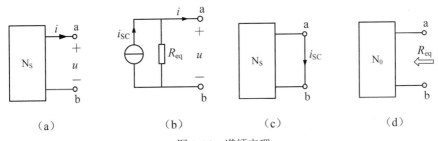

图 1-14　诺顿定理

戴维宁等效电路为电压源与电阻串联，诺顿等效电路为电流源与电阻并联，它们的电路形式分别为实际电压源模型与实际电流源模型。因此，根据这两种模型的等效变换关系可知，对于同一线性含源一端口电路，其戴维宁电路模型与诺顿电路模型之间是等效的。

【例 1-9】 求图 1-15（a）所示的含源一端口网络的诺顿等效电路。

解： 将 a、b 两个端子短接，求解短路电流 I_{SC}。由于 5Ω 的电阻被短路，可以将其忽略，由此得到如图 1-15（b）所示的电路。左边的网孔电流为 2A，右边的网孔电流即为 I_{SC}。右边网孔的方程为
$$(8 + 8) \times I_{SC} - 12 - 4 \times (2 - I_{SC}) = 0$$

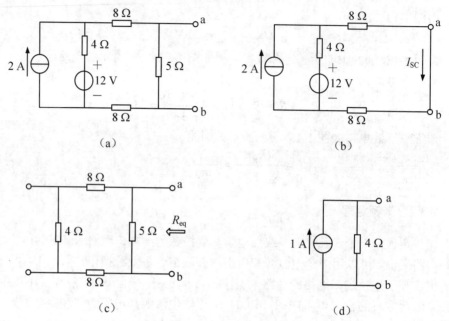

图 1-15   例 1-9 图

所以

$$I_{SC} = 1\,\text{A}$$

下面计算等效电阻 R_{eq}。把图 1-15（a）中的独立电源置零，得到如图 1-15（c）所示的电路。

$$R_{eq} = (8 + 4 + 8)//5 = 4\,\Omega$$

诺顿等效电路如图 1-15（d）所示。

若电路中含有受控源，计算等效电阻时，仅将独立电源置零，而受控源仍保留在电路中。计算等效电阻可以采用"加压求流"法或"加流求压"法，即把待求支路断开后，在两个断点之间接入一个理想电压源，求得响应电流，或接入一个理想电流源，求得响应电压，再通过计算电压和电流的比值得到等效电阻。

【例 1-10】在图 1-16（a）所示的含源一端口网络中，$I_C = 0.75I_1$。求该网络的戴维宁等效电路和诺顿等效电路。

解： 先求开路电压 U_{OC}。设置参考节点如图 1-16（a）所示，节点电压方程为

$$\left(\frac{1}{5} + \frac{1}{20} \right) U_{OC} = \frac{40}{5} + I_C \qquad (1\text{-}4)$$

根据 KVL 列出约束方程

$$-40 + 5I_1 + U_{OC} = 0$$

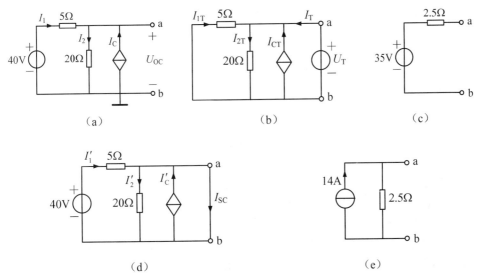

图 1-16　例 1-10 图

即

$$-40 + \frac{20}{3}I_C + U_{OC} = 0 \tag{1-5}$$

联立式（1-4）和式（1-5）可解得

$$U_{OC} = 35\ \text{V}$$

下面采用"加压求流"法计算戴维宁等效电阻 R_{eq}。如图 1-16（b）所示，将独立电压源置零，并在 a、b 两端连接外加电压源 U_T。由 KCL 得

$$I_T = -I_{1T} + I_{2T} - I_{CT} = -\left(-\frac{U_T}{5}\right) + \frac{U_T}{20} - 0.75 \times \left(-\frac{U_T}{5}\right) = 0.4U_T$$

所以戴维宁等效电阻为

$$R_{eq} = \frac{U_T}{I_T} = \frac{U_T}{0.4U_T} = 2.5\ \Omega$$

戴维宁等效电路如图 1-16（c）所示。下面求诺顿等效电路。把 a、b 两个端子短接，得到如图 1-16（d）所示的电路，其中

$$I_1' = \frac{40}{5} = 8\ \text{A}$$

因为 20Ω 的电阻被短路，$I_2' = 0$，所以

$$I_{SC} = I_1' + I_C' = 8 + 0.75 \times 8 = 14\ \text{A}$$

诺顿等效电路如图 1-16（e）所示。对于同一个电路而言，其戴维宁等效电路和诺顿等效电路必然是等效的，因此满足

$$U_{OC} = I_{SC} R_{eq}$$

所以

$$R_{eq} = \frac{U_{OC}}{I_{SC}} = \frac{35}{14} = 2.5 \ \Omega$$

这也是求解本例中等效电阻的另一种方法。

【微课视频】

最大功率传输
定理

1.4　最大功率传输定理

在电子电路分析和设计中，常常遇到电阻负载如何从电路中获取最大功率的问题。对于此类问题，应用戴维宁定理或诺顿定理进行讨论是十分方便的。

在图 1-17（a）所示的电路中，线性有源一端口网络 N_S 向负载电阻 R_L 提供电能。如果 R_L 可变，那么当 R_L 为何值时，能够从 N_S 中获得最大功率呢？根据戴维宁定理，把 N_S 用戴维宁等效电路来替代，如图 1-17（b）所示。负载电阻 R_L 上的功率为

$$P_L = \left(\frac{u_{OC}}{R_{eq} + R_L} \right)^2 R_L = \frac{u_{OC}^2}{\left(R_{eq} / \sqrt{R_L} + \sqrt{R_L} \right)^2} \tag{1-6}$$

在式（1-6）中，当 $\dfrac{R_{eq}}{\sqrt{R_L}} = \sqrt{R_L}$ 即当 $R_L = R_{eq}$ 时，分母取得最小值，P_L 取得最大值 $\dfrac{u_{OC}^2}{4R_{eq}}$。若采用如图 1-17（c）所示的诺顿等效电路，也可以推出类似的结论。

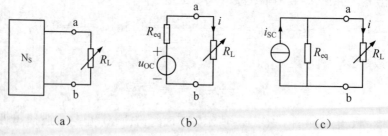

（a）　　　　　　　　　（b）　　　　　　　　　（c）

图 1-17　最大功率传输定理

有源线性一端口网络向可变电阻负载 R_L 传输最大功率的条件是：负载电阻 R_L 与一端口网络的戴维宁等效电阻 R_{eq} 相等。此即为最大功率传输定理。满足 $R_L = R_{eq}$ 时，称为最大功率匹配，此时负载 R_L 获得的最大功率为

$$P_{L\max} = \frac{u_{OC}^2}{4R_{eq}} \tag{1-7}$$

如用诺顿等效电路，则

$$P_{Lmax} = \frac{i_{SC}^2}{4G_{eq}} \qquad (1\text{-}8)$$

式中 $G_{eq} = \frac{1}{R_{eq}}$。

应该注意的是，最大功率传输定理是在 R_L 可变，而 u_{OC}、i_{SC}、R_{eq} 均为固定值的前提下推出的。如果 R_{eq} 可变而 R_L 固定，则应尽量减小 R_{eq}，才能使 R_L 获得的功率增大。当 $R_{eq}=0$ 时，R_L 获得最大功率。

从图 1-17（b）或图 1-17（c）中容易看出，当满足最大功率匹配条件时，R_L 和 R_{eq} 的功率相等，电源向负载 R_L 传输功率的效率为 50%。但对图 1-17（a）的一端口网络 N_S 而言，其内部电源向 R_L 传输功率的效率却并不一定为 50%。这是因为戴维宁或诺顿等效电路仅仅对外部电路是等效的，对一端口网络 N_S 内部并不存在等效性。

【例 1-11】如图 1-18（a）所示的电路，当可变负载 R_L 为何值时，其上获得最大功率？最大功率的值为多少？获得最大功率时，电源向 R_L 传输功率的效率是多少？

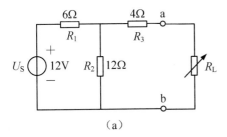 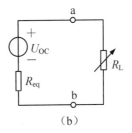

（a）　　　　　　　　　　　（b）

图 1-18　例 1-11 图

解：把负载支路从 a、b 处断开，断点处的开路电压为

$$U_{OC} = \frac{R_2}{R_1 + R_2} \times U_S = \frac{12}{6+12} \times 12 = 8 \text{ V}$$

将电压源短路后，从 a、b 两端看，等效电阻为

$$R_{eq} = R_3 + R_1 // R_2 = 4 + 6//12 = 8 \ \Omega$$

戴维宁等效电路如图 1-18（b）所示。根据最大功率传输定理，当 $R_L=R_{eq}=8\Omega$ 时，负载 R_L 获得最大功率。最大功率的值为

$$P_{Lmax} = \frac{U_{OC}^2}{4R_{eq}} = \frac{8^2}{4 \times 8} = 2 \text{ W}$$

在图 1-18（a）所示的电路中，当 $R_L=8\Omega$ 时，从电压源 U_S 两端看，总等效电阻为

$$R_0 = R_1 + R_2 /\!/ (R_3 + R_L) = 6 + 12 /\!/ (4 + 8) = 12\,\Omega$$

在图 1-18（a）所示的电路中，电源向 R_L 传输功率的效率为

$$\eta = \frac{P_{L\max}}{U_S^2 / R_0} = \frac{2}{12^2 / 12} = 16.7\%$$

由此可见，电路满足最大功率匹配条件，并不意味着有高的功率传输效率。电力系统要求尽可能提高功率传输效率，以便充分利用能源。但在测量、电子与信息工程中，常常着眼于从微弱信号中获取最大功率，而不看重效率的高低。

本章重点小结

1. 对于线性电路，电路中含有多个独立电源时，可以利用叠加定理来求解响应。先画出每个独立源单独作用时的分电路并求解分量，然后将所有分量取代数和。注意，画分电路时，可以一个独立源单独作用，也可以按照电路结构特点将独立源分组，某几个独立源为一组作用。分电路中，不作用的独立源置零，即不作用的独立电压源用理想导线代替，不作用的独立电流源断开拿走；分量的参考方向最好和原电路响应的参考方向一致。

2. 当电路中含有受控源且采用叠加定理解决问题时，注意受控源的处理方法，最好不要当作独立源处理，而是放在每个分电路中，且控制量用该分电路的分量表示。

3. 会灵活运用叠加定理的推广，结合齐次定理分析电路。

4. 在分析一些略为复杂的电路时，若已知某条支路的电压和电流，可以利用替代的思想，将已知电压或电流的支路用独立源替代，从而简化电路。

5. 线性无源一端口网络可以等效为电阻，含有独立电源（受控源除外）的有源一端口，因内部有可以提供能量的独立电源，故可以等效为实际电源。若等效为实际电压源，则为戴维宁等效电路；若等效为实际电流源，则为诺顿等效电路。

6. 求解戴维宁等效电路，即求解两个参数：一个是有源一端口的端口开路电压；另一个是将有源一端口内部的独立源都置零，变成无源一端口后的等效电阻（即输入电阻的求解方法）。可以按照定理内容的描述来求解，也可利用方程分析法找出有源一端口端口处电压和电流的函数关系，直接一次性求出。同理，求解诺顿等效电路也即求解两个参数：一个是有源一端口的端口短路电流，另一个仍是将有源一端口变成无源一端口后的等效电阻。因为实际电源可以互换，故无特殊情况时，求解戴维宁等效电路（或诺顿等效电路）可以针对有源一端口开路电压、短路电流、

有源一端口变成无源一端口后的等效电阻，这三个参数中求其二即可，所以可以根据电路的特点选择简便的求解方法。

7. 当可调负载和有源一端口的戴维宁（诺顿）等效电路匹配时，负载可以获得最大功率。

实例拓展——电阻应变式传感器与直流电桥

电阻式传感器的工作原理是将被测的非电量转化成电阻值的变化，再经过转换电路变成电压或电流输出。当金属导体在外力作用下发生机械变形时，其电阻值也将随之发生变化，这种现象称为金属导体的电阻应变效应。金属电阻应变片的结构如图 T1-1 所示，由基片、敏感栅、保护层、引线和黏合剂组成。使用应变片测量应变或应力时，将应变片牢固地粘贴在弹性试件上。当试件受力变形时，应变片的电阻发生变化。用测量电路或仪器测出电阻的变化量，即可获取弹性试件的应变量。电阻应变片可用于测量位移、加速度、压力等参数。

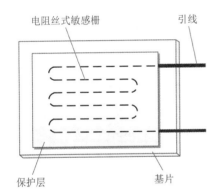

图 T1-1　电阻应变片的基本结构

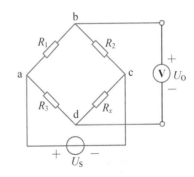

图 T1-2　直流电桥

在工作过程中，电阻应变片的阻值变化量通常十分微小。为了精确地测量阻值，常采用如图 T1-2 所示的电桥电路。设电源的电压为 U_S，三个桥臂上分别连接阻值已知的固定电阻 R_1、R_2、R_3，应变片接入另外一个桥臂，应变片的阻值记为 R_x。在 b、d 之间接入放大电路，测量电桥的输出电压 U_O。由于放大电路的输入电阻远大于各桥臂的电阻，因此可以将电桥输出端视为开路。参照例 1-7 的分析，可得输出电压为

$$U_O = U_S \times \frac{R_2 R_3 - R_1 R_x}{(R_1 + R_2)(R_3 + R_x)} \tag{1-9}$$

根据式（1-9），测得了输出电压 U_O，便可计算出应变片的电阻值 R_x。相比于伏安法测量电阻，采用电桥测量的精度和灵敏度要高得多。

习题一

在线测试

1-1 在题 1-1 图所示的电路中，$I_{S1}=12A$，$I_{S2}=4A$，$U_S=20V$，$R_1=5\Omega$，$R_2=15\Omega$，用叠加定理求电流 I。

1-2 应用叠加定理求题 1-2 图所示电路中的电压 U。

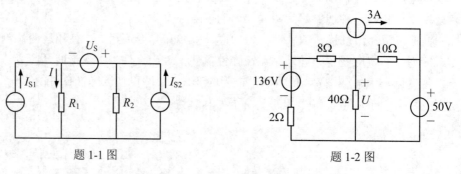

题 1-1 图　　　　　　　　　题 1-2 图

1-3 应用叠加定理求题 1-3 图所示电路中的电流 I，并计算 3A 电流源的功率。

1-4 用叠加定理求题 1-4 图所示电路中的电流 I_1、I_2 和 I_3。

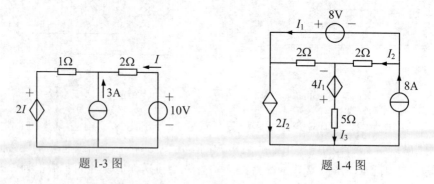

题 1-3 图　　　　　　　　　题 1-4 图

1-5 在题 1-5 图所示的电路中，求输出电压 u_o 与输入电压 u_i 之间的关系。

1-6 在题 1-6 图所示的电路中，N_0 为无源线性电阻网络，已知：当 $U_{S1}=1V$，$U_{S2}=2V$，$I_S=1A$ 时，$I=2A$；当 $U_{S1}=2V$，$U_{S2}=1.5V$，$I_S=0.5A$ 时，$I=3A$；当 $U_{S1}=-1V$，$U_{S2}=1V$，$I_S=-1A$ 时，$I=-1A$。

问：当 $U_{S1}=3V$，$U_{S2}=1V$ 时，欲使输出电流 $I=5A$，则 I_S 应为多少？

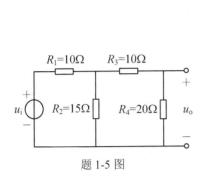

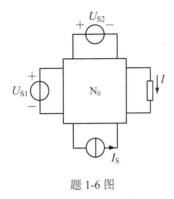

题 1-5 图　　　　　　　　　　　　　题 1-6 图

1-7　在题 1-7 图所示的电路中，$g=2\text{S}$，求电流 I。

1-8　在题 1-8 图所示的电路中，已知电感电压 $u_\text{L}(t) = 4\text{e}^{-t}\ \text{V}$，电流 $i_\text{L}(t) = (1.2 - 2.4\text{e}^{-t})\ \text{A}$。试用替代定理求电流 $i_1(t)$ 和电压 $u_2(t)$。

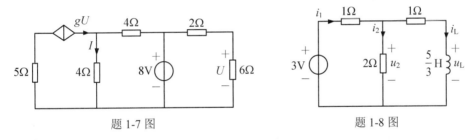

题 1-7 图　　　　　　　　　　　　　题 1-8 图

1-9　试用戴维宁定理求题 1-9 图所示电路中的电流 I。

1-10　电路如题 1-10 图所示，试用戴维宁定理求 R_L 上的电流 I_L。

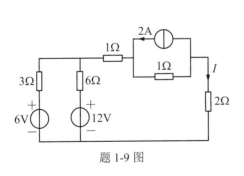

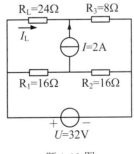

题 1-9 图　　　　　　　　　　　　　题 1-10 图

1-11　用戴维宁定理求题 1-11 图所示电路中的电压 U_ab。

1-12　在题 1-12 图所示的电路中，用诺顿定理求电流 I。

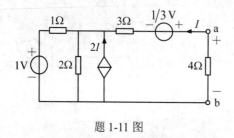

题 1-11 图

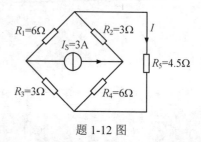

题 1-12 图

1-13　电路如题 1-13 图所示，求戴维宁等效电路和诺顿等效电路。

1-14　在题 1-14 图所示的电路中，负载 R_L 为何值时能获得最大功率？最大功率是多少？

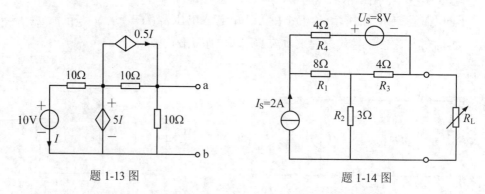

题 1-13 图　　　　　　　　　　题 1-14 图

1-15　在题 1-15 图所示的电路中，N_0 为无源线性电阻网络，$R=5\Omega$。已知当 $U_S=0$ 时，$U_1=10V$；当 $U_S=60V$ 时，$U_1=40V$。求：当 $U_S=30V$，R 为多少时，它可以从电路中获取最大功率。最大功率为多少？

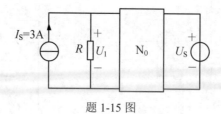

题 1-15 图

第2章 含有运算放大器的电阻电路

本章课程目标

熟练掌握理想运算放大器电路模型的特点和外特性；能够运用理想运算放大器的外特性，分析含有理想运算放大器的电阻电路。

2.1 运算放大器及其电路模型

运算放大器简称运放，最早出现于 20 世纪 40 年代，当时是由真空管组成的，用于进行模拟量的求和、比例、积分、微分等数学运算。随着电子技术的发展，从 20 世纪 60 年代开始采用集成电路技术制作运算放大器，生产出的集成运放的应用范围已远远超出了数学运算，成为模拟电子电路中最重要的器件之一。

运算放大器的国标电路图形符号如图 2-1（a）所示，"▷"表示"放大器"，共有 5 个端子。E_+ 和 E_- 为两个电源端子，分别与直流电源（称为偏置电源）U_{S1} 和 U_{S2} 相连，以提供放大器正常工作所需的电压。运算放大器有两个输入端，其中 IN_ 输入端的信号与输出信号为反相关系，故称为反相输入端，在图形符号中用"–"表示；IN+ 输入端的信号与输出信号为同相关系，故称为同相输入端，在图形符号中用"+"表示。OUT 为放大器的输出端。实际运放器件的外部端子可能比图中的要多。

在分析运算放大器电路时，可以不考虑直流偏置电路，而将电源端子省略掉，此时电路符号如图 2-1（b）所示。另外，目前国内外还普遍采用如图 2-1（c）所示的三角形符号来表示运算放大器。

运放的内部结构比较复杂，本章从电路分析的角度考虑，仅讨论运放的外部特性及电路模型。如果在同相端和反相端分别加上输入电压 u_+ 和 u_-，如图 2-2（a）所示，则输出电压

$$u_o = A(u_+ - u_-) = Au_d \tag{2-1}$$

其中 A 为运放的开环电压放大倍数（或开环电压增益），$u_d = u_+ - u_-$，称为差动输入电压。运放的差动输入电压 u_d 与输出电压 u_o 之间的关系，可以用图 2-2（b）所

示的输入-输出特性（也称转移特性）曲线近似地描述。在特性曲线中，中间的斜线部分为线性区，在此区域内式（2-1）成立，斜率为 A。曲线的上、下两段水平部分分别为正饱和区和负饱和区，在此区域内运放的输出电压分别为正饱和电压 $+U_{sat}$ 和负饱和电压 $-U_{sat}$。运放输出的饱和电压值略低于正、负电源的电压。例如 $E_+ = 15\,\text{V}$，$E_- = -15\,\text{V}$，则 $+U_{sat} \approx 13\,\text{V}$，$-U_{sat} \approx -13\,\text{V}$。应该注意的是，电路图形符号及 u_+、u_- 中的 "+" "−" 用于表示 "同相" "反相"，并不代表电压的参考方向，请勿混淆。

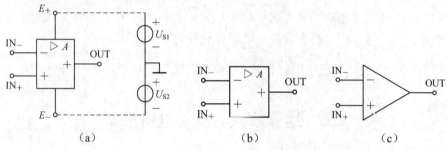

图 2-1　运算放大器的电路图形符号

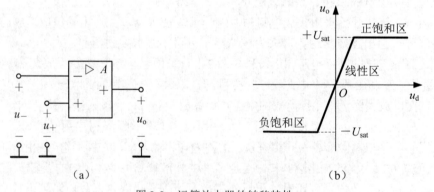

图 2-2　运算放大器的转移特性

如果把同相端与公共端连接起来（接地），即 $u_+ = 0$，只在反相端输入电压 u_-，则

$$u_o = -Au_- \tag{2-2}$$

式（2-2）中的负号说明，输出电压 u_o 与输入电压 u_- 相对于公共端是反向的。反之，如果把反相端与公共端连接起来，即 $u_- = 0$，只在同相端输入电压 u_+，则

$$u_o = Au_+ \tag{2-3}$$

在线性区内，运放相当于一个电压控制的电压源，电路模型如图 2-3 所示，其中 R_{in} 为输入电阻，R_o 为输出电阻。运算放大器是一种高增益、高输入电阻、低输出电阻的放大器。实际运算放大器参数的典型值范围列于表 2-1 中。从表 2-1 中可知，实际运放的开环电压增益 A 很大，输入电阻 R_{in} 很高，而输出电阻 R_o 很低。

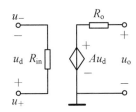

图 2-3　运算放大器的电路模型

表 2-1　运算放大器参数的典型值与理想值

参数	典型值范围	理想值
开环电压放大倍数 A	$10^5 \sim 10^8$	∞
输入电阻 R_{in}	$10^5 \sim 10^{13}\ \Omega$	∞
输出电阻 R_o	$10 \sim 100\ \Omega$	0
偏置电源电压 E	$\pm 5 \sim \pm 24$ V	

在理想化的情况下，开环电压放大倍数 $A = \infty$，输入电阻 $R_{in} = \infty$，输出电阻 $R_o = 0$，这样的运放称为理想运放，其电路符号如图 2-4（a）所示，符号中的"∞"代表开环电压增益。理想运放的输入输出特性曲线如图 2-4（b）所示，其线性区的斜率为无穷大。

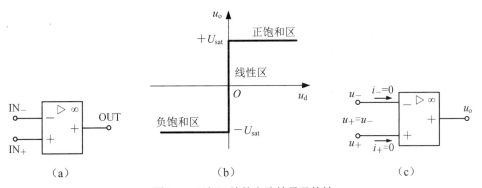

图 2-4　理想运放的电路符号及特性

当运放工作在线性区时，输入输出电压满足式（2-1）。因为理想运放的开环电压放大倍数 A 为 ∞，而输出电压 u_o 为有限值，所以

$$u_+ = u_- \text{ 或 } u_d = 0 \tag{2-4}$$

也就是说，理想运放的同相输入端和反相输入端的电位相等，就像短路一样，这种特性称为"虚短"。当然，这不是真正的短路，只是一种近似。

由于理想运放的输入电阻 $R_{in} = \infty$，所以流入运放同相端的电流 i_+ 和反相端的电流 i_- 均接近于零，即

$$i_+ = i_- = 0 \tag{2-5}$$

看起来就像断路一样，这种特性称为"虚断"。当然，运算放大器的两个输入端不是真正的断路，这一称谓只意味着流入运放的电流远小于外部电路的其他电流。

"虚短"和"虚断"是理想运放的两条重要特性，把它们标示在图 2-4（c）中。由于实际运算放大器的技术指标接近理想化条件，因此在电路分析时，用理想运放代替实际运放所引起的误差较小，在工程上是允许的，这样能使分析过程大大简化。

需要注意的是，使用"虚短"特性时，要保证运算放大器工作在线性区。运算放大器工作在饱和区时，式（2-1）不满足，$u_+ \neq u_-$。这时输出电压 u_o 只有两种可能，即当 $u_+ > u_-$ 时，$u_o = +U_{sat}$；当 $u_+ < u_-$ 时，$u_o = -U_{sat}$。

此外，运算放大器工作在饱和区时，两个输入端的电流也等于零。

2.2　含有运算放大器的电阻电路分析

【微课视频】

含有运算放大器的电阻电路分析

运算放大器通常不会单独使用，而是和其他一些电路基本元件一起构成不同的电路，以实现不同的功能。运算放大器接上电阻、电容、电感等外部元件，构成闭环电路后，就能对输入信号进行比例、加法、减法、微分、积分等多种运算。在这类电路中，输入输出电压之间的关系主要取决于外部电路的结构和参数，而与运算放大器本身的参数关系不大。本节将讨论含有运算放大器的电阻电路，包括反相放大器、同相放大器、加法电路和减法电路这四种电路结构，所有运算放大器均视为理想运算放大器，并工作在线性区。由电容和运放构成的积分和微分电路，将在下一章中进行讨论。

2.2.1　反相放大器

反相放大器的电路结构如图 2-5 所示，输入信号 u_i 经电阻 R_1 加在运算放大器的反相输入端，反馈电阻 R_f 由输出端接到反相输入端，同相端接地。下面来探讨输出

电压 u_o 和输入电压 u_i 之间的关系。

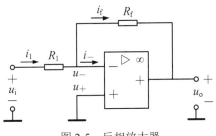

图 2-5　反相放大器

根据理想运放的"虚断"特性，反相端的输入电流 $i_- = 0$，所以 $i_1 = i_f$，即

$$\frac{u_i - u_-}{R_1} = \frac{u_- - u_o}{R_f} \tag{2-6}$$

根据"虚短"特性，$u_- = u_+ = 0$。故式（2-6）可变为

$$\frac{u_i}{R_1} = \frac{-u_o}{R_f}$$

即

$$u_o = -\frac{R_f}{R_1} u_i \tag{2-7}$$

从上式可以看出，输入电压和输出电压的相位相反，即输入电压和输出电压的极性相反，并呈现比例关系，所以这种电路称为反相放大器，它的闭环电压放大倍数为

$$A_u = \frac{u_o}{u_i} = -\frac{R_f}{R_1} \tag{2-8}$$

反相放大器的电压增益只与电阻 R_1 和 R_f 有关，而不受运算放大器本身参数变化的影响，这就保证了比例运算的精度和稳定性。在反相放大器电路中，当 $R_f = R_1$ 时，$A_u = -1$，这就是反相器。

2.2.2　同相放大器

同相放大器的电路结构如图 2-6 所示，它与反相放大器的区别在于输入信号 u_i 是从同相端引入的。根据"虚断"特性，$i_+ = 0$，R_2 上的电流为零，所以 $u_+ = u_i$。因为 $i_- = 0$，所以 $i_1 = i_f$，即

$$\frac{0 - u_-}{R_1} = \frac{u_- - u_o}{R_f} \tag{2-9}$$

根据"虚短"特性，$u_- = u_+ = u_i$，所以式（2-9）可变为

$$\frac{0 - u_i}{R_1} = \frac{u_i - u_o}{R_f}$$

即

$$u_o = \left(1 + \frac{R_f}{R_1}\right) u_i \qquad (2\text{-}10)$$

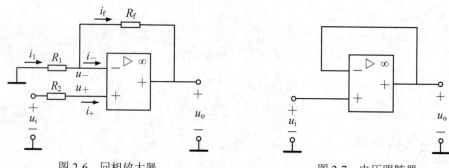

图 2-6   同相放大器   图 2-7   电压跟随器

由式（2-10）可知，同相放大器的电压增益是大于等于 1 的正数，这表明输出电压总是大于等于输入电压，并且二者相位相同。

在同相放大器中，当 $R_1 = \infty$ 或 $R_f = 0$ 时，$u_o = u_i$，$A_u = 1$。这种电路称为电压跟随器，如图 2-7 所示。电压跟随器不能改变输入电压的值，但其输入阻抗高、输出阻抗低，在电路中可以用作中间级，起到隔离作用。

2.2.3   加法运算电路

加法运算电路用于实现两个或两个以上的模拟量相加。图 2-8 为具有 3 个输入端的反相加法运算电路。根据"虚断"，$i_- = 0$，所以

$$i_f = i_1 + i_2 + i_3 \qquad (2\text{-}11)$$

根据"虚短"可得 $u_- = u_+ = 0$，所以式（2-11）运用欧姆定律可变为

$$\frac{0 - u_o}{R_f} = \frac{u_1 - 0}{R_1} + \frac{u_2 - 0}{R_2} + \frac{u_3 - 0}{R_3}$$

即

$$u_o = -\left(\frac{R_f}{R_1} u_1 + \frac{R_f}{R_2} u_2 + \frac{R_f}{R_3} u_3\right) \qquad (2\text{-}12)$$

当 $R_f = R_1 = R_2 = R_3$ 时，上式变为

$$u_o = -\left(u_1 + u_2 + u_3\right) \qquad (2\text{-}13)$$

可以看出电路实现了 3 个输入电压相加，但输出电压与输入电压是反相的。如

果要消去表达式前面的负号，可以再增加一级反相器。图 2-8 所示的反相加法器可以增加或减少输入端子的数量。

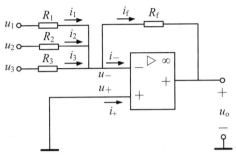

图 2-8　加法运算电路

2.2.4　减法运算电路

如果两个输入端都有信号输入，则为差分输入。差分运算在测量和控制系统中有着广泛应用，其电路结构如图 2-9 所示。因为 $i_- = 0$ ，所以 $i_1 = i_2$ ，根据欧姆定律，有

$$\frac{u_1 - u_-}{R_1} = \frac{u_- - u_o}{R_2} \tag{2-14}$$

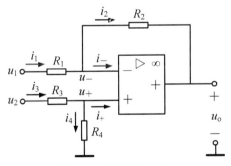

图 2-9　减法运算电路

因为 $i_+ = 0$ ，所以 $i_3 = i_4$ ，根据欧姆定律，有

$$\frac{u_2 - u_+}{R_3} = \frac{u_+}{R_4}$$

即

$$u_+ = \frac{R_4}{R_3 + R_4} u_2$$

因为 $u_- = u_+$ ，所以

$$u_- = \frac{R_4}{R_3 + R_4} u_2 \tag{2-15}$$

把式（2-15）代入式（2-14）并整理得

$$u_o = \left(\frac{R_2}{R_1} + 1 \right) \frac{R_4}{R_3 + R_4} u_2 - \frac{R_2}{R_1} u_1 \tag{2-16}$$

若 $\dfrac{R_1}{R_2} = \dfrac{R_3}{R_4}$ ，式（2-16）可简化为

$$u_o = \frac{R_2}{R_1} (u_2 - u_1) \tag{2-17}$$

若 $R_1 = R_2$ ，且 $R_3 = R_4$ ，则图 2-9 中的电路为减法器，其输出为

$$u_o = u_2 - u_1 \tag{2-18}$$

【例2-1】在图 2-10 所示的运算放大器电路中，计算输出电压 u_o。

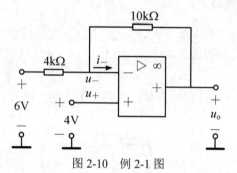

图 2-10　例 2-1 图

解法一： 因为 $i_- = 0$ ，所以 4kΩ电阻和 10kΩ电阻上的电流相等，即

$$\frac{6 - u_-}{4} = \frac{u_- - u_o}{10}$$

将 $u_- = u_+ = 4\,\text{V}$ 代入上式，得

$$\frac{6 - 4}{4} = \frac{4 - u_o}{10}$$

解得

$$u_o = -1\,\text{V}$$

解法二： 运用叠加定理。考虑 6V 的电压单独作用，将 4V 的电压短路，此时电路为反相放大器，其输出电压为

$$u_{o1} = -\frac{10}{4} \times 6 = -15\,\text{V}$$

考虑 4V 的电压单独作用，将 6V 的电压短路，此时电路为同相放大器，其输

出电压为

$$u_{o2} = \left(1 + \frac{10}{4}\right) \times 4 = 14 \text{ V}$$

因此

$$u_o = u_{o1} + u_{o2} = -15 + 14 = -1 \text{ V}$$

【例 2-2】在图 2-11 所示的运算放大器电路中，求电压 u_o 和电流 i_o。

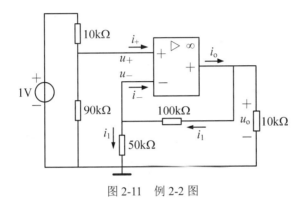

图 2-11 例 2-2 图

解：因为 $i_+ = 0$，所以电路左边部分的 1V 电压源、10kΩ电阻、90kΩ电阻构成串联电路，故

$$u_+ = 1 \times \frac{90}{90 + 10} = 0.9 \text{ V}$$

50kΩ电阻上的电流

$$i_1 = \frac{u_-}{50} = \frac{u_+}{50} = \frac{0.9}{50} = 0.018 \text{ mA}$$

由于 $i_- = 0$，100kΩ电阻上的电流也为 i_1。因此

$$u_o = (100 + 50) \times i_1 = (100 + 50) \times 0.018 = 2.7 \text{ V}$$

$$i_o = i_1 + \frac{u_o}{10} = 0.018 + \frac{2.7}{10} = 0.288 \text{ mA}$$

【例 2-3】在图 2-12 所示的电路中，计算输出电压 u_o。

解：图中的电路由三级运放电路构成。A_1 为电压跟随器，其输出电压

$$u_a = 7 \text{ V}$$

A_2 为反相放大器，其输出电压

$$u_b = -\frac{50}{10} \times 3.1 = -15.5 \text{ V}$$

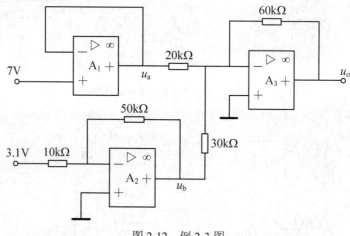

图 2-12   例 2-3 图

A_3 为反相加法运算电路，输入电压为 u_a 和 u_b，输出电压为

$$u_o = -\left(\frac{60}{20} \times u_a + \frac{60}{30} \times u_b\right) = -\left(\frac{60}{20} \times 7 - \frac{60}{30} \times 15.5\right) = 10 \text{ V}$$

本章重点小结

1. 运算放大器是多端子元件，具有单向性，内部结构比较复杂，不作为本书的讨论内容。本书从电路分析的角度讨论运放的外部特性及电路模型。运放的输入端分为反相端和同相端，输入采用差动输入，即同相端输入电压 u_+ 和反相端输入电压 u_- 之差，输入-输出特性分为线性区和饱和区。实际运放的开环电压增益 A 很大，输入电阻 R_{in} 很高，而输出电阻 R_o 很低。

2. "虚短"和"虚断"是理想运放的两条重要特性。

3. 分析含有理想运放的电阻电路时，除了依据理想运放的两条重要特性之外，一般结合节点电压法，但要注意，理想运放的输出端子无法列写出节点电压方程。

实例拓展——数模转换器

数模转换器（Digital to Analog Convertor，DAC）是把数字量转变成模拟量的器件。DAC 将二进制数字量转换为直流电压或直流电流，常用作计算机系统的输出通道，与执行器相连。基于运放的数模转换器通常包含 4 个部分：权电阻网络、运算放大器、基准电源和模拟开关。数字信号用二进制来表示，每一位二进制代码根据其在数据中位置的不同，分别具有不同的权重。在数模转换的过程中，将每一位二进制代码按权重的大小转换成相应的模拟量，然后将这些模拟量相加，得到与数字量成正比的总模拟量，这就是数模转换器的工作原理。

图 T2-1 为一个二进制加权梯形 DAC，可以把 4 位的二进制量转换为模拟量。该转换器实际上是一个加法电路，其输出电压（为表述方便，我们考虑输出电压的相反数）为

$$-u_o = \frac{R_f}{R_1}u_1 + \frac{R_f}{R_2}u_2 + \frac{R_f}{R_3}u_3 + \frac{R_f}{R_4}u_4 \qquad (2\text{-}19)$$

输入电压 u_1 对应于二进制的最高有效位（Most Significant Bit，MSB），输入电压 u_4 对应于二进制的最低有效位（Least Significant Bit，LSB），每个输入电压只可能为 0V 或 1V。通过配置反馈电阻和输入电阻的比值，每一位二进制就会在输出电压中占据不同的权重。例如，取 R_f=10kΩ，R_1=10kΩ，R_2=20kΩ，R_3=40kΩ，R_4=80kΩ，则输出电压为

$$-u_o = u_1 + \frac{1}{2}u_2 + \frac{1}{4}u_3 + \frac{1}{8}u_4$$

假设输入的数字量为十进制数 13，其对应的二进制数为 1101，则输出的模拟电压为

$$-u_o = u_1 + \frac{1}{2}u_2 + \frac{1}{4}u_3 + \frac{1}{8}u_4 = 1 + \frac{1}{2}\times 1 + \frac{1}{4}\times 0 + \frac{1}{8}\times 1 = 1.625\,\text{V}$$

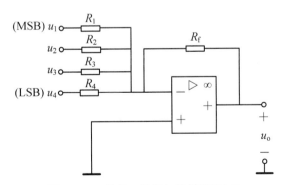

图 T2-1　4 位的二进制加权梯形 DAC

表 2-2 列出了 4 位数模转换器的数字量输入与模拟量输出之间的对应关系。从中可以看出，数字量每增加 1，模拟输出电压就增加 0.125V，因此这个转换系统能分辨出的最小输出电压为 0.125V。要提高转换的分辨率，就需要使用更高位数的 DAC。

表 2-2   4 位 DAC 的输入和输出

二进制输入($u_1u_2u_3u_4$)	十进制	模拟输出($-u_o$)/V
0000	0	0
0001	1	0.125
0010	2	0.250
0011	3	0.375
0100	4	0.500
0101	5	0.625
0110	6	0.750
0111	7	0.875
1000	8	1.000
1001	9	1.125
1010	10	1.250
1011	11	1.375
1100	12	1.500
1101	13	1.625
1110	14	1.750
1111	15	1.875

在线测试

习题二

2-1   在题 2-1 图所示的电路中，运放的输入电阻 $R_{in}=\infty$，输出电阻 $R_o=0$，开环电压放大倍数 A 为有限值，求该电路的电压增益 u_o/u_i。

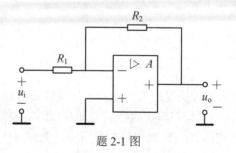

题 2-1 图

2-2 求题 2-2 图所示电路中输出电压与输入电压的运算关系式。

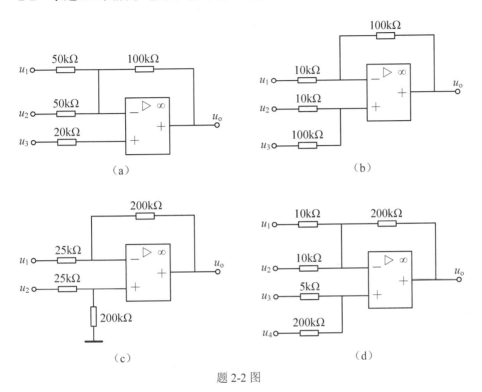

（a）　　　　　　　　　　　　　　（b）

（c）　　　　　　　　　　　　　　（d）

题 2-2 图

2-3 在题 2-3 图所示的电路中，求输出电压 u_o 与输入电压 u_1、u_2 之间的关系。

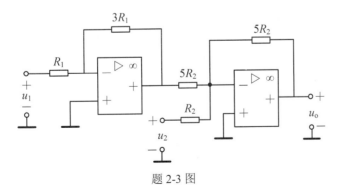

题 2-3 图

2-4 在题 2-4 所示的电路中，求电流 i_x。

2-5 求题 2-5 图所示电路的电压比 u_o/u_s。

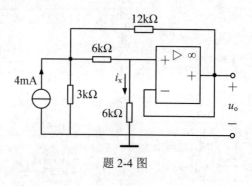

题 2-4 图

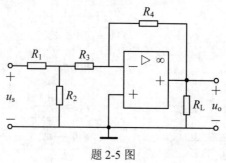

题 2-5 图

2-6　在题 2-6 图所示的电路中，求输出电压 u_o 与输入电压 u_{s1}、u_{s2} 之间的关系。

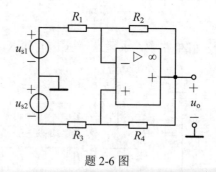

题 2-6 图

第3章　电容元件和电感元件

本章课程目标

　　理解电容、电感两种元件的储能原理，掌握其在电路中的 VCR 及功率、能量表达式；能够进行电容、电感串并联时的等效参数计算。

　　前面两章讨论的都是电阻元件电路，本章将介绍两种重要的元件——电容和电感。电阻元件把吸收的电能转换为热能消耗掉，理想电容和电感不消耗能量，而是存储能量，并可以释放所储存的能量。因此，电容和电感属于储能元件。另外，电容和电感的电压和电流的约束关系是通过导数或积分来表达的，所以这两种元件称为动态元件，而电阻元件属于静态元件。

3.1　电容元件

　　电容器在工程技术中的应用非常广泛。各种电容器虽然形态各异，但就其构成原理而言，都由两块金属极板组成，并在极板间填充不同的介质（图 3-1），如陶瓷、绝缘纸、云母、电解质等。当在极板上施加电压后，两块极板上分别聚集等量的正、负电荷，并在介质中建立电场。将电源断开后，极板上积累的电荷继续存在，所以电容器是一种可以储存电场能的器件。电容元件是反映这种物理现象的电路模型。

　　线性电容元件的电路符号如图 3-2 所示。对于线性电容元件，单块极板上聚集的正电荷或负电荷的量 q 与所施加电压 u 成正比，即

$$q = Cu \tag{3-1}$$

　　其中，C 是电容元件的参数，称为电容，单位为法拉（Farad），简称法，用字母 F 表示。如果电容器的两端施加的电压为 1V，极板上的电荷量为 1 库仑（Coulomb，记为 C），则该电容器的电容为 1F。法拉这个单位太大，在电子线路中常用的电容单位为微法（μF）、纳法（nF）和皮法（pF），它们之间的换算关系为

$$1F = 10^6\,\mu F = 10^9\,nF = 10^{12}\,pF$$

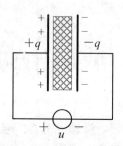

图 3-1   电容器的构成

图 3-3 以电荷量 q 为纵轴、电压 u 为横轴，画出了电容元件的库-伏特性。线性电容的库-伏特性曲线是一条通过原点的直线。

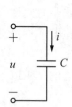

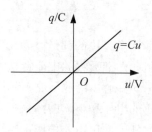

图 3-2   电容元件的电路符号   图 3-3   电容元件的库-伏特性曲线

当电容元件上的电荷量 q 或电压 u 发生变化时，会在电路中引起电流。如果电容元件的电流 i 和电压 u 取关联参考方向，如图 3-2 所示，则

$$i = \frac{\mathrm{d}q}{\mathrm{d}t} = C\frac{\mathrm{d}u}{\mathrm{d}t} \tag{3-2}$$

如果 u 和 i 取非关联参考方向，则

$$i = -C\frac{\mathrm{d}u}{\mathrm{d}t} \tag{3-3}$$

式（3-2）或（3-3）表明，电容上的电流和电压的变化率成正比，当电压恒定时，电流为零。所以电容对直流电而言，可以视作开路，或者说电容有隔断直流的作用。

对式（3-2）进行积分，得到 t 时刻电容元件的电压-电流关系为

$$u(t) = \frac{1}{C}\int_{-\infty}^{t} i(\tau)\mathrm{d}\tau = \frac{1}{C}\int_{-\infty}^{t_0} i(\tau)\mathrm{d}\tau + \frac{1}{C}\int_{t_0}^{t} i(\tau)\mathrm{d}\tau = u(t_0) + \frac{1}{C}\int_{t_0}^{t} i(\tau)\mathrm{d}\tau \tag{3-4}$$

其中 $u(t_0)$ 为初始时刻 t_0 电容上的电压。式（3-4）表明，电容的当前电压除了与 t_0 到 t 时刻之间的电流有关外，还与初始电压 $u(t_0)$ 有关。因此，电容是一种有"记忆"的元件。与之相对照，电阻元件的电压仅与当前的电流值有关，而与历史电流

无关，是"无记忆"元件。

电容元件的瞬时功率为

$$p = ui = uC\frac{\mathrm{d}u}{\mathrm{d}t} \tag{3-5}$$

对式（3-5）进行积分，可得电容元件储存的能量为

$$w = \int_{-\infty}^{t} p(\tau)\mathrm{d}\tau = C\int_{-\infty}^{t} u\frac{\mathrm{d}u}{\mathrm{d}\tau}\mathrm{d}\tau = C\int_{u(-\infty)}^{u(t)} u\mathrm{d}u = \frac{1}{2}Cu^2(t) - \frac{1}{2}Cu^2(-\infty) \tag{3-6}$$

考虑到在 $t = -\infty$ 时，电容未被充电，$u(-\infty) = 0$，所以在任意时刻 t，电容元件的储能为

$$w(t) = \frac{1}{2}Cu^2(t) \tag{3-7}$$

归纳起来，电容具有以下重要特性：

（1）对直流电来说，电容相当于开路，即具有"隔直"作用。

（2）电容上的电压必须是连续的，不能发生"跃变"。因为根据式（3-2），电压的"跃变"将会产生无穷大的电流，这是不可能的。

（3）理想的电容不消耗能量。当 $|u|$ 增大时，电容处于充电状态，储能增加，吸收能量；当 $|u|$ 减小时，电容处于放电状态，储能减小，释放能量。

实际电容器的两块极板之间不可能完全绝缘，会形成漏电阻，不可避免地要消耗掉一部分电能。因此，实际电容器的模型是电容和电阻的组合。由于电容器消耗的电功率与所加的电压直接相关，因此适宜的模型是两者的并联组合，如图 3-4 所示。

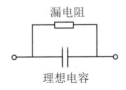

漏电阻

理想电容

图 3-4　实际电容器的模型

为叙述方便，电容一词通常既可指电容元件，也可指电容元件的电容量。同样地，符号 C 既可以代表电容元件，也可以代表元件的参数。

【例 3-1】在图 3-5 所示的运算放大器电路中，求输出电压 u_o 与输入电压 u_i 之间的关系。

解：因 $i_- = 0$，故 $i_\mathrm{R} = i_\mathrm{C}$，即

$$\frac{u_\mathrm{i} - u_-}{R} = C\frac{\mathrm{d}(u_- - u_\mathrm{o})}{\mathrm{d}t}$$

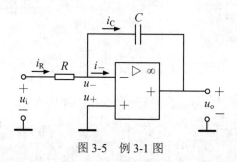

图 3-5   例 3-1 图

因 $u_- = u_+ = 0$ ，上式可化为

$$\mathrm{d}u_\mathrm{o} = -\frac{1}{RC}u_\mathrm{i}\mathrm{d}t$$

将初始时刻设为 0，对上式的两边取积分得

$$u_\mathrm{o} = u_\mathrm{o}(0) - \frac{1}{RC}\int_0^t u_\mathrm{i}\mathrm{d}t$$

若初始时刻的输出 $u_\mathrm{o}(0) = 0$ ，则

$$u_\mathrm{o} = -\frac{1}{RC}\int_0^t u_\mathrm{i}\mathrm{d}t \qquad\qquad (3\text{-}8)$$

由式（3-8）可见，输出电压和输入电压之间的关系是积分运算关系，图 3-5 中的电路为积分电路。

【例 3-2】在图 3-6 所示的运算放大器电路中，求输出电压 u_o 与输入电压 u_i 之间的关系。

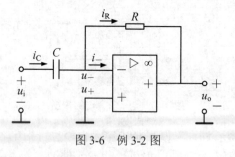

图 3-6   例 3-2 图

解：因 $i_- = 0$ ，故 $i_\mathrm{C} = i_\mathrm{R}$ ，即

$$C\frac{\mathrm{d}(u_\mathrm{i} - u_-)}{\mathrm{d}t} = \frac{u_- - u_\mathrm{o}}{R}$$

因 $u_- = u_+ = 0$ ，上式可化为

$$u_\mathrm{o} = -RC\frac{\mathrm{d}u_\mathrm{i}}{\mathrm{d}t} \qquad\qquad (3\text{-}9)$$

输出电压是输入电压的微分，因此图 3-6 中的电路为微分电路。

3.2　电容元件的串联与并联

和电阻元件类似，多个电容元件串联或并联时，也可以用一个等效电容来替代。

3.2.1　电容元件的串联

在图 3-7（a）中，电容 C_1、C_2、$\cdots$、C_n 串联，其等效电容记为 C_{eq}，如图 3-7（b）所示。将初始时刻记为 t_0，在图 3-7（a）所示的电路中，流过每个电容的电流相等，根据 KVL，有

$$u = u_1 + u_2 + \cdots + u_n$$

$$= u_1(t_0) + \frac{1}{C_1}\int_{t_0}^{t} i(\tau)\mathrm{d}\tau + u_2(t_0) + \frac{1}{C_2}\int_{t_0}^{t} i(\tau)\mathrm{d}\tau + \cdots + u_n(t_0) + \frac{1}{C_n}\int_{t_0}^{t} i(\tau)\mathrm{d}\tau \quad (3\text{-}10)$$

$$= u_1(t_0) + u_2(t_0) + \cdots + u_n(t_0) + \left(\frac{1}{C_1} + \frac{1}{C_2} + \cdots + \frac{1}{C_n}\right)\int_{t_0}^{t} i(\tau)\mathrm{d}\tau$$

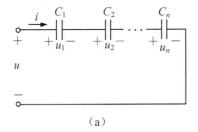 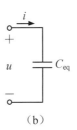

（a）　　　　　　　　　　　　　　　　　　　（b）

图 3-7　电容的串联

在图 3-7（b）所示的电路中，有

$$u = u(t_0) + \frac{1}{C_{eq}}\int_{t_0}^{t} i(\tau)\mathrm{d}\tau \quad (3\text{-}11)$$

由于图 3-7（a）和（b）中的电压-电流关系相同，对比式（3-10）和式（3-11）可得

$$u(t_0) = u_1(t_0) + u_2(t_0) + \cdots + u_n(t_0) \quad (3\text{-}12)$$

$$\frac{1}{C_{eq}} = \frac{1}{C_1} + \frac{1}{C_2} + \cdots + \frac{1}{C_n} \quad (3\text{-}13)$$

式（3-12）表明，等效电容的初始电压为所有串联电容的初始电压之和。式（3-13）表明，等效电容的倒数等于各个串联电容的倒数之和。因此，多个电容串联时，其

等效电容比每一个电容都小。

3.2.2 电容元件的并联

在图3-8（a）所示的电路中，n 个电容并联，每个电容上的电压都相等，根据KCL，有

$$i = i_1 + i_2 + \cdots + i_n = C_1\frac{\mathrm{d}u}{\mathrm{d}t} + C_2\frac{\mathrm{d}u}{\mathrm{d}t} + \cdots + C_n\frac{\mathrm{d}u}{\mathrm{d}t} = (C_1 + C_2 + \cdots + C_n)\frac{\mathrm{d}u}{\mathrm{d}t} \quad (3\text{-}14)$$

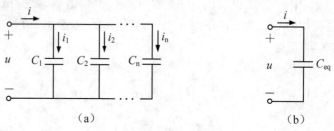

图3-8 电容的并联

如图3-8（b）所示，将并联电容的等效电容记为 C_{eq}，其电流和电压的关系为

$$i = C_{eq}\frac{\mathrm{d}u}{\mathrm{d}t} \quad (3\text{-}15)$$

由于图3-8（a）和（b）中的电流-电压关系相同，对比式（3-14）和式（3-15）可知，有

$$C_{eq} = C_1 + C_2 + \cdots + C_n \quad (3\text{-}16)$$

因此，多个电容并联时，其等效电容为各个电容之和。

【例3-3】在图3-9（a）所示的电路中，C_1=6μF，C_2=4μF，信号源电流 i_s 的波形如图3-9（b）所示。若 $u(0) = 0$，求 $u(t)$。

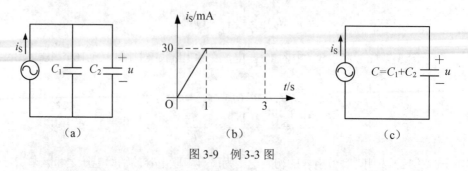

图3-9 例3-3图

解： 电容 C_1 和 C_2 并联，其等效电容

$$C = C_1 + C_2 = 6 + 4 = 10\ \mu F$$

图 3-9（a）中的电容 C_2 上的电压，等于图 3-9（c）中等效电容 C 上的电压。电流 i_s 的表达式为

$$i_s(t) = \begin{cases} 30t\ \text{mA} & (0 \leqslant t < 1\text{s}) \\ 30\ \text{mA} & (1 \leqslant t \leqslant 3\text{s}) \end{cases}$$

根据式（3-4），电压 u 的表达式为

$$u(t) = \begin{cases} u(0) + \dfrac{1}{C} \displaystyle\int_0^t i_s(\tau)\mathrm{d}\tau = 0 + \dfrac{1}{10}\displaystyle\int_0^t 30\tau\mathrm{d}\tau & \text{kV} & (0 \leqslant t < 1\text{s}) \\ u(1) + \dfrac{1}{C} \displaystyle\int_1^t i_s(\tau)\mathrm{d}\tau = 1.5t^2 \Big|_{t=1} + \dfrac{1}{10}\displaystyle\int_1^t 30\mathrm{d}\tau & \text{kV} & (1 \leqslant t \leqslant 3\text{s}) \end{cases}$$

即

$$u(t) = \begin{cases} 1.5t^2 & \text{kV} & (0 \leqslant t < 1\text{s}) \\ 3t - 1.5 & \text{kV} & (1 \leqslant t \leqslant 3\text{s}) \end{cases}$$

3.3　电感元件

电感器是能够把电能转换为磁场能而储存起来的元件，它在电路中的应用十分广泛，比如滤波、振荡、抑制电磁干扰等。从构成上来说，电感元件一般是由金属导线绕制而成的线圈，如图 3-10 所示。

当线圈中通过电流 i 时，就会产生磁感应强度 B。磁感应强度的单位是特斯拉（T），其方向与通过的电流方向之间的关系可用右手螺旋法则确定。穿过某一截面的磁力线的总数称为磁通量，简称磁通，用 Φ 来表示，单位为韦伯（Wb）。设在磁感应强度为 B 的匀强磁场中，有一个面积为 S 且与磁场方向垂直的平面，则

$$\Phi = BS \tag{3-17}$$

线圈产生的磁通的总和称为磁通链，用 Ψ 来表示，其单位也是 Wb。若线圈的匝数为 N，则

$$\Psi = N\Phi \tag{3-18}$$

由于磁通 Φ 和磁通链 Ψ 都是流过线圈本身的电流 i 产生的，所以分别称为自感磁通和自感磁通链。当磁通链 Ψ 随时间变化时，线圈的两端会产生感应电动势 e。根据法拉第电磁感应定律，有

$$e = -\frac{\mathrm{d}\Psi}{\mathrm{d}t} = -N\frac{\mathrm{d}\Phi}{\mathrm{d}t} \tag{3-19}$$

式中的负号意味着，感应电动势产生的电流方向总是要阻止磁通的变化。

电感元件是实际线圈的一种理想化模型。线性电感元件的图形符号如图 3-11

所示，其自感磁通链 Ψ 与元件中电流 i 的关系为

$$\Psi = Li \tag{3-20}$$

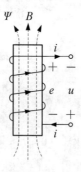

图 3-10　电感器的构成　　　　　　图 3-11　电感元件的电路符号

其中 L 为自感（系数）或电感，单位为亨利（H），简称亨。线性电感元件的韦-安特性是一条通过原点的直线，斜率为 L，如图 3-12 所示。

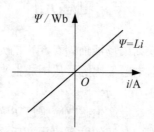

图 3-12　电感元件的韦-安特性曲线

根据基尔霍夫电压定律，电感元件两端的电压 u 与感应电动势 e 大小相等，方向相反[参见图（3-10）]，所以

$$u = -e = \frac{\mathrm{d}\Psi}{\mathrm{d}t} \tag{3-21}$$

将式（3-20）代入上式得

$$u = L\frac{\mathrm{d}i}{\mathrm{d}t} \tag{3-22}$$

式中 u 和 i 必须取关联参考方向，如图 3-11 所示。若 u、i 的参考方向为非关联，则等式右边要加一负号，即

$$u = -L\frac{\mathrm{d}i}{\mathrm{d}t} \tag{3-23}$$

由式（3-22）或式（3-23）可知，当电流 i 为恒定值时，$u=0$。所以，在直流电

路中，电感元件相当于短路，即电感元件具有"通直"的特性。

对式（3-22）进行积分可得

$$i(t) = \frac{1}{L}\int_{-\infty}^{t} u(\tau)\mathrm{d}\tau = \frac{1}{L}\int_{-\infty}^{t_0} u(\tau)\mathrm{d}\tau + \frac{1}{L}\int_{t_0}^{t} u(\tau)\mathrm{d}\tau = i(t_0) + \frac{1}{L}\int_{t_0}^{t} u(\tau)\mathrm{d}\tau \qquad （3-24）$$

式中，$i(t_0)$ 为初始时刻 t_0 的电流。此式表明，电感的当前电流除了与 t_0 到 t 时刻之间的电压有关外，还与初始电流 $i(t_0)$ 有关。因此，电感是一种有"记忆"的元件。

电感元件的瞬时功率为

$$p = ui = Li\frac{\mathrm{d}i}{\mathrm{d}t} \qquad （3-25）$$

对上式进行积分，可得电感元件储存的能量为

$$w = \int_{-\infty}^{t} p(\tau)\mathrm{d}\tau = L\int_{-\infty}^{t} i\frac{\mathrm{d}i}{\mathrm{d}\tau}\mathrm{d}\tau = L\int_{i(-\infty)}^{i(t)} i\,\mathrm{d}i = \frac{1}{2}Li^2(t) - \frac{1}{2}Li^2(-\infty) \qquad （3-26）$$

由于在 $t = -\infty$ 时，$i(-\infty) = 0$，所以在任意时刻 t，电感的储能为

$$w(t) = \frac{1}{2}Li^2(t) \qquad （3-27）$$

归纳起来，电感具有以下重要特性：

（1）对直流电来说，电感相当于短路，即具有"通直"特性。

（2）电感上的电流必须是连续的，不能发生"跃变"。因为根据式（3-22），电流的"跃变"将会产生无穷大的电压，这是不可能的。

（3）理想的电感不消耗能量。当电流|i|增加时，储能增大，电感吸收能量；当|i|减小时，储能减小，电感释放能量。

实际的电感器通常是由金属漆包线绕制而成的线圈，由于制作材料有一定的电阻，所以可采用电感和电阻的串联组合，来模拟实际的电感器，如图 3-13 所示。如果在电感线圈中间的物质为非磁性物质，如空气、木头、塑料等，则电感为线性电感，L 为一常数，磁通链 Ψ 与元件中电流 i 成正比。为了增大电感，常在线圈中插入铁、坡莫合金等铁磁材料，这种电感为非线性电感，L 不再是常数，其图形符号如图 3-14 所示。

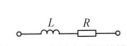

图 3-13　实际电感器的模型 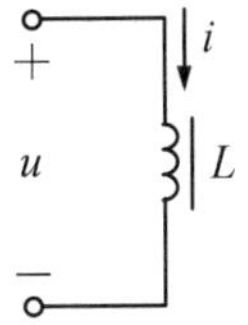　　　　　图 3-14　带铁磁芯的电感符号

为叙述方便，电感一词通常既可指电感元件，也可指电感元件的电感量。同样

地，L 既可以代表电感元件，也可以代表元件的参数。

【例 3-4】如图 3-15（a）所示的电路处于稳态，求电压 u_C、电流 i_L 及电容和电感储存的能量。

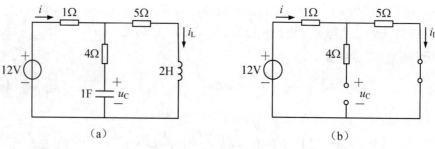

图 3-15　例 3-4 图

解：在稳态直流电路中，电容相当于开路，电感相当于短路，如图 3-15（b）所示，故

$$i_L = i = \frac{12}{1+5} = 2\ \text{A}$$

电容上的电压 u_C 与 5Ω电阻上的电压相同，即

$$u_C = 5i = 5 \times 2 = 10\ \text{V}$$

电容储存的能量

$$w_C = \frac{1}{2}Cu_C^2 = \frac{1}{2} \times 1 \times 10^2 = 50\ \text{J}$$

电感储存的能量

$$w_L = \frac{1}{2}Li_L^2 = \frac{1}{2} \times 2 \times 2^2 = 4\ \text{J}$$

3.4　电感元件的串联与并联

【微课视频】

电感元件及其
串并联

3.4.1　电感元件的串联

在图 3-16（a）中，n 个电感串联，每个电感上的电流都相等，根据 KVL，有

$$u = u_1 + u_2 + \cdots + u_n = L_1\frac{\mathrm{d}i}{\mathrm{d}t} + L_2\frac{\mathrm{d}i}{\mathrm{d}t} + \cdots + L_n\frac{\mathrm{d}i}{\mathrm{d}t} = (L_1 + L_2 + \cdots + L_n)\frac{\mathrm{d}i}{\mathrm{d}t} \tag{3-28}$$

如图 3-16（b）所示，将串联电感的等效电感记为 L_{eq}，其电压和电流的关系为

$$u = L_{eq}\frac{\mathrm{d}i}{\mathrm{d}t} \tag{3-29}$$

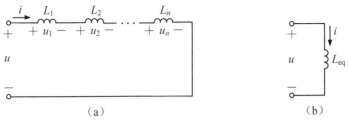

图 3-16　电感的串联

由于图 3-16（a）和（b）中的电压-电流关系相同，对比式（3-28）和式（3-29）可知

$$L_{eq} = L_1 + L_2 + \cdots + L_n \qquad (3\text{-}30)$$

因此，多个电感串联时，其等效电感为各个电感之和。

3.4.2　电感元件的并联

在图 3-17（a）中，电感 L_1、L_2、$\cdots$、L_n 并联，其等效电感记为 L_{eq}，如图 3-17（b）所示。将初始时刻记为 t_0，在图 3-17 （a）中，每个电感上的电压均相同，根据 KCL，有

$$i = i_1 + i_2 + \cdots + i_n$$

$$= i_1(t_0) + \frac{1}{L_1}\int_{t_0}^{t}u(\tau)\mathrm{d}\tau + i_2(t_0) + \frac{1}{L_2}\int_{t_0}^{t}u(\tau)\mathrm{d}\tau + \cdots + i_n(t_0) + \frac{1}{L_n}\int_{t_0}^{t}u(\tau)\mathrm{d}\tau \qquad (3\text{-}31)$$

$$= i_1(t_0) + i_2(t_0) + \cdots + i_n(t_0) + \left(\frac{1}{L_1} + \frac{1}{L_2} + \cdots + \frac{1}{L_n}\right)\int_{t_0}^{t}u(\tau)\mathrm{d}\tau$$

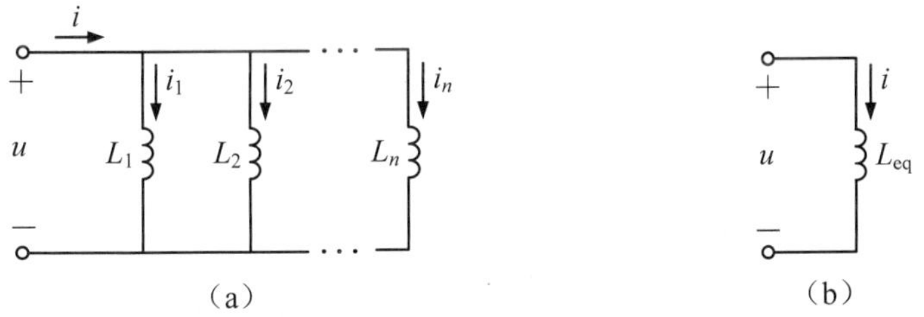

图 3-17　电感的并联

在图 3-17（b）中，有

$$i = i(t_0) + \frac{1}{L_{eq}}\int_{t_0}^{t}u(\tau)\mathrm{d}\tau \qquad (3\text{-}32)$$

由于图 3-17（a）和（b）中电路的电流-电压关系相同，通过对比式（3-31）和式（3-32）可得

$$i(t_0) = i_1(t_0) + i_2(t_0) + \cdots + i_n(t_0) \tag{3-33}$$

$$\frac{1}{L_{eq}} = \frac{1}{L_1} + \frac{1}{L_2} + \cdots + \frac{1}{L_n} \tag{3-34}$$

式（3-33）表明，等效电感的初始电流等于所有并联电感的初始电流之和。式（3-34）表明，等效电感的倒数等于各个并联电感的倒数之和。因此，多个电感并联时，其等效电感比每一个电感都小。

本章重点小结

1. 电容元件和电感元件是记忆元件、储能元件、无源元件。它们的电压和电流关系是微分或积分关系，见表 3-1（设电压和电流为关联参考方向）。

表 3-1　动态元件的伏安关系

元件名称	微分关系	积分关系	储能
电容	$i_C = C \dfrac{\mathrm{d}u_C}{\mathrm{d}t}$	$u_C = u_C(0) + \dfrac{1}{C}\displaystyle\int_0^t i_C(\xi)\,\mathrm{d}\xi$	$w_C = \dfrac{1}{2}Cu_C^2$
电感	$u_L = L \dfrac{\mathrm{d}i_L}{\mathrm{d}t}$	$i_L = i_L(0) + \dfrac{1}{L}\displaystyle\int_0^t u_L(\xi)\,\mathrm{d}\xi$	$w_L = \dfrac{1}{2}Li_L^2$

2. 电容元件和电感元件在串联和并联时的等效参数的计算公式见表 3-2。

表 3-2　电容和电感串并联的计算

元件名称	串联	并联
电容	$\dfrac{1}{C_{eq}} = \dfrac{1}{C_1} + \dfrac{1}{C_2} + \cdots + \dfrac{1}{C_n}$	$C_{eq} = C_1 + C_2 + \cdots + C_n$
电感	$L_{eq} = L_1 + L_2 + \cdots + L_n$	$\dfrac{1}{L_{eq}} = \dfrac{1}{L_1} + \dfrac{1}{L_2} + \cdots + \dfrac{1}{L_n}$

实例拓展——汽车火花塞的工作原理

汽车发动机工作时，要用火花塞产生的电火花来点燃气缸内的油气混合物。要产生电火花，就要在两个相互靠近的电极上施加数千伏的高压。而汽车蓄电池的电压通常仅为 12V，怎么才能产生如此高的电压呢？火花塞的工作原理如图 T3-1 所示。当开关闭合时，电感线圈通电，其中的电流为 i。若打开开关，则电流的通路被断开，i 会在很短的时间内迅速减小，也就是说电感线圈 L 上电流的变化率很大。

根据式（3-22），在电感线圈上就会产生瞬时高压，从而在电极间形成电火花。

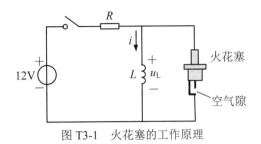

图 T3-1　火花塞的工作原理

习题三

在线测试

3-1　题 3-1 图所示的电路处于稳态，计算电容和电感储存的能量。

3-2　题 3-2 图所示的电路处于稳态，试选择电阻 R 的值，使得电容和电感储存的能量相同。

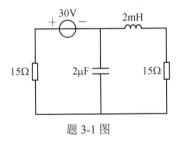

题 3-1 图

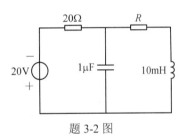

题 3-2 图

3-3　已知 $C=0.5\mu F$ 的电容上的电压波形如题 3-3 图所示。假设电压和电流采用关联参考方向，画出电容上电流 $i_C(t)$ 的波形图。

3-4　已知 $L=0.5mH$ 的电感的电压波形如题 3-4 图所示。假设电流和电压采用关联参考方向，画出电感电流 $i_L(t)$ 波形图。

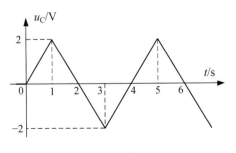

题 3-3 图

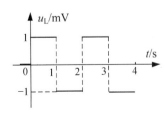

题 3-4 图

3-5　题 3-5 图（a）所示的一端口网络可以等效为题 3-5 图（b）所示的一端口网络，试求等效电感 L 和等效电容 C 的数值。

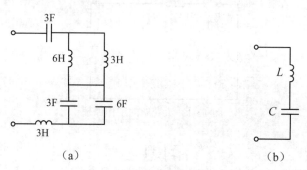

（a）　　　　　　　　　　（b）

题 3-5 图

3-6　在题 3-6 图所示的电路中，$u_1 = 10\cos 2t\ \text{mV}$，$u_2 = 0.5t\ \text{mV}$，电容的初始电压为零，求输出电压 u_o。

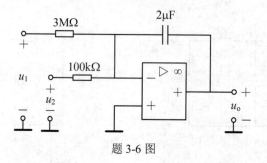

题 3-6 图

3-7　在题 3-7 图（a）所示的电路中，输入电压 u_i 的波形如题 3-7 图（b）所示。设电容的初始电压为零，请画出输出电压 u_o 的波形。

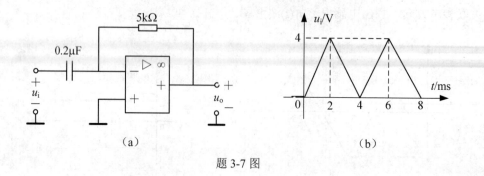

（a）　　　　　　　　　　（b）

题 3-7 图

第4章　正弦稳态电路的分析

正弦交流电的应用范围相当广泛，一般线性电路在正弦交流电源激励作用下，在接通电源较长时间后，电路的响应趋于稳定，电路中任一电压、电流的响应均为与电源同频率的正弦函数，电路的这种工作状态称为正弦稳态，这样的电路称为正弦稳态电路或正弦电流电路。

由于电路中的电流（电压）是随时间按照正弦规律变化的，电路元件不仅要考虑电阻，还要考虑储能元件电感和电容的作用。本章讨论正弦稳态电路的基本概念，分析正弦稳态电路的相量法和正弦稳态电路中的功率问题，最后介绍正弦稳态电路频率特性相关内容中的谐振这一特殊工作状况。

4.1 正弦量的基本概念

4.1.1 正弦量的三要素

随时间按正弦规律变化的电压和电流分别称为正弦电压和正弦电流，统称为正弦量。对正弦量进行数学描述可以采用 sine 函数，也可以采用 cosine 函数。本书中，均采用 cosine 函数。以电流为例，正弦量的数学表达式为式（4-1），其波形如图 4-1 所示。

$$i(t) = I_m \cos(\omega t + \varphi_i) \tag{4-1}$$

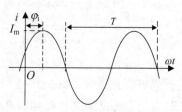

图 4-1   正弦量的波形

当然，正弦量的解析式和波形都是对应于已经选定的参考方向而言的。正弦量的大小、方向随时间变化，当瞬时值为正，表示其方向与所选取的参考方向一致；瞬时值为负，表示其方向与所选取的参考方向相反。

式（4-1）中的 3 个常数 I_m、ω 和 φ_i 构成了正弦量的三要素。

I_m 是正弦量各瞬时值中的最大值，称为正弦量的振幅。正弦量在一个周期内，两次达到同样的最大值，只是方向不同，正负两个最大值之间相隔 $2I_m$，称为正弦量的峰-峰值。

随时间变化的角度（$\omega t + \varphi_i$）称为正弦量的相位角，简称相位。正弦量在不同的瞬间有不同的相位，相位反映了正弦量每一瞬间的状态。相位随时间而变化，每增加 2π（弧度），正弦量经历一个周期，重复原先的变化规律。ω 称为正弦量的角频率，它是正弦量的相位随时间变化的角速度，反映相位变化的快慢程度，即

$$\frac{d(\omega t + \varphi_i)}{dt} = \omega$$

单位为 rad/s（弧度/秒）。正弦量每经历一个周期的时间 T，相位增加 2π，则角频率 ω、周期 T 和频率 f 之间的关系为

$$\omega T = 2\pi, \quad \omega = 2\pi f, \quad f = 1/T$$

频率 f 的单位是 1/s，称为 Hz（赫兹，简称赫）。我国电力工业规定 50Hz 为"工

频"，它的周期为 0.02s，角频率为 $\omega = 100\pi = 314\text{rad/s}$。

φ_i 是正弦量在 $t = 0$ 时的相位角，叫作初相位或初相角，简称初相，通常其取值范围为 $|\varphi_i| \leqslant 180°$。初相反映了正弦量在计时起点的状态。对任一正弦量，初相是可以任意指定的，但是对同一电路中的各相关正弦量而言，只能以同一个计时起点来确定各自的初相。

当正弦量的三要素确定以后，对应的正弦量就被完全确定下来，正弦量的三要素也是正弦量之间进行比较和区分的依据。

【例 4-1】已知电路中某支路的电压、电流为工频正弦量，其最大值分别为 100V、10A，初相为 45°、−60°，试写出它们的解析式。

解：电压、电流的角频率为

$$\omega = 2\pi \times 50 = 100\pi = 314\text{rad/s}$$

由正弦量的三要素可以写出

$$u = 100\cos(314t + 45°)\text{V}，\quad i = 10\cos(314t - 60°)\text{A}$$

4.1.2　正弦量之间的相位关系

图 4-2 中绘制出了两个频率相同但振幅不同的正弦量电压 u 和正弦量电流 i，它们的数学表达分别为

$$u(t) = U_\text{m}\cos(\omega t + \varphi_\text{u})，\quad i(t) = I_\text{m}\cos(\omega t + \varphi_\text{i})$$

式中两个正弦量的初相都小于 0。

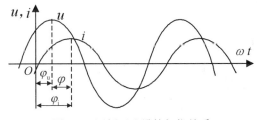

图 4-2　同频正弦量的相位关系

从波形中可以看出，正弦电压和正弦电流的初相不同，它们达到正的最大值是有先后顺序的。电路中常引用"相位差"的概念来描述两个同频正弦量之间的相位关系，也能反映同频正弦量随时间变化达到特定值的先后顺序。

同频正弦量的相位差，也就是它们的相位之差，用 φ 表示图 4-2 中正弦电压和正弦电流的相位差，有

$$\varphi = (\omega t + \varphi_\text{u}) - (\omega t + \varphi_\text{i}) = \varphi_\text{u} - \varphi_\text{i} \tag{4-2}$$

正弦量的相位是随时间变化的，但同频率正弦量的相位差等于它们的初相之

差，是一个和时间没有关系的常数，与计时起点的选择无关。不同频率的正弦量的相位差是随时间变化的。一般相位差都是针对同频率正弦量而言的。

以图 4-2 中的同频正弦量 u、i 的相位差为例，相位比较的结果可以总结如下：

（1）当 $\varphi = 0$ 时，说明 $\varphi_u = \varphi_i$，初相相同的电压和电流同相。

（2）当 $\varphi > 0$ 时，说明 $\varphi_u > \varphi_i$，电压超前电流，且超前 φ 角所对应的时间；或者说电流滞后电压，且滞后 φ 角所对应的时间。

（3）当 $\varphi < 0$ 时，说明 $\varphi_u < \varphi_i$，电流超前电压，且超前 φ 角所对应的时间；或者说电压滞后电流，且滞后 φ 角所对应的时间。

（4）当 $\varphi = \dfrac{\pi}{2}$ 时，说明 $\varphi_u = \varphi_i + \dfrac{\pi}{2}$，电压与电流正交。

（5）当 $\varphi = \pi$ 时，说明 $\varphi_u = \varphi_i + \pi$，电压与电流反向。

相位差的绝对值，规定不超过 π。有时为了分析问题方便，同一电路中选择某一个正弦量为参考，假设其初相为零，则其他正弦量的初相大小等于它们和参考正弦量之间的相位差的大小。

4.1.3　正弦量的有效值

周期性的电压和电流的瞬时值是随时间不断变化的，在分析、计算和实际应用中，为了表征它们做功的能力并度量其"大小"，通常采用有效值的概念。

周期电流的有效值定义如下：周期电流 i 流过电阻 R 在一个周期 T 内所做的功，与直流电流 I 在时间 T 内流过电阻 R 所做的功相同，则此直流电流的值为周期电流的有效值。

周期电流 i 流过电阻 R，在一个周期 T 内，电流做功产生的能量为 $W_1 = \displaystyle\int_0^T i^2 R \mathrm{d}t$；直流电流 I 在时间 T 内流过电阻 R，直流电流做功产生的能量为 $W_2 = I^2 RT$，根据有效值的定义有 $W_1 = W_2$，则周期电流 i 的有效值为

$$I = \sqrt{\frac{1}{T}\int_0^T i^2 \mathrm{d}t} \tag{4-3}$$

同理，周期电压 u 的有效值为

$$U = \sqrt{\frac{1}{T}\int_0^T u^2 \mathrm{d}t} \tag{4-4}$$

从数学上看，任意周期量的有效值等于它的瞬时值的平方在一个周期内取平均后再开方的结果，故又称有效值为方均根值。

当周期电压或周期电流为正弦量时，将正弦量的数学表达式带入有效值的计算公式，比如，设正弦电流 $i(t) = I_m \cos(\omega t + \varphi_i)$，则有

$$I = \sqrt{\frac{1}{T} \int_0^T I_m^2 \cos^2(\omega t + \varphi_i) \mathrm{d}t} = \sqrt{\frac{I_m^2}{2T} \int_0^T \left[1 + \cos 2(\omega t + \varphi_i) \right] \mathrm{d}t}$$

最后得出正弦量的有效值和正弦量的振幅之间的特殊关系，形式如下：

$$I = \sqrt{\frac{I_m^2}{2}} = \frac{I_m}{\sqrt{2}} = 0.707 I_m \qquad (4\text{-}5)$$

同理，正弦电压的有效值为

$$U = \frac{1}{\sqrt{2}} U_m = 0.707 U_m \qquad (4\text{-}6)$$

可见，正弦量的有效值与最大值之间有 $\sqrt{2}$ 倍的关系。这就是说，最大值为 1A 的正弦电流在电路中做功产生能量的效果和 0.707A 的直流电流相当。

正弦量的数学表达形式也可以写成

$$i(t) = \sqrt{2} I \cos(\omega t + \varphi_i) \qquad (4\text{-}7)$$

式中用有效值 I、角频率 ω 和初相 φ_i 来表示三要素。正弦量的有效值与频率和初相无关。在书写形式上，正弦量的有效值用大写字母表示，如 I、U 等。工程上，交流电气设备铭牌上所标的额定电流、额定电压值都是有效值，如 "220V、40W" 的白炽灯，指该额定电压的有效值为 220V。电磁系交流电流表、交流电压表的读数也是有效值。当然，在分析电子器件的击穿电压、电气设备的绝缘耐压水平时，要按交流电压的最大值考虑。

4.2　电路的相量模型

在正弦交流电源激励下的电路，电路元件不仅要考虑电阻，还要考虑电感和电容的作用，因此依据 KCL、KVL 和元件的 VCR 分析得到的电路方程不仅会含有微分或积分的形式，而且方程会很复杂，导致求解响应会变得困难。同时，正弦量的数学运算中，正弦量乘以常数，正弦量的微分、积分，同频率正弦量的代数和等，其结果仍为一个同频率的正弦量。所以，正弦电路电量的求解只要确定有效值（或最大值）和初相即可。后面会将正弦量和相量对应起来，利用相量法使得分析解决正弦稳态电路变得简单。而相量法的数学基础是复数及其运算，所以有必要先进行复数知识的复习。

4.2.1　复数

复数可以用复平面上坐标为 (a,b) 的点来表示，也可以用从原点指向点 (a,b) 的向量来表示，如图 4-3 所示，复平面上横轴称为实轴，注以 "Re"；纵轴称为虚轴，注以"Im"。一个复数有多种数学表示形式。

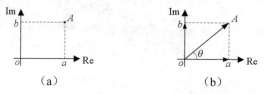

图 4-3   复数在复平面上的表示形式

（1）数学表达形式。电路分析中，为了避免和电流 i 混淆，用 $j=\sqrt{-1}$ 代表虚数单位。复数 A 的代数形式为

$$A = a + jb \tag{4-8}$$

式中，a 为实部，b 为虚部。常用 Re[A] 表示取复数 A 的实部，用 Im[A] 表示取复数 A 的虚部，即 $a = \text{Re}[A]$，$b = \text{Im}[A]$，a、b 为实数。

复数可以是从原点指向点 (a,b) 的向量，可得复数的三角形式

$$A = |A|(\cos\theta + j\sin\theta) \tag{4-9}$$

该向量的长度称为复数 A 的模，记作 $|A|$，向量与实轴正向间的夹角 θ 称为 A 的辐角，有

$$|A| = \sqrt{a^2 + b^2}，\quad \theta = \arctan\frac{b}{a}，\quad a = |A|\cos\theta，\quad b = |A|\sin\theta$$

根据欧拉公式，还可以得到复数的指数形式：

$$A = a + jb = |A|(\cos\theta + j\sin\theta) = |A|e^{j\theta} \tag{4-10}$$

通常将指数形式简写成极坐标形式：

$$A = |A|e^{j\theta} = |A|\angle\theta \tag{4-11}$$

对于复数 $A = a + jb$ 和复数 $A^* = a - jb$，它们的虚部互为相反数，说明这两个复数关于实轴对称，称为共轭复数，即模相等，辐角反号。

（2）复数的运算规律。复数的加减运算规律：两个复数相加（或相减）时，将实部与实部相加（或相减），虚部与虚部相加（或相减）。如

$$A_1 = a_1 + jb_1 = |A_1|\angle\theta_1$$
$$A_2 = a_2 + jb_2 = |A_2|\angle\theta_2$$

相加、减的结果为

$$A_1 \pm A_2 = (a_1 + jb_1) \pm (a_2 + jb_2) = (a_1 \pm a_2) + j(b_1 \pm b_2)$$

图 4-4 所示为复数相加减的图解。

复数乘除运算规律：两个复数相乘，模相乘，辐角相加；两个复数相除，模相除，辐角相减。例如

$$A_1 A_2 = \left| A_1 \right| \mathrm{e}^{\mathrm{j}\theta_1} \times \left| A_2 \right| \mathrm{e}^{\mathrm{j}\theta_2} = \left| A_1 \right| \left| A_2 \right| \mathrm{e}^{\mathrm{j}(\theta_1 + \theta_2)} = \left| A_1 \right| \left| A_2 \right| \angle (\theta_1 + \theta_2)$$

$$\frac{A_1}{A_2} = \frac{\left| A_1 \right| \mathrm{e}^{\mathrm{j}\theta_1}}{\left| A_2 \right| \mathrm{e}^{\mathrm{j}\theta_2}} = \frac{\left| A_1 \right|}{\left| A_2 \right|} \angle (\theta_1 - \theta_2)$$

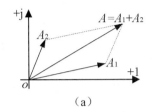 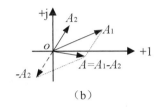

（a）　　　　　　　　　　　　　　　（b）

图 4-4　复数相加减

图 4-5 所示为复数相乘除的图解。

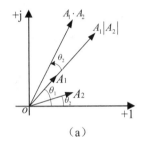 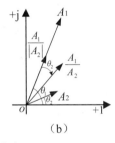

（a）　　　　　　　　　　　　　　　（b）

图 4-5　复数的乘除

通常规定：逆时针方向的辐角为正，顺时针方向的辐角为负。因此复数相乘相当于将模扩大一定倍数后再逆时针旋转向量；复数相除相当于将模缩小一定倍数后再顺时针旋转向量，如图 4-5 所示。

特别地，复数 $\mathrm{e}^{\mathrm{j}\theta}$ 的模为 1，辐角为 θ。把一个复数乘以 $\mathrm{e}^{\mathrm{j}\theta}$ 就相当于把此复数对应的向量逆时针方向旋转 θ 角。$\mathrm{e}^{\mathrm{j}\theta}$ 称为旋转因子，$\mathrm{e}^{\pm\mathrm{j}\frac{\pi}{2}} = \pm\mathrm{j}$，$\mathrm{e}^{\mathrm{j}\pi} = -1$ 可以看成特殊的旋转因子。

4.2.2　正弦量对应的相量

设有一复数

$$A(t) = \left| A \right| \mathrm{e}^{\mathrm{j}(\omega t + \varphi)}$$

它和一般的复数不同，它不仅是复数，而且辐角还是时间的函数，称为复指数函数。因为

$$A(t) = \left| A \right| \mathrm{e}^{\mathrm{j}(\omega t + \varphi)} = \left| A \right| \mathrm{e}^{\mathrm{j}\varphi} \mathrm{e}^{\mathrm{j}\omega t} = A \mathrm{e}^{\mathrm{j}\omega t}$$

所以 $A(t)$ 等于复常数 A（与时间无关的复数）乘上旋转因子 $e^{j\omega t}$，旋转角度 ωt 以角速度 ω 随时间变化，即 $A(t)$ 在复平面上是以角速度 ω 沿逆时针方向旋转的复变量。由于

$$A(t) = |A|e^{j(\omega t+\varphi)} = |A|\cos(\omega t+\varphi) + j|A|\sin(\omega t+\varphi)$$

讨论复指数函数 $A(t)$ 是没有意义的，但是对 $A(t)$ 取实部正好是正弦量的表达形式。这样就建立了正弦量和复数之间的关系。对于任意一个正弦时间函数都可以找到唯一的与其对应的复指数函数，对于正弦量 $i(t) = \sqrt{2}I\cos(\omega t+\varphi_i)$，有

$$i(t) = \sqrt{2}I\cos(\omega t+\varphi_i) = \mathrm{Re}[\sqrt{2}Ie^{j(\omega t+\varphi_i)}] = \mathrm{Re}[Ie^{j\varphi_i} \cdot \sqrt{2}e^{j\omega t}] \qquad (4\text{-}12)$$

式（4-12）表明：正弦电流 $i(t)$ 等于复指数函数 $\sqrt{2}Ie^{j(\omega t+\varphi_i)}$ 的实部，该复指数函数包含了正弦量的三要素，即 ω、I、φ_i。其中复常数部分 $Ie^{j\varphi_i}$ 是包含了正弦量的有效值 I 和初相 φ_i 的复数，把这个复数定义为正弦量对应的（电流）有效值相量，用符号 $\dot{I}$ 表示（用对应电量的带"·"点符号的大写字母表示），即

$$\dot{I} = Ie^{j\varphi_i} = I\angle\varphi_i \qquad (4\text{-}13)$$

再次说明，正弦量的对应相量是一个复数，它的模为正弦量的有效值，它的辐角是正弦量的初相。把复指数函数 $\sqrt{2}Ie^{j(\omega t+\varphi_i)} = \sqrt{2}\dot{I}e^{j\omega t}$ 称为旋转相量，它是以相量 $\sqrt{2}\dot{I}$ 为复振幅，以 $e^{j\omega t}$ 为旋转因子，在复平面上随着时间的变化而旋转变化的相量，$i(t) = \sqrt{2}I\cos(\omega t+\varphi_i)$ 在 t 时刻的瞬时值，等于该时刻旋转相量 $\sqrt{2}\dot{I}e^{j\omega t}$ 在实轴上的投影。

同理，对于正弦电压，其有效值相量为 $\dot{U} = Ue^{j\varphi_u} = U\angle\varphi_u$。

相量在复平面上表示的图形称为相量图，同频率的正弦量之间的相位差等于初相之差，有完全确定的值，用相量表示时，可以画在同一个相量图上，同频率正弦量的相量的加、减可用向量相加、减的平行四边形法则。不同频率的正弦量之间的相位差是时间的函数，各自对应的相量在复平面上以不同的角速度旋转，不能画在同一个相量图上。

总之，正弦量对应的复指数函数是在复平面上旋转的复数，这一复数中以正弦量的有效值为模，以正弦量的初相位为辐角，定义为正弦量对应的相量。研究的电路中，所有正弦量具有相同角频率，所以在复平面上，这些正弦量对应的相量均以相同的角速度 ω 朝同一方向旋转，故而在相量的定义中不考虑正弦量的角频率 ω。这些以相同角速度旋转的相量（复数），他们之间的相对位置是固定不变的，而哪个相量超前、哪个相量落后，则可以通过相量的辐角大小反映出来。根据定义，相量的辐角正好是可以反映正弦量之间相位关系的初相位。所以，在复平面上画出相量复数，可以很直观地判断各个相量之间的相位关系。特别应该注意，相量与正弦量之间只具有对应的关系，而不是相等的关系。

【例 4-2】写出下列正弦电压和正弦电流对应的相量形式，并对电压和电流的相位关系进行说明。

$$u = 28.28\cos(314t + 60°) \text{ V}, \quad i = -10\sqrt{2}\sin(314t - 60°) \text{ A}$$

解：本书统一用 cosine 函数表示正弦量，首先将电流的表达式变换成 cosine 函数的形式：

$$i = -10\sqrt{2}\cos(314t - 60° - 90°) = -10\sqrt{2}\cos(314t - 150°)$$

所以，电压和电流的相量为

$$\dot{U} = \frac{28.28}{\sqrt{2}}\angle 60° = 20\angle 60° \text{ V}, \quad \dot{I} = -\frac{10\sqrt{2}}{\sqrt{2}}\angle -150° = 10\angle 30° \text{ A}$$

电压和电流的相位差 $\varphi = 60° - 30° = 30°$，说明电压超前电流 $30°$。

4.2.3 元件 VCR 和 KCL、KVL 的相量形式

【微课视频】

正弦交流电路中各处的电流、电压都是与电源激励同频率的正弦量，电路中的元件除了电阻元件之外，还包含动态的电容和电感元件，在时间域下分析正弦稳态电路，求解电路方程计算响应的数学过程很复杂，一旦电路结构也复杂，列写时间域下的电路方程也将会变得不容易。而将电路中的这些同频率的正弦量表示为对应的相量，来分析正弦稳态电路，方程的列写和计算将变得简单很多。

元件 VCR 和 KCL、KVL 的相量形式

相量法是分析研究正弦稳态电路的一种简单易行的方法，它是在数学理论和电路理论的基础上建立起来的一种系统方法，它可以将电路在时间域下的微分方程变换为频域下的代数方程。分析电路最基本的两类约束是元件的 VCR 和 KCL、KVL，上一小节引入了相量的概念，接下来从电路理论的层面来讨论相量法的理论基础。

1. 元件 VCR 的相量形式

分别针对电阻元件 R、电感元件 L、电容元件 C，根据其在时域下的 VCR 方程，推导它们在频域下的相量形式。

如图 4-6（a）所示电阻，设有电流 $i_R = \sqrt{2}I_R\cos(\omega t + \varphi_i)$，电压与电流参考方向相关联，时域下电压与电流的 VCR 关系为

$$u_R = Ri_R = \sqrt{2}RI_R\cos(\omega t + \varphi_i)$$

电压可写成 $u_R = \sqrt{2}U_R\cos(\omega t + \varphi_u)$

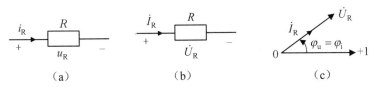

图 4-6　电阻模型及电压电流相量图

说明电阻上电压和电流都是同频率的正弦量，u 和 i 可以写成相应的复指数函数取实部，正弦电流和正弦电压都有对应的相量形式。令正弦电压对应的相量为 $\dot{U}_R = U_R \angle \varphi_u$，讨论电阻元件电压相量和电流相量的关系，有

$$i_R = \sqrt{2}I_R \cos(\omega t + \varphi_i) = \mathrm{Re}[\sqrt{2}I_R \mathrm{e}^{\mathrm{j}(\omega t + \varphi_i)}]$$
$$= \mathrm{Re}[I_R \mathrm{e}^{\mathrm{j}\varphi_i} \cdot \sqrt{2}\mathrm{e}^{\mathrm{j}\omega t}] = \mathrm{Re}[\dot{I}_R \cdot \sqrt{2}\mathrm{e}^{\mathrm{j}\omega t}] \tag{4-14}$$

$$u_R = \sqrt{2}RI_R \cos(\omega t + \varphi_i) = \mathrm{Re}[\sqrt{2}RI_R \mathrm{e}^{\mathrm{j}(\omega t + \varphi_i)}]$$
$$= \mathrm{Re}[RI_R \mathrm{e}^{\mathrm{j}\varphi_i} \cdot \sqrt{2}\mathrm{e}^{\mathrm{j}\omega t}] = \mathrm{Re}[R\dot{I}_R \cdot \sqrt{2}\mathrm{e}^{\mathrm{j}\omega t}] \tag{4-15}$$

对比式（4-14）和式（4-15），按照相量的定义，有

$$\dot{U}_R = R\dot{I}_R, \quad U_R \angle \varphi_u = RI_R \angle \varphi_i \tag{4-16}$$

即

$$U_R = RI_R, \quad \varphi_u = \varphi_i$$

说明电压的有效值是电流有效值的 R 倍，有效值仍满足欧姆定律；而辐角相等，电压和电流的相位差为零，即电压、电流同相。图 4-6（b）对应的是电阻的相量模型，图 4-6（c）是其电压、电流的相量图。

如图 4-7（a）所示电感，设有电流 $i_L = \sqrt{2}I_L \cos(\omega t + \varphi_i)$，电压与电流参考方向相关联，时域下电压电流的 VCR 关系为

$$u_L = L\frac{\mathrm{d}i_L}{\mathrm{d}t} = L\frac{\mathrm{d}[\sqrt{2}I_L \cos(\omega t + \varphi_i)]}{\mathrm{d}t} = \sqrt{2}\omega L I_L \cos(\omega t + \varphi_i + 90°)$$

电压可写成

$$u_L = \sqrt{2}U_L \cos(\omega t + \varphi_u)$$

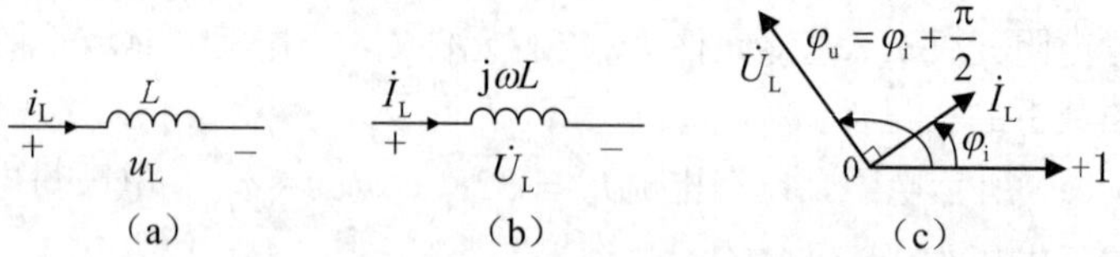

图 4-7　电感模型及电压电流相量图

说明电感上电压和电流都是同频率的正弦量，u 和 i 都有对应的相量形式，令正弦电压对应的相量为 $\dot{U}_L = U_L \angle \varphi_u$，讨论电感元件电压相量和电流相量的关系，有

$$i_L = \sqrt{2}I_L \cos(\omega t + \varphi_i) = \mathrm{Re}[\sqrt{2}I_L \mathrm{e}^{\mathrm{j}(\omega t + \varphi_i)}]$$
$$= \mathrm{Re}[I_L \mathrm{e}^{\mathrm{j}\varphi_i} \cdot \sqrt{2}\mathrm{e}^{\mathrm{j}\omega t}] = \mathrm{Re}[\dot{I}_L \cdot \sqrt{2}\mathrm{e}^{\mathrm{j}\omega t}] \tag{4-17}$$

$$u_{\mathrm{L}} = L\frac{\mathrm{d}i_{\mathrm{L}}}{\mathrm{d}t} = L \times \frac{\mathrm{d}}{\mathrm{d}t}\mathrm{Re}[\dot{I}_{\mathrm{L}} \cdot \sqrt{2}\mathrm{e}^{\mathrm{j}\omega t}]$$

$$= L \times \mathrm{Re}\frac{\mathrm{d}}{\mathrm{d}t}[\dot{I}_{\mathrm{L}} \cdot \sqrt{2}\mathrm{e}^{\mathrm{j}\omega t}] = \mathrm{Re}[\mathrm{j}\omega L\dot{I}_{\mathrm{L}} \cdot \sqrt{2}\mathrm{e}^{\mathrm{j}\omega t}] \qquad (4\text{-}18)$$

对比式（4-17）和式（4-18），按照相量的定义，有

$$\dot{U}_{\mathrm{L}} = \mathrm{j}\omega L\dot{I}_{\mathrm{L}}, \quad U_{\mathrm{L}}\angle\varphi_{\mathrm{u}} = \omega L I_{\mathrm{L}}\angle\varphi_{\mathrm{i}} + 90^{\circ} \qquad (4\text{-}19)$$

即

$$U_{\mathrm{L}} = \omega L I_{\mathrm{L}}, \quad \varphi_{\mathrm{u}} = \varphi_{\mathrm{i}} + 90^{\circ}$$

式（4-19）说明电压的有效值是电流有效值的 ωL 倍，有效值之间的关系类似于欧姆定律，但与角频率有关，其中与角频率成正比的 ωL 具有与电阻相同的量纲 Ω，称为感抗，这样定义表明它与电阻有本质上的区别，而且这个值会随着电路激励的频率变化而变化，在直流工况下，由于 $\omega = 0$，有 $\omega L = 0$，使得 $u_L = 0$，电感相当于短路；当 $\omega \to \infty$ 时，有 $\omega L \to \infty$，说明对电流有完全的阻碍，则电路 $i = 0$，电感相当于断路。电压和电流的相位差为 90°，即电压超前电流 90°。图 4-7（b）对应的是电感的相量模型，图 4-7（c）是其电压、电流的相量图。

如图 4-8（a）所示电容，设 $i_{\mathrm{C}} = \sqrt{2}I_{\mathrm{C}}\cos(\omega t + \varphi_{\mathrm{i}})$，电压与电流参考方向相关联，时域下电压和电流的 VCR 关系为

$$u_{\mathrm{C}} = \frac{1}{C}\int i_{\mathrm{C}}\mathrm{d}t = \sqrt{2}\,\frac{1}{\omega C}I_{\mathrm{C}}\sin(\omega t + \varphi_{\mathrm{i}})$$

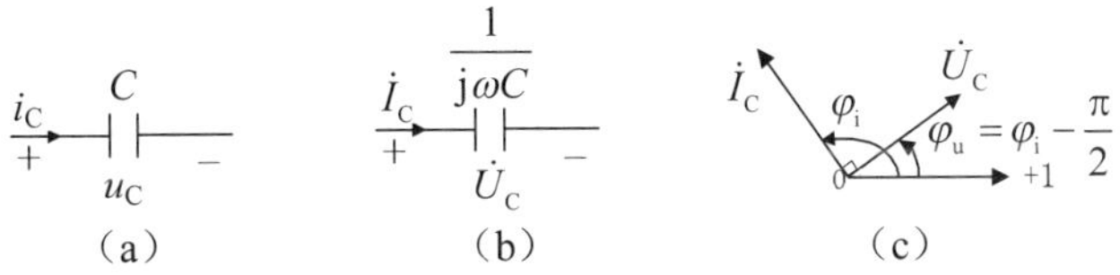

图 4-8　电容模型及电压电流相量图

这说明电容上电压和电流都是同频率的正弦量，u 和 i 都有对应的相量形式，令正弦电压对应的相量为 $\dot{U}_{\mathrm{C}} = U_{\mathrm{C}}\angle\varphi_{\mathrm{u}}$，按照相量的定义，可以推导出电容元件电压相量和电流相量的关系，有

$$\dot{U}_{\mathrm{C}} = \frac{\dot{I}_{\mathrm{C}}}{\mathrm{j}\omega C} = -\mathrm{j}\frac{\dot{I}_{\mathrm{C}}}{\omega C}, \quad U_{\mathrm{C}}\angle\varphi_{\mathrm{u}} = \frac{I_{\mathrm{C}}}{\omega C}\angle\varphi_{\mathrm{i}} - 90^{\circ} \qquad (4\text{-}20)$$

即

$$U_{\mathrm{C}} = \frac{1}{\omega C}I_{\mathrm{C}}, \quad \varphi_{\mathrm{u}} = \varphi_{\mathrm{i}} - 90^{\circ}$$

式（4-20）说明电压的有效值是电流有效值的 $1/\omega C$ 倍，有效值之间的关系也

类似于欧姆定律，但与角频率有关，其中与角频率成反比的 $-1/\omega C$ 具有与电阻相同的量纲 Ω，称为容抗，该值会随着电路激励的频率变化而变化，在直流工况下，由于 $\omega = 0$，有 $\dfrac{1}{\omega C} \rightarrow \infty$，说明对电流有完全的阻碍，则电路 $i = 0$，电容相当于开路；当 $\omega \rightarrow \infty$ 时，有 $\dfrac{1}{\omega C} \rightarrow 0$，$u_C = 0$，电容相当于短路。电压和电流的相位差为 $-90°$，即电压滞后电流 $90°$。图 4-8（b）对应的是电容的相量模型，图 4-8（c）是其电压、电流的相量图。

在正弦稳态电路中，不难发现线性受控源的控制量和被控量都是同频率的正弦量，所以可以直接根据时域的 VCR 方程写出其正弦稳态的频域下的相量模型。

以 VCCS、CCVS 为例，它们的时域 VCR 方程分别为 $i_k = g u_j$，$u_k = r i_j$，其相量形式分别为 $\dot{I}_k = g \dot{U}_j$，$\dot{U}_k = r \dot{I}_j$。

【例 4-3】利用元件 VCR 方程的相量形式求解以下问题。

（1）4Ω 电阻两端电压为 $u(t) = 18\sqrt{2}\cos(100\pi t + 60°)\text{V}$，求解其电流的瞬时表达式。

（2）流过 0.25F 电容的电流为 $i(t) = 2\sqrt{2}\cos(100\pi t - 30°)\text{A}$，试用相量法求电容两端的电压 $u(t)$。

（3）2H 的电感元件两端电压为 $u(t) = 10\sqrt{2}\cos(\omega t + 30°)\text{V}$，$\omega = 100\text{rad/s}$，求流过电感的电流 $i(t)$。

解：（1）电阻两端电压相量为

$$\dot{U} = 18\angle 60° \text{V}$$

由电阻 VCR 方程的相量形式有

$$\dot{I} = \frac{\dot{U}}{R} = \frac{18}{4}\angle 60° = 4.5\angle 60° \text{A}$$

根据正弦量的三要素，将相量写成时域形式：

$$i(t) = 4.5\sqrt{2}\cos(100\pi t + 60°)\text{A}$$

（2）电流相量为

$$\dot{I} = 2\angle -30° \text{V}$$

由电容 VCR 方程的相量形式有

$$\dot{U} = \frac{\dot{I}}{\text{j}\omega C} = \frac{2\angle -30° - 90°}{100\pi \times 0.25} \approx 0.03\angle -120° \text{V}$$

将相量反写成时域形式：

$$u = 0.03\sqrt{2}\cos(100\pi t - 120°)\text{V}$$

（3）电压相量为

$$\dot{U} = 10\angle 30^\circ \text{V}$$

由电感 VCR 方程的相量形式有

$$\dot{I} = \frac{\dot{U}}{j\omega L} = \frac{10\angle 30^\circ}{j100 \times 2} = \frac{10\angle 30^\circ}{200\angle 90^\circ} = 0.05\angle -60^\circ \text{A}$$

将相量写成时域形式：

$$i = 0.05\sqrt{2}\cos(100\pi t - 60^\circ)\text{A}$$

2．KVL、KCL 的相量形式

KCL 的时域数学表达形式：

$$\sum i_k = 0$$

当电路中的所有电流都是同一频率的正弦量时，可变换成相量形式：

$$\sum_{k=1}^{n} \dot{I}_k = 0$$

即任一结点上同频率的正弦电流的对应相量的代数和为零。

证明：假设电路中第 k 条支路的电流为 $i_k = \sqrt{2}I_k\cos(\omega t + \varphi_{ik})$，其中 I_k 是第 k 条支路电流的有效值，φ_{ik} 是第 k 条支路电流初相，有

$$\begin{aligned}
\sum i_k &= \sum \sqrt{2}I_k\cos(\omega t + \varphi_{ik}) = \sum \text{Re}[\sqrt{2}I_k e^{j(\omega t + \varphi_{ik})}] = \text{Re}[\sum(\sqrt{2}I_k e^{j(\omega t + \varphi_{ik})})] \\
&= \text{Re}[\sum(I_k e^{j\varphi_{ik}} \cdot \sqrt{2}e^{j\omega t})] = \text{Re}[\sum(\dot{I}_k \cdot \sqrt{2}e^{j\omega t})] = \text{Re}[(\sum \dot{I}_k) \cdot \sqrt{2}e^{j\omega t}]
\end{aligned} \tag{4-21}$$

从式（4-21）可以看出，时域下所有同频率正弦电流求和（$\sum i_k$）有其对应的相量形式，即 $\sum \dot{I}_k$。

同理，KVL 的时域数学表达形式：

$$\sum u_k = 0$$

当电路中的所有电压都是同一频率的正弦量时，可变换成相量形式：

$$\sum_{k=1}^{n} \dot{U}_k = 0$$

即任一回路中的同频率的正弦电压的对应相量的代数和为零。

【例 4-4】已知 R、L、C 并联接电压源，电压源 $u(t) = 60\sqrt{2}\cos(100t + 90^\circ)\text{V}$，$R = 15\Omega$，$L = 300\text{mH}$，$C = 833\mu\text{F}$，用相量法求总电流 $i(t)$。

解： R、L、C 并联各元件两端电压相等，用相量法求出 $\dot{I}_R$、$\dot{I}_L$、$\dot{I}_C$，再用 KCL 的相量形式求解总电流。

电压源的电压相量：$\dot{U} = 60\angle 90^\circ \text{V}$

对于 R：$\dot{I}_R = \dfrac{\dot{U}}{R} = \dfrac{60\angle 90^\circ}{15} = 4\angle 90^\circ = j4A$

对于 C：$\dot{I}_C = j\omega C\dot{U} = 100 \times 833 \times 10^{-6} \times 60\angle(90^\circ + 90^\circ) = 5\angle 180^\circ = -5A$

对于 L：$\dot{I}_L = \dfrac{\dot{U}}{j\omega L} = \dfrac{60\angle 90^\circ}{j100 \times 300 \times 10^{-3}} = 2\angle 0^\circ = 2A$

利用 KCL 的相量形式有

$$\dot{I} = \dot{I}_R + \dot{I}_L + \dot{I}_C = j4 + 2 - 5 = -3 + j4 = 5\angle 127^\circ A$$

所以

$$i(t) = 5\sqrt{2}\cos(100t + 127^\circ)A$$

注意，在相量法的运算中，各电量的有效值是不能直接相加减的，比如例 4-4 中，总电流的有效值为 5A，不能直接将 $\dot{I}_R$、$\dot{I}_L$、$\dot{I}_C$ 三者的有效值直接相加，因为相量是复数，是在复平面上的矢量，有大小和方向，其运算绝对不能直接计算大小而无视辐角的存在。

【例 4-5】 图 4-9 所示电路中的仪表为交流电压表，其仪表所指示的读数为电压的有效值，V_1、V_2、V_3 的读数依次为 5V、20V、25V，求电压源的有效值 U_S。

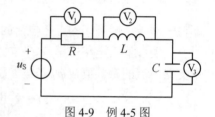

图 4-9   例 4-5 图

解： 串联流过相同电流，设电流相量为参考相量，其初相为 0°，根据 R、L、C 各元件 VCR 关系中的相位关系，有

$\dot{U}_1 = 5\angle 0^\circ$ V   （电阻的电压与电流同相）

$\dot{U}_2 = 20\angle 90^\circ$ V   （电感的电压超前电流 90°）

$\dot{U}_3 = 25\angle -90^\circ$ V   （电容的电压滞后电流 90°）

根据 KVL，有

$$\dot{U}_S = \dot{U}_1 + \dot{U}_2 + \dot{U}_3 = 5\angle 0^\circ + 20\angle 90^\circ + 25\angle -90^\circ = 7.07\angle -45^\circ V$$

电压源的有效值 U_S 为 7.07V。

4.3   正弦稳态电路

【微课视频】

阻抗和导纳

4.3.1   阻抗和导纳

对于单个元件，R、L、C 的 VCR 的相量形式分别为

$$\dot{U}_R = R\dot{I}_R, \quad \dot{U}_L = jX_L\dot{I}_L, \quad \dot{U}_C = jX_C\dot{I}_C$$

其中，$X_L = \omega L$，$X_C = -\dfrac{1}{\omega C}$，分别称为感抗和容抗。

（1）（复）阻抗。对于一个含有 R、L、C 不含独立电源的一端口 N_0 网络，当它在角频率为 ω 的正弦电源激励下处于稳定状态时，端口的电压电流都是同频率的正弦量，有对应的相量形式。若讨论该一端口的等效电路，可以通过研究其端口处电压和电流的数学关系来实现。如图 4-10（a）所示为正弦稳态下的无源一端口 N_0，定义端口上电压相量 $\dot{U}$ 和电流相量 $\dot{I}$ 的比值，为一端口 N_0 的（复）阻抗 Z。有

$$Z = \frac{\dot{U}}{\dot{I}} \quad 或 \quad \dot{U} = Z\dot{I} \tag{4-22}$$

式（4-22）是正弦稳态电路相量形式的欧姆定律，阻抗的单位是 Ω。Z 不是正弦量而是一个常数，称为该无源一端口的复阻抗（或阻抗）。Z 可表示为极坐标形式或代数形式，即

$$Z = \frac{\dot{U}}{\dot{I}} = \frac{U}{I} \angle \varphi_u - \varphi_i = |Z| \angle \varphi_z = |Z|\cos\varphi_z + j|Z|\sin\varphi_z = R + jX$$

$$|Z| = \frac{U}{I} = \sqrt{R^2 + X^2}, \quad |Z|\cos\varphi_z = R, \quad |Z|\sin\varphi_z = X$$

$$\varphi_z = \varphi_u - \varphi_i = \arctan\frac{X}{R}$$

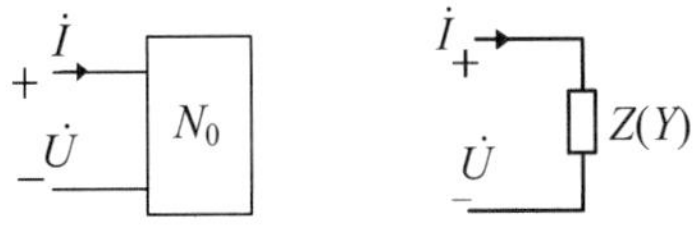

图 4-10　无源一端口的阻抗（导纳）

式中，$|Z|$ 称为阻抗的模，是电压和电流有效值之商；φ_z 称为阻抗角，是电压和电流的相位差。阻抗的实部 $|Z|\cos\varphi_z$ 为其等效电阻分量，可用电阻符号 R 表示；阻抗的虚部 $|Z|\sin\varphi_z$ 为其等效电抗分量，可用符号 X 表示。阻抗 Z 在复平面上可以用阻抗三角形表示，如图 4-11 所示。

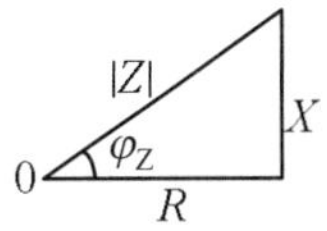

图 4-11　阻抗三角形

讨论图 4-10 无源一端口网络里面只有一个元件时，结合元件 VCR 的相量形式，其阻抗的情况：

1）当只有电阻元件时，有

$$Z_R = \frac{\dot{U}}{\dot{I}} = R$$

说明电阻元件的阻抗只有实部，虚部为零。

2）当只有电感元件时，有

$$Z_L = \frac{\dot{U}}{\dot{I}} = j\omega L = jX_L$$

说明电感元件的阻抗只有虚部，实部为零，$X_L = \omega L$ 为感抗。

3）当只有电容元件时，有

$$Z_C = \frac{\dot{U}}{\dot{I}} = -j\frac{1}{\omega C} = jX_C$$

说明电容元件的阻抗只有虚部，实部为零，$X_C = -\frac{1}{\omega C}$ 为容抗。

（2）（复）导纳。如图 4-10（a）所示为正弦稳态下的无源一端口 N_0，定义端口上电流相量 $\dot{I}$ 和电压相量 $\dot{U}$ 的比值为一端口 N_0 的（复）导纳 Y，导纳的单位是 S（西门子），有

$$Y = \frac{\dot{I}}{\dot{U}} \quad 或 \quad \dot{I} = Y\dot{U} \tag{4-23}$$

式（4-23）是用导纳表示的欧姆定律的相量形式。Y 不是正弦量而是一个常数，称为该无源一端口的复导纳（或导纳）。Y 可表示为极坐标形式或代数形式，即

$$Y = \frac{\dot{I}}{\dot{U}} = \frac{I}{U}\angle \varphi_i - \varphi_u = |Y|\angle \varphi_Y = |Y|\cos\varphi_Y + j|Y|\sin\varphi_Y = G + jB$$

$$|Y| = \frac{I}{U} = \sqrt{G^2 + B^2}, \quad |Y|\cos\varphi_Y = G, \quad |Y|\sin\varphi_Y = B$$

$$\varphi_Y = \varphi_i - \varphi_u = \arctan\frac{B}{G}$$

式中，$|Y|$ 称为导纳的模，是电流电压有效值之商；φ_Y 称为导纳角，是电流和电压的相位差。导纳的实部 $|Y|\cos\varphi_Y$ 为其等效电导分量，可用电导符号 G 表示；导纳的虚部 $|Y|\sin\varphi_Y$ 为其等效电纳分量，可用符号 B 表示。导纳 Y 在复平面上可以用导纳三角形表示，如图 4-12 所示。

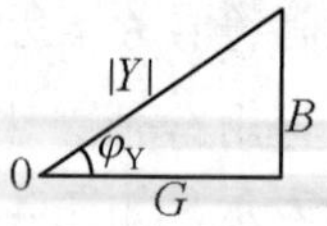

1）当无源一端口 N_0 只有电阻元件时，有

$$Y_R = \frac{\dot{I}}{\dot{U}} = \frac{1}{R} = G$$

图 4-12　导纳三角形

说明电阻元件的导纳只有实部，虚部为零。

2）当无源一端口 N_0 只有电感元件时，有

$$Y_L = \frac{\dot{I}}{\dot{U}} = \frac{1}{j\omega L} = -j\frac{1}{\omega L} = jB_L$$

说明电感元件的导纳只有虚部，实部为零，$Y_L = \dfrac{-1}{\omega L}$ 为感纳。

3）当无源一端口 N_0 只有电容元件时，有

$$Y_C = \frac{\dot{I}}{\dot{U}} = j\omega C = jB_C$$

说明电容元件的导纳只有虚部，实部为零，$B_C = \omega C$ 为容纳。

（3）电路的性质与阻抗（导纳）的关系。将无源一端口 N_0 等效为阻抗为例，来说明电路性质和阻抗的关系。根据阻抗表示的欧姆定律有

$$\dot{U} = Z\dot{I} = (R + jX)\dot{I} = R\dot{I} + j(X_L + X_C)\dot{I} = R\dot{I} + j(\omega L - \frac{1}{\omega C})\dot{I}$$

式中，通过电阻和电抗的是同一电流，其等效电路要用两个元件串联来表示。一个是表示阻抗实部的电阻元件 R，另一个是由电路性质来确定的表示阻抗虚部的电抗元件 X（电感或者电容）。考虑到前面学过的电容和电感的电压、电流相位的特点，可以把无源一端口 N_0 等效阻抗的虚部看成电感和电容的组合，等效电路如图 4-13（a）所示，且各电压相量在复平面上组成一个与阻抗三角形相似的直角三角形，称为 RLC 串联下的电压三角形，如图 4-13（b）所示。

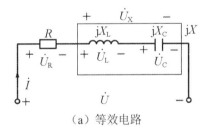

（a）等效电路　　　　　（b）串联下的电压三角形（$\varphi_z > 0$）

图 4-13　无源　端口用阻抗表示

此时，电路的性质可以总结如下：

1）当 $X > 0$ 即 $\omega L > \dfrac{1}{\omega C}$ 时，$\varphi_z > 0$，$\dot{U}$ 超前 $\dot{I}$ φ_z 角，电路呈现感性，电路最终可以等效为 RL 的串联；当 $\varphi_z = 90°$ 时，说明电路等效为一个电感元件。

2）当 $X < 0$ 即 $\omega L < \dfrac{1}{\omega C}$ 时，$\varphi_z < 0$，$\dot{U}$ 滞后 $\dot{I}$ φ_z 角，电路呈现容性，电路最终可以等效为 RC 的串联；当 $\varphi_z = -90°$ 时，说明电路等效为一个电容元件。

3）当 $X = 0$ 即 $\omega L = \dfrac{1}{\omega C}$ 时，$\varphi_z = 0$，$\dot{U}$ 与 $\dot{I}$ 同相，电路呈现电阻性，电路等效为一个电阻。

也可以将无源一端口 N_0 等效为导纳。根据导纳表示的欧姆定律有

$$\dot{I} = Y\dot{U} = (G + jB)\dot{U} = G\dot{U} + j(B_L + X_C)\dot{U} = G\dot{U} + j(-\frac{1}{\omega L} + \omega C)\dot{U}$$

将无源一端口 N_0 等效导纳的虚部看成电感和电容的组合，等效电路如图 4-14（a）所示，与图 4-13（a）所示电路具有对偶特性，各电流相量在复平面上组成的 RLC 并联下的电流三角形如图 4-14（b）所示。

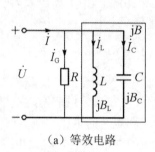 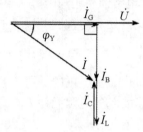

（a）等效电路　　　　　　（b）并联下的电流三角形（$\varphi_Y < 0$）

图 4-14　无源一端口用导纳表示

同理，电路的性质可以总结如下：

1）当 $B > 0$ 即 $\omega C > \dfrac{1}{\omega L}$ 时，$\varphi_Y > 0$，$\dot{U}$ 滞后 $\dot{I}$ φ_Y 角，电路呈现容性，电路最终可以等效为 RC 的并联；当 $\varphi_Y = 90°$ 时，说明电路等效为一个电容元件。

2）当 $B < 0$ 即 $\omega C < \dfrac{1}{\omega L}$ 时，$\varphi_Y < 0$，$\dot{U}$ 超前 $\dot{I}$ φ_Y 角，电路呈现感性，电路最终可以等效为 RL 的并联；当 $\varphi_Y = -90°$ 时，说明电路等效为一个电感元件。

3）当 $B = 0$ 即 $\omega C = \dfrac{1}{\omega L}$ 时，$\varphi_Y = 0$，$\dot{U}$ 与 $\dot{I}$ 同相，电路呈现电阻性，电路等效为一个电阻。

最后需要指出：

（1）无源一端口 N_0 的等效阻抗或等效导纳是由其内部的元件参数、结构和正弦电源的频率决定的，在一般情况下，等效阻抗或等效导纳的每一部分都是元件参数、电源频率的函数。

（2）无源一端口 N_0 中若无受控源，阻抗角（或导纳角）的大小都小于 $90°$；若含有受控源，可能会出现阻抗角（或导纳角）的大小大于 $90°$，阻抗（或导纳）的实部为负值的情况。

（3）Z 和 Y 两种参数互为倒数，注意它们的互换是复数运算。

（4）阻抗（或导纳）串联、并联的计算，以及阻抗的星形和三角形的互换，

完全可以采用电阻电路的方法及相关公式。

例如：对于图 4-13（a），由 KVL 有端口电压

$$\dot{U} = \dot{U}_R + \dot{U}_L + \dot{U}_C$$

结合元件的 VCR，端口电压可以写成

$$\dot{U} = Z_R \dot{I} + Z_L \dot{I} + Z_C \dot{I} = (Z_R + Z_L + Z_C)\dot{I} = Z_{eq}\dot{I}$$

可见 RLC 串联电路的等效阻抗为

$$Z_{eq} = Z_R + Z_L + Z_C$$

由此可以推广到 n 个阻抗相串联的等效阻抗

$$Z_{eq} = \sum_{k=1}^{n} Z_k$$

也可得到 n 个阻抗相串联，第 k 个阻抗两端电压的分压公式

$$\dot{U}_k = \frac{Z_k}{Z_{eq}}\dot{U}$$

同理，对图 4-14（a），由 KCL 和元件的 VCR，可以得出 RLC 并联电路的等效导纳为

$$Y_{eq} = Y_R + Y_L + Y_C$$

由此可以推广到 n 个导纳相并联的等效导纳

$$Y_{eq} = \sum_{k=1}^{n} Y_k$$

也可得到 n 个导纳相并联，第 k 个导纳上电流的分流公式

$$\dot{I}_k = \frac{Y_k}{Y_{eq}}\dot{I}$$

【例 4-6】如图 4-13 的 R、L、C 串联电路中，已知 $R = 30\Omega$，$L = 445\text{mH}$，$C = 32\mu\text{F}$，电路端电压为 $u(t) = 220\sqrt{2}\cos(314t + 30^\circ)\text{V}$。求：

（1）阻抗角 φ_Z。

（2）电路中电流 $i(t)$。

（3）电阻、电感、电容的电压相量。

解： 端电压相量为 $\dot{U} = 220\angle 30^\circ \text{V}$

（1）计算串联等效阻抗

$$Z = R + j(\omega L - \frac{1}{\omega C}) = 30 + j(314 \times 0.445 - \frac{1}{314 \times 32 \times 10^{-6}}) = 30 + j(140 - 100)$$

$$= 30 + j40 \ \Omega$$

阻抗角 $\varphi_Z = \varphi_u - \varphi_i = \arctan \dfrac{X_L + X_C}{R} = \arctan \dfrac{140 - 100}{30} = 53°$ （感性）

（2）由第一问可得阻抗模

$$|Z| = \sqrt{30^2 + 40^2} = 50$$

则

$$I = \frac{U}{|Z|} = \frac{220}{50} = 4.4\text{A}$$

电路呈感性，$\varphi_u - \varphi_i = \varphi_Z$，故

$$i(t) = \sqrt{2}I\cos(\omega t + \varphi_i) = 4.4\sqrt{2}\cos(314t + 30° - 53°) = 4.4\sqrt{2}\cos(314t - 23°)\text{A}$$

（3）由已求出的电流相量，在此可以依据元件 VCR 的相量形式，分别求出各个元件的电压相量，也可利用串联的分压公式来求解。

对于电阻：$\dot{U}_R = \dfrac{R}{Z}\dot{U} = \dfrac{30 \times 220\angle 30°}{50\angle 53°} = 132\angle -23°\text{V}$

对于电感：$\dot{U}_L = \dfrac{j\omega L}{Z}\dot{U} = \dfrac{140\angle 90° \times 220\angle 30°}{50\angle 53°} = 616\angle 67°\text{V}$

对于电容：$\dot{U}_C = -\dfrac{1/j\omega C}{Z}\dot{U} = \dfrac{100\angle -90° \times 220\angle 30°}{50\angle 53°} = 440\angle -113°\text{V}$

【例4-7】图 4-15（a）所示电路中，$Z = 10 + j157\ \Omega$，$Z_1 = 1000\ \Omega$，$Z_2 = -j318.47\ \Omega$，电压 $U_S = 100\ \text{V}$，$\omega = 314\ \text{rad/s}$。求：（1）各支路电流相量和电压 $\dot{U}_{10}$；（2）并联等效电路。

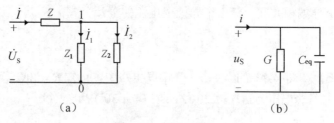

（a）   （b）

图 4-15   例 4-7 图

解：（1）令 $\dot{U}_S = 100\angle 0°\ \text{V}$，$Z_1$ 和 Z_2 的并联阻抗为 Z_{12}，有

$$Z_{12} = \frac{Z_1 Z_2}{Z_1 + Z_2} = \frac{1000(-j318.47)}{1000 - j318.47} = 303.45\angle -72.33° = (92.11 - j289.13)\ \Omega \quad \text{（容性）}$$

总的输入阻抗 $Z_{eq} = Z + Z_{12} = (102.11 - j132.13)\Omega = (166.99\angle -52.3°)\ \Omega$

故有

$$\dot{I} = \frac{\dot{U}_S}{Z_{eq}} = 0.60\angle 52.30^\circ \,\text{A}$$

$$\dot{U}_{10} = Z_{12}\dot{I} = 182.07\angle -20.03^\circ \,\text{V}$$

$$\dot{I}_1 = \frac{\dot{U}_{10}}{Z_1} = 0.18\angle -20.03^\circ \,\text{A} \,, \quad \dot{I}_2 = \frac{\dot{U}_{10}}{Z_2} = 0.57\angle 69.96^\circ \,\text{A}$$

也可以利用分流公式来求 $\dot{I}_1$ 和 $\dot{I}_2$，有

$$\dot{I}_1 = \frac{Z_2}{Z_1+Z_2}\dot{I} \,, \quad \dot{I}_2 = \frac{Z_1}{Z_1+Z_2}\dot{I}$$

（2）因为总的输入阻抗 $Z_{eq} = (102.11 - j132.13)\Omega = (166.99\angle -52.3^\circ)\Omega$

则电路的输入导纳 $Y_{eq} = \dfrac{1}{Z_{eq}} = (5.99\times10^{-3}\angle 52.3^\circ)\text{S} = (3.66\times10^{-3} + j4.74\times10^{-3})\text{S}$

则并联等效电路如图 4-15（b）所示，其中：

电导　$G = 3.66\times10^{-3}\,\text{S}$

电容　$C_{eq} = \dfrac{4.74\times10^{-3}}{314} = 15.09\,\mu\text{F}$

【例 4-8】图 4-16 所示正弦稳态电路中，电源 $u_s(t)$ 的角频率 $\omega = 2\text{rad/s}$，$\dot{I} = 2\angle 30^\circ \,\text{A}$。求：

（1）$\dot{U}_R$、$\dot{U}_C$ 以及电源电压的有效值 U_S。

（2）若串联上一个 0.5H 的电感，电路呈现何种特性？

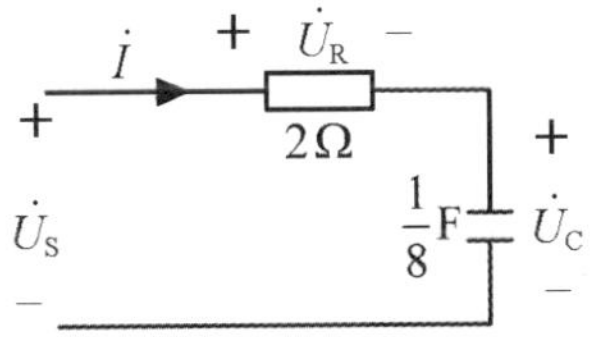

图 4-16　例 4-8 图

解：
$$\dot{U}_R = R\dot{I} = 2\times 2\angle 30^\circ = 4\angle 30^\circ \,\text{V}$$

$$\dot{U}_C = \frac{\dot{I}}{j\omega C} = -j\frac{2\angle 30^\circ}{2\times 1/8} = 8\angle -60^\circ \,\text{V}$$

$$U_S = \sqrt{U_R^2 + U_C^2} = \sqrt{4^2 + 8^2} = 4\sqrt{5} \,\text{V}$$

再串联上电感后，有

$$\omega L - (1/\omega C) = 1 - 4 = -3\Omega$$

所以电路呈现容性。

4.3.2 电路的相量图

相量法是分析正弦稳态电路的快捷有效的方法，分析问题的时候可以利用电路中各个相量之间的相位关系，辅助相量图来进行定性分析，然后结合有效值的关系进行定量分析。一般的做法是：相对于串联电路部分的电流相量，根据 VCR 确定串联部分中各元件的电压相量与电流相量之间的夹角，再根据回路上的 KVL 方程，用相量平移求和的法则，画出该回路的电压相量多边形；相对于并联电路部分的电压相量，根据 VCR 确定并联部分中各元件的电流相量与电压相量之间的夹角，再根据结点上的 KCL 方程，用相量平移求和的法则，画出该结点的电流相量多边形。

【例 4-9】 画出图 4-15（a）的相量图。

解： 对并联的 Z_1 和 Z_2 部分，先画出 $\dot{U}_{10}$ 的相量图，然后依据 $\dot{U}_{10}$ 分别画出 $\dot{I}_1$、$\dot{I}_2$ 相量，针对 1 点根据 KCL 画出由 $\dot{I}$、$\dot{I}_1$、$\dot{I}_2$ 构成的电流三角形，最后针对回路根据 KVL 画出由 $\dot{U}_{10}$、$Z\dot{i}$、$\dot{U}_S$ 构成的电压三角形。该电路的相量图如图 4-17 所示。

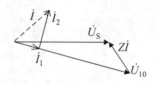

图 4-17   例 4-9 图

4.3.3 正弦稳态电路的相量分析

线性电路的正弦稳态分析在理论和实际应用上都很重要，电力工程中遇到的大多数问题都可以按照正弦稳态电路分析来解决。前几节的学习已经为相量法奠定了理论基础，而线性电阻电路中的各种分析方法和电路定理都适用于正弦稳态电路的分析，区别在于方程以相量的形式来表示，计算为复数运算。

本节通过举例，来展示相量法在正弦稳态电路分析中的应用。分析的具体步骤可总结如下：①画出时域电路相对应的电路的相量模型；②基于元件 VCR 方程和基尔霍夫定律的相量形式，利用线性电阻电路的各种方法，建立相量形式的电路方程，通过复数计算求响应相量；③如果需要，将响应相量变换成时域函数（正弦量的瞬时表达）。

【例 4-10】 图 4-18（a）中，已知 $u_S = 200\sqrt{2}\cos(314t + 60^\circ)\text{V}$，电流表 A 的读数为 2A，电压表 V1、V2 的读数均为 200V。求参数 R、L、C，并作出该电路的相量图。

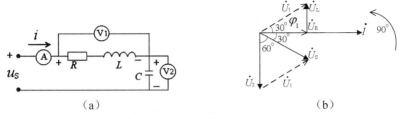

图 4-18　例 4-10 图

解：采用相量图的方法来分析。电路中各个元件串联流过相同电流，可以把电流相量设为参考，即 $\dot{I} = I \angle 0°$，通过分析可以得到电源 u_s 的相位，最后将绘制出的相量图位于的复平面按照某个方向旋转一定角度，使得电源 u_s 的相位等于已知的 $60°$，则其余电量的相量能获得正确的求解。

电路中 R、L、RL 串联组合、C 的电压相量分别为 $\dot{U}_R$、$\dot{U}_L$、$\dot{U}_1$、$\dot{U}_2$，且都与电流相关联。首先在复平面上画出 $\dot{I} = I \angle 0°$，接着可以画出 $\dot{U}_2 = 200 \angle -90°$，因为 RL 串联组合呈现感性，所以 $\dot{U}_1$ 的相位一定超前电流 $\dot{I}$ 一定角度，假设 $\dot{U}_1$ 与 $\dot{I}$ 的夹角为 φ_1（$\varphi_1 > 0$），将 $\dot{U}_1$ 平移使得其起点和 $\dot{U}_2$ 相量的终点重合，那么对于电路的回路而言，由 KVL 可以画出 $\dot{U}_S$，得到一个电压三角形，由题目可知该电压三角形的各边长相同（$U_1 = U_2 = U_S = 200$），所以得到如图 4-18（b）中的各个角度大小，且 $\varphi_1 = 30°$。而 $\dot{U}_1 = \dot{U}_R + \dot{U}_L$，$\dot{U}_R$ 与 $\dot{I}$ 同相位，$\dot{U}_L$ 超前 $\dot{I}$ $90°$，故可以画出由 $\dot{U}_R$、$\dot{U}_L$、$\dot{U}_1$ 组成的电压三角形。

下面利用有效值的关系，定量分析：

$$U_2 = \frac{1}{\omega C} I, \quad C = \frac{I}{\omega U_2} = \frac{2}{314 \times 200} = 3.185 \times 10^{-5} = 31.85 \mu F$$

$$U_R = U_1 \cos 30° = RI, \quad R = \frac{U_1 \cos 30°}{I} = \frac{200 \times 0.866}{2} = 86.6 \ \Omega$$

$$U_L = U_1 \sin 30° = \omega L I, \quad L = \frac{U_1 \sin 30°}{\omega I} = \frac{200 \times 0.5}{314 \times 2} = 0.159 \ H$$

R、L、C 参数分别如上所求。

注意，在假设电流相量为参考的前提下，得出电源 u_s 的相位为 $-30°$，而题目已知的 u_s 的相位为 $60°$，所以正确的电路的相量图应该将图 4-18（b）所示的整个复平面逆时针旋转 $90°$。

本题还可以利用电路基本定律列方程求得，读者可以自行完成，此处不再讲解。

【**例 4-11**】图 4-19 所示电路中的独立电源全部是同频率的正弦量，试列出该电路的结点电压方程和回路电流方程。

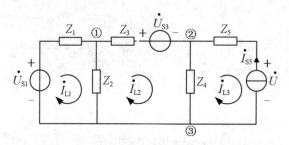

图 4-19   例 4-11 电路

解：用导纳表示各元件，有

$$Y_1 = \frac{1}{Z_1}, \quad Y_2 = \frac{1}{Z_2}, \quad Y_3 = \frac{1}{Z_3}, \quad Y_4 = \frac{1}{Z_4}, \quad Y_5 = \frac{1}{Z_5}$$

结点电压方程为（以③为参考节点）：

对①，有 $(Y_1 + Y_2 + Y_3)\dot{U}_1 - Y_3\dot{U}_2 = Y_1\dot{U}_{S1} + Y_3\dot{U}_{S3}$

对②，有 $-Y_3\dot{U}_1 + (Y_3 + Y_4)\dot{U}_2 = -Y_3\dot{U}_{S3} + \dot{I}_{S5}$

注意，Z_5 在列写方程中不起作用，因为 Z_5 上的电流只能是 $\dot{I}_{S5}$。

回路电路方程（各回路绕行方向如图 4-19 所示）：

对回路 1，有 $(Z_1 + Z_2)\dot{I}_{L1} - Z_2\dot{I}_{L2} = \dot{U}_{S1}$

对回路 2，有 $-Z_2\dot{I}_{L1} + (Z_2 + Z_3 + Z_4)\dot{I}_{L2} - Z_4\dot{I}_{L3} = -\dot{U}_{S3}$

对回路 3，有 $-Z_4\dot{I}_{L2} + (Z_4 + Z_5)\dot{I}_{L3} = -\dot{U}$

$$\dot{I}_{L3} = -\dot{I}_{S5}$$

【例 4-12】图 4-20 中，已知 $\dot{U}_S = 50\angle 0° \text{V}$，$\dot{I}_S = 10\angle 30° \text{A}$，$X_L = 5\Omega$，$X_C = -3\Omega$，求 $\dot{U}$。

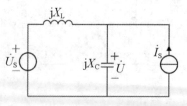

图 4-20   例 4-12 电路

解：本例求解方法很多，分别采用实际源等效互换和叠加定理来求解。

方法一：实际源等效互换。

先将 $\dot{U}_S$ 和 jX_L 串联的戴维南电路变换成等效的 $\dot{I}_{S1}$ 和 jX_L 并联的诺顿电路，如图 4-21（a）所示。

$$\dot{I}_{S1} = \frac{\dot{U}_{S}}{jX_L} = \frac{50\angle 0^{\circ}}{j5\Omega} = 10\angle -90^{\circ}\,A \ , \ \ 再将\ \dot{I}_{S1}\ 和\ \dot{I}_{S}\ 并联得$$

$$\dot{I}_{S2} = \dot{I}_{S1} + \dot{I}_{S} = 10\angle -90^{\circ} + 10\angle 30^{\circ} = 10\angle -30^{\circ}\,A$$

最终的等效电路如图 4-21（b）所示。

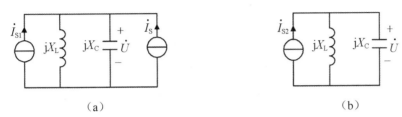

（a）　　　　　　　　　　　　　（b）

图 4-21　例 4-12 等效变换电路 1

电感和电容元件并联的等效导纳

$$Y = Y_L + Y_C = \frac{1}{jX_L} + \frac{1}{jX_C} = -j\frac{1}{5} + j\frac{1}{3} = j(\frac{1}{3} - \frac{1}{5}) = j\frac{2}{15}\,S$$

所以

$$\dot{U} = \frac{\dot{I}_{S2}}{Y} = \frac{10\angle -30^{\circ}}{j\dfrac{2}{15}} = 75\angle -120^{\circ}\,V$$

方法二：叠加定理。

分别画出电流源 $\dot{I}_{S}$ 和电压源 $\dot{U}_{S}$ 单独作用下的分电路，如图 4-22（a）和（b）所示。

（a）　　　　　　　　　　　　　（b）

图 4-22　例 4-12 等效变换电路 2

$$\dot{U}' = \frac{jX_L jX_C}{jX_L + jX_C}\dot{I}_{S} = 75\angle -60^{\circ}\,V \ , \quad \dot{U}'' = \frac{jX_C}{jX_L + jX_C}\dot{U}_{S} = 75\angle -180^{\circ}\,V$$

由叠加定理有　　　　$\dot{U} = \dot{U}' + \dot{U}'' = 75\angle -120^{\circ}\,V$

【例 4-13】求解图 4-23 所示的戴维宁等效电路。

解：方法一：按照戴维宁定理的描述，分别求戴维宁等效电路的开路电压 $\dot{U}_{oc}$ 和戴维宁等效电路阻抗 Z_{eq}，且求解方法与电阻电路相同。

先求 $\dot{U}_{oc}$，将 1-1'开路，由图 4-23 可知

$$\dot{U}_{oc} = -r\dot{I}_2 + \dot{U}_{a0}$$

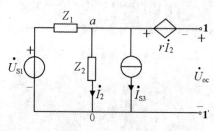

图 4-23   例 4-13 图

又有

$$(Y_1 + Y_2)\dot{U}_{a0} = Y_1\dot{U}_{S1} - \dot{I}_{S3}$$

解得

$$\dot{U}_{oc} = \frac{(1 - rY_2)(Y_1\dot{U}_{S1} - \dot{I}_{S3})}{Y_1 + Y_2}$$

利用图 4-24（a）求解

$$Z_{eq} = \frac{\dot{U}_0}{\dot{I}_0}, \quad \dot{I}_0 = \dot{I}_{20} + Z_2 Y_1 \dot{I}_{20}, \quad \dot{U}_0 = Z_2 \dot{I}_{20} - r\dot{I}_{20}$$

得到

$$Z_{eq} = \frac{Z_2\dot{I}_{20} - r\dot{I}_{20}}{\dot{I}_{20} + Z_2 Y_1 \dot{I}_{20}} = \frac{Z_2 - r}{1 + Z_2 Y_1} = \frac{1 - rY_2}{Y_1 + Y_2} \qquad （可知 Y_1 + Y_2 \neq 0）$$

也可以求 1-1'的短路电流 $\dot{I}_{sc}$，通过 $Z_{eq} = \dfrac{\dot{U}_{oc}}{\dot{I}_{sc}}$ 求等效阻抗。

方法二：利用一步计算法，在端口 1-1′处用一个电流源替代外电路，如图 4-24（b）所示，列写结点电压方程和 KVL 方程，有

$$(Y_1 + Y_2)\dot{U}_{a0} = Y_1\dot{U}_{S1} - \dot{I}_{S3} - \dot{I}$$
$$\dot{U}_{11'} = -r\dot{I}_2 + Z_2\dot{I}_2$$
$$\dot{I}_2 = Y_2\dot{U}_{a0}$$

求解方程组得

$$\dot{U}_{11'} = \frac{1 - rY_2}{Y_1 + Y_2}(Y_1\dot{U}_{S1} - \dot{I}_{S3}) - \frac{1 - rY_2}{Y_1 + Y_2}\dot{I}$$

可直接获得两个戴维宁参数。

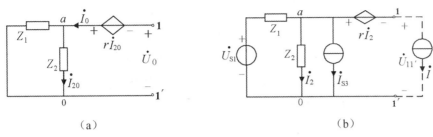

（a）　　　　　　　　　　　　　（b）

图 4-24　例 4-13 求解过程用图

4.4　正弦稳态电路的功率

【微课视频】

正弦稳态电路
的功率

正弦稳态电路中，L、C 是储能元件，功率和能量的计算不同于直流电路。下面分别研究 R、L、C 元件在能量转换过程中的作用，以及正弦稳态电路一端口的功率状态。

4.4.1　R、L 和 C 在能量转换过程中的作用

正弦稳态下，对于一个无独立源一端口 N_0，其等效阻抗为 $Z = R + \mathrm{j}X = |Z| \angle \varphi_Z$，设电流 $i = \sqrt{2}I \cos(\omega t)$，且端口电压和电流关联参考方向，则端口两端的电压为 $u = \sqrt{2}U \cos(\omega t + \varphi_Z)$，该无源一端口吸收的瞬时功率为

$$p = ui = \sqrt{2}U \cos(\omega t + \varphi_Z)\sqrt{2}I \cos(\omega t) = UI \cos \varphi_Z + UI \cos(2\omega t + \varphi_Z) \quad (4\text{-}24)$$

上式中，$UI \cos \varphi_Z$ 是瞬时功率中的恒定分量，$UI \cos(2\omega t + \varphi_Z)$ 是瞬时功率中以 2ω 为角频率的正弦分量，从这里看出不能直接用相量法来分析正弦稳态电路的功率。

式（4-24）还可写成式（4-25）的形式：

$$p = UI \cos \varphi_Z (1 + \cos 2\omega t) - UI \sin \varphi_Z \sin 2\omega t \quad (4\text{-}25)$$

其中，$UI \cos \varphi_Z (1 + \cos 2\omega t)$ 表示瞬时功率中的不可逆部分，该部分的值总是大于零的，至少是等于零的，表示一端口总是要从外电路吸收功率（至少为零）；$-UI \sin \varphi_Z \sin 2\omega t$ 表示瞬时功率中的可逆部分，也即该部分的值可以为正（吸收）或为负（发出），反映了一端口和外电路有能量的交换。

用如图 4-25 所示的 RLC 串联组合等效无源一端口 N_0，分析正弦稳态下各个元件吸收的瞬时功率，解释这些元件在能量转换过程中的作用，对式（4-25）做进一步的说明。假设电流仍是 $i = \sqrt{2}I \cos(\omega t)$。图 4-25（b）是该电路的电量相量图。

（1）对于电阻 R 而言，其瞬时功率为

$$p_R = Ri^2 = R2I^2 (\cos \omega t)^2 = RI^2 [1 + \cos(2\omega t)]$$

由图 4-25（b）中各相量的有效值关系，有 $U_R = U\cos\varphi_Z = RI$。所以，式（4-25）中的不可逆部分 $UI\cos\varphi_Z(1+\cos 2\omega t)$ 可变形为

$$UI\cos\varphi_Z(1+\cos 2\omega t) = RI^2(1+\cos 2\omega t) = p_R$$

说明：无源一端口 N_0 从外电路吸收并消耗的能量就是一端口内电阻的耗能，不再返还给外部电路。电阻在一个正弦电流周期内的平均功率 P_R 为

$$P_R = \frac{1}{T}\int_0^T RI^2(1+\cos 2\omega t)\mathrm{d}t = RI^2$$

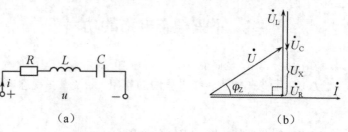

图 4-25 RLC 串联电路及电量相量图

（2）对于电感 L 而言，其瞬时功率为 $p_L = u_L i = L\dfrac{\mathrm{d}i}{\mathrm{d}t}i = -\omega L I^2 \sin 2\omega t$，说明在正弦电流的一个周期内，电感的瞬时功率要正负变化两次，即吸收－释放能量两次。在一个周期内其吸收的平均功率 P_L 为

$$P_L = \frac{1}{T}\int_0^T -\omega L I^2 \sin(2\omega t)\mathrm{d}t = 0$$

这反映了电感的非耗能的储能特性。

对于电容 C 而言，其瞬时功率为 $p_C = u_C i = i\dfrac{1}{C}\int i\mathrm{d}t = \dfrac{1}{\omega C}I^2\sin 2\omega t$，说明在正弦电流的一个周期内，电容的瞬时功率要正负变化两次，即吸收－释放能量两次。在一个周期内其吸收的平均功率 P_C 为

$$P_C = \frac{1}{T}\int_0^T \frac{1}{\omega C}I^2 \sin(2\omega t)\mathrm{d}t = 0$$

这反映了电容的非耗能的储能特性。

将电感的瞬时功率和电容的瞬时功率相加，有

$$p_{LC} = p_L + p_C = -\omega L I^2 \sin 2\omega t + \frac{1}{\omega C}I^2\sin 2\omega t = -(\omega L - \frac{1}{\omega C})I^2\sin 2\omega t$$

由图 4-25（b）中各相量的有效值关系，有 $U_X = (\omega L - \dfrac{1}{\omega C})I = U\sin\varphi_Z$。所以，式（4-25）中的可逆部分 $-UI\sin\varphi_Z\sin 2\omega t$ 可变形为

$$-UI \sin\varphi_Z \sin 2\omega t = -(\omega L - \frac{1}{\omega C})I^2 \sin 2\omega t = p_{LC}$$

说明：电感的瞬时功率和电容的瞬时功率反相，它们在能量交换中彼此互补，即电感吸收（发出）能量时，正好电容发出（吸收）能量。将两者相加后的结果，表明在它们进行能量互补之后，多余（或不足）的能量和外电路交换，这就是整个一端口瞬时功率的可逆部分。若 $\omega L = \frac{1}{\omega C}$，一端口内 L 和 C 之间完全互补，一端口不会和外电路有能量的交换，一端口瞬时功率的可逆部分也就为零。

4.4.2　有功功率、无功功率和视在功率

为了全面反映正弦稳态电路的能量交换和工程测量，通过一端口的 U、I 和 φ 从以下几个方面反映正弦稳态电路的功率状态。

（1）有功功率 P（也即平均功率）。有功功率的定义为：瞬时功率在一个周期的平均值，即

$$P = \frac{1}{T}\int_0^T p\,\mathrm{d}t = \frac{1}{T}\int_0^T [UI \cos\varphi_Z + UI \cos(2\omega t + \varphi_Z)]\mathrm{d}t = UI \cos\varphi_Z \qquad （4\text{-}26）$$

它是瞬时功率中的恒定分量，是一端口实际吸收的功率，单位用 W（瓦）表示。

（2）无功功率 Q。为了衡量一端口内储能元件引起的与外部电源的功率的交换，引入无功功率，其定义为

$$Q = UI \sin\varphi_Z \qquad （4\text{-}27）$$

它是瞬时功率可逆部分的振幅，"无功"的意思是指这部分能量在和外电路来回交换的过程中，没有"损耗"掉，其单位用 var（乏）表示。

（3）视在功率 S。工程上为了反映电气设备在额定的电压、电流条件下最大的负荷能力，或对外输出有功功率的最大能力，而引入视在功率，其定义为

$$S = UI \qquad （4\text{-}28）$$

视在功率的单位常用 V·A（伏安）表示。

P、Q、S 三者的关系如下：

$$P = S \cos\varphi_Z, \quad Q = S \sin\varphi_Z, \quad S = \sqrt{P^2 + Q^2}$$

可以构成功率三角形，如图 4-26 所示。

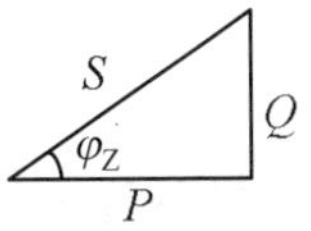

图 4-26　功率三角形

功率中常用到功率因数的概念，定义为

$$\lambda = \cos\varphi_Z \leqslant 1 \qquad (4\text{-}29)$$

式中，φ_Z 为功率因数角，其大小即为一端口网络端口电压电流的相位差，当一端口不含独立源时就是该无源一端口的阻抗角。功率因数是衡量传输电能效果的一个非常重要的指标，表示传输系统有功功率所占的比例，即

$$\lambda = \frac{P}{S} \qquad (4\text{-}30)$$

对于单个元件，其有关功率的定义见表 4-1。其中，电感和电容的无功功率有互补作用，工程上认为电感吸收无功功率，而电容发出无功功率，将两者加以区别。

表 4-1   各元件的功率

元件	$\varphi_Z = \varphi_u - \varphi_i$	瞬时功率 p	有功功率 $P=UI\cos\varphi_Z$	无功功率 $Q=UI\sin\varphi_Z$
R	$0°$	$RI^2[1+\cos(2\omega t)]$ （耗能）	$P = UI = RI^2 = \dfrac{U^2}{R}$	$Q=0$
L	$90°$	$-\omega L I^2 \sin 2\omega t$ （周期性吞吐能量）	$P = 0$	$Q = UI = \omega L I^2 = \dfrac{U^2}{\omega L}$ （吸收）
C	$-90°$	$\dfrac{1}{\omega C}I^2 \sin 2\omega t$ （周期性吞吐能量）	$P = 0$	$Q = UI = -\dfrac{I^2}{\omega C}$ $= -\omega C U^2$ （发出）

对于一个不含独立源的一端口，可以用等效阻抗为 $Z = R + \mathrm{j}X = |Z|\angle\varphi_Z$（串联形式的等效电路）替代，端口电压 $\dot{U}$ 被分解为两个分量 $\dot{U}_R$、$\dot{U}_X$（图 4-25），其中 $\dot{U}_R$ 产生有功功率 P，$\dot{U}_X$ 产生无功功率 Q，即

$$P = UI\cos\varphi_Z = U_R I = RI^2, \quad Q = UI\sin\varphi_Z = U_{LC}I = U_X I = XI^2$$

式中，$U_R = U\cos\varphi_Z$ 称为电压 U 的有功分量，$U_X = U\sin\varphi_Z$ 称为电压 U 的无功分量。

也可以用等效导纳 $Y = G + \mathrm{j}B = |Y|\angle\varphi_Y$（并联形式的等效电路）替代，输入电流 $\dot{I}$ 被分解为两个分量 $\dot{I}_G$、$\dot{I}_B$ [图 4-14（b）]，其中 $\dot{I}_G$ 产生有功功率 P，$\dot{I}_B$ 产生无功功率 Q，即

$$P = UI\cos\varphi_Z = UI\cos(-\varphi_Y) = UI_G = GU^2, \quad Q = UI\sin\varphi_Z = -UI\sin\varphi_Y = -UI_B = -U^2 B$$

式中，$I_G = I\cos\varphi_Y$ 称为电流 I 的有功分量，$I_B = I\sin\varphi_Y$ 称为电流 I 的无功分量。

可见，正弦稳态电路中 L、C 不吸收有功功率，计算无源一端口吸收的有功功率时，只需对其中电阻进行计算；电阻不参与和外电路能量的转换，故而计算无源一端口吸收的无功功率时，只需对其中的 L、C 进行计算。

对于含有独立源的一端口，因为电源也要参与有功功率、无功功率的交换，功率的转换变得复杂，当然上述有关三个功率的定义仍然适用，而功率因数将失去实际意义。

【例 4-14】 如图 4-27 所示，已知 $i = 2\sqrt{2}\cos(50t + 60^\circ)$ A，整个电路的有功功率 $P = 24$W，V_1 的读数为 16V，求 L 值和 V_2 的读数。

解： $L = \dfrac{U_1}{\omega I} = \dfrac{16}{50 \times 2} = 0.16$H，$R = \dfrac{P}{I^2} = 6\Omega$，$U_2 = RI = 12$V

【例 4-15】 如图 4-28 电路中，已知 $R = 3\Omega$，$L = 1$mH，$C = 0.2$mF，电压 $u = 10\sqrt{2}\cos(5000t)$V，求电路的有功功率 P、无功功率 Q。

解： $j\omega L = j5$，$\dfrac{1}{j\omega C} = -j1$，$Z = 3 + j4 = 5\angle -53.13^\circ$

$$\dot{I} = \frac{10\angle 0^\circ}{5\angle 53.13^\circ} = 2\angle -53.13^\circ \text{A}$$

$$P = RI^2 = 12\text{W}，\quad Q = (\omega L - \frac{1}{\omega C})I^2 = 16\text{var}$$

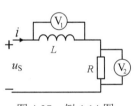　　　　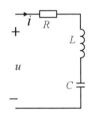

图 4-27　例 4-14 图　　　　　　　图 4-28　例 4-15 图

【例 4-16】 如图 4-29（a）电路中，$U = 50$V，电路吸收的功率为 $P = 150$W，功率因数 $\lambda = \cos\varphi = 1$，求 X_C 的大小。

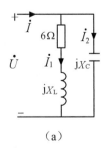　　　　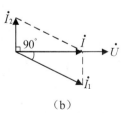

（a）　　　　　　　　　　　　　　（b）

图 4-29　例 4-16 图

解：
$$P = UI\cos\varphi = 6I_1^2 = 150\text{W}$$

$$I = \frac{150}{U\cos\varphi} = \frac{150}{50\times 1} = 3\text{A} \;, \quad I_1 = \sqrt{\frac{150}{6}} = 5\text{A}$$

令 $\dot{U} = U\angle 0^\circ \text{V}$，可作出如图 4-29（b）所示的相量图，有

$$I_2 = \sqrt{I_1^2 - I^2} = \sqrt{5^2 - 3^2} = 4\text{A}$$

故可以求得

$$|X_C| = \frac{U}{I_2} = \frac{50}{4} = 12.5\Omega$$

4.4.3　复功率

瞬时功率是非正弦量，不能用相量法分析，但有功功率、无功功率、视在功率之间的关系可以通过"复功率"表述。

当端口电压和电流为关联参考方向时，$\bar{S}$ 表示一端口吸收复功率，非关联时表示发出复功率。$\bar{S}$ 统一了三个功率和功率因数，但不反映时域内的能量关系。

设一端口的电压相量为 $\dot{U}$，电流相量为 $\dot{I}$，复功率 $\bar{S}$ 的定义为

$$\bar{S} \stackrel{\text{def}}{=} \dot{U}\dot{I}^* = UI\angle \varphi_u - \varphi_i$$
$$= UI\cos\varphi + \text{j}UI\sin\varphi$$
$$= P + \text{j}Q$$

式中，$\varphi = \varphi_u - \varphi_i$，$\dot{I}^*$ 是 $\dot{I}$ 的共轭复数。

对于一个无源一端口，可以将其等效为一个等效阻抗或等效导纳，因此复功率又可以表示为

$$\bar{S} = \dot{U}\dot{I}^* = Z_{eq}\dot{I}\dot{I}^* = Z_{eq}I^2 = (R + \text{j}X)I^2$$
$$\bar{S} = \dot{U}(Y_{eq}\dot{U})^* = Y_{eq}^*U^2 = (G - \text{j}B)U^2$$

对于单个元件，其复功率为

$$\bar{S}_R = RI^2 = P$$
$$\bar{S}_L = \text{j}X_L I^2 = \text{j}\omega L I^2 = \text{j}Q_L$$
$$\bar{S}_C = \text{j}X_C I^2 = \text{j}(-\frac{1}{\omega C})I^2 = \text{j}Q_C$$

可以证明，对于整个电路复功率守恒，即有

$$\sum \bar{S} = 0 \;, \quad \sum P = 0 \;, \quad \sum Q = 0$$

【例 4-17】 求【例 4-16】中 RL 串联支路的复功率。

解： 由题意可知，整个电路的功率因数为 1，即整个电路的阻抗角为零，电路呈现电阻性，整个电路的无功功率 Q 为零，即电路中电感元件和电容元件的无功功

率之和为零。可先求出电容元件的无功功率，便可得电感元件的无功功率。而整个电路的有功功率即为电路中 R 的有功功率。

$$Q_C = X_C I_C{}^2 = U I_C = -50 \times 4 = -200 \text{ var}$$

所以
$$Q_L = -Q_C = 200 \text{ var}$$

RL 支路的复功率为
$$\overline{S} = P_R + jQ_L = (150 + j200) \text{V} \cdot \text{A}$$

【例 4-18】 如图 4-30 所示电路中，有一感性负载，其额定功率为 1.1kW，功率因数 $\cos\varphi = 0.5$，接在 50Hz、220V 的电源上，若要将功率因数 $\cos\varphi$ 提高到 0.8，需要并联多大的电容？

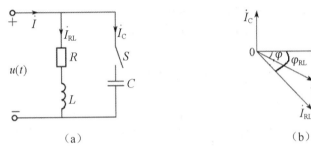

（a）　　　　　　　　（b）

图 4-30　例 4-18 电路

解： 方法一：画出各支路电流和总电流的相量图，如图 4-30（b）所示。可以看出

$$I_C + I\sin\varphi = I_{RL}\sin\varphi_{RL} \qquad ①$$

由
$$I\cos\varphi = I_{RL}\cos\varphi_{RL}$$

得
$$I = \frac{I_{RL}\cos\varphi_{RL}}{\cos\varphi} \qquad ②$$

将②代入①得

$$I_C + \sin\varphi \times \frac{I_{RL}\cos\varphi_{RL}}{\cos\varphi} = I_{RL}\sin\varphi_{RL}$$

故

$$I_C = I_{RL}\sin\varphi_{RL} - I_{RL}\cos\varphi_{RL}\frac{\sin\varphi}{\cos\varphi} = I_{RL}\cos\varphi_{RL}\frac{\sin\varphi_{RL}}{\cos\varphi_{RL}} - I_{RL}\cos\varphi_{RL}\frac{\sin\varphi}{\cos\varphi}$$

$$= I_{RL}\cos\varphi_{RL}\tan\varphi_{RL} - I_{RL}\cos\varphi_{RL}\tan\varphi$$

而　　$I_{RL}\cos\varphi_{RL} = \dfrac{P}{U}$，　$I_C = \dfrac{U}{X_C} = U\omega C$

故
$$U\omega C = \frac{P}{U}(\tan\varphi_{RL} - \tan\varphi)$$

$$C = \frac{P}{U^2\omega}(\tan\varphi_{RL} - \tan\varphi)$$

由于 $\lambda_{RL} = \cos\varphi_{RL} = 0.5$，有 $\varphi_{RL} = 60°$；$\lambda = \cos\varphi = 0.8$，有 $\varphi = 36.9°$

所以并联的电容器为

$$C = \frac{P}{U^2\omega}(\tan\varphi_{RL} - \tan\varphi) = \frac{1100}{2\pi \times 50 \times 220^2}(\tan 60° - \tan 36.9°) \approx 71\mu F$$

方法二：本题还可以通过复功率守恒原理求解。并入电容元件不会改变电路的有功功率，电容发出无功功率被 *RL* 支路吸收，使得并上电容后整个电路从电源处吸收的无功功率减小，从而提高了整个电路的功率因数。所以电路在并联电容前后，电路中无功功率的变化就是所并电容提供的无功功率。

根据功率三角形，电路无功功率的变化为

$$\Delta Q = P(\tan\varphi_{RL} - \tan\varphi)$$

电容发出的无功功率的大小为

$$|Q| = \omega C U^2$$

根据 $\Delta Q = |Q|$ 有

$$C = \frac{P}{U^2\omega}(\tan\varphi_{RL} - \tan\varphi) = \frac{1100}{2\pi \times 50 \times 220^2}(\tan 60° - \tan 36.9°) \approx 71\mu F$$

4.4.4 正弦稳态电路的最大功率传输

有源一端口向负载供电，当不计传输效率时，常常要研究负载获得最大功率的条件。正弦稳态电路中，负载从电源获得最大功率是指负载获得的有功功率。讨论最大功率的传输，仍然可以依据戴维宁定理，先将电路等效化简。

如图 4-31 所示的戴维宁等效电路，$Z_{eq} = R_{eq} + jX_{eq}$，负载阻抗 $Z_L = R_L + jX_L$，负载吸收的有功功率为

$$P_L = I^2 R_L = \frac{U_{oc}^2}{(R_{eq} + R_L)^2 + (X_{eq} + X_L)^2} R_L$$

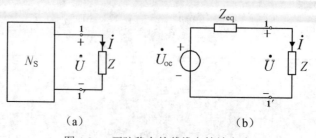

（a）   （b）

图 4-31 正弦稳态的戴维宁等效电路

由上式可见，若 R_L 保持不变，只改变 X_L，当 $X_{eq} + X_L = 0$ 时，则分母最小，P_L 可获得最大值，这时 $P_L = \dfrac{U_{oc}^2 R_L}{(R_{eq} + R_L)^2}$，但还不能确定 R_L 为何值时 P_L 最大。为此需要求出 P_L 对 R_L 的导数，并使之为零，即

$$\frac{dP_L}{dR_L} = U_{oc}^2 \frac{(R_{eq} + R_L)^2 - 2(R_{eq} + R_L)R_L}{(R_{eq} + R_L)^4} = 0$$

由上式有 $(R_{eq} + R_L)^2 - 2(R_{eq} + R_L)R_L = 0$，得 $R_L = R_{eq}$

故此，当负载电阻 R_L 和电抗 X_L 均可变时，负载获取最大功率的条件为

$$\begin{cases} R_L = R_{eq} \\ X_L = -X_{eq} \end{cases} \quad 即\ Z_L = Z_{eq}^* \tag{4-31}$$

式（4-31）表明，当负载阻抗等于戴维宁等效阻抗的共轭复数时，负载能获得最大功率，称为最大功率匹配或共轭匹配。此时负载获得的最大功率为

$$P_{L\max} = \frac{U_{oc}^2}{4R_{eq}} \tag{4-32}$$

如果负载为电阻性负载，即 $Z_L = R_L$ 时，此种情况下负载电阻获得最大功率的条件又如何呢？

如图 4-31 所示的戴维宁等效电路，负载吸收的有功功率为

$$P_L = I^2 R_L = \frac{U_{oc}^2 R_L}{(R_{eq} + R_L)^2 + X_{eq}^2}$$

当 R_L 改变，P_L 获得最大功率的条件是

$$\frac{dP_L}{dR_L} = U_{oc}^2 \frac{(R_{eq} + R_L)^2 + X_{eq}^2 - 2R_L(R_{eq} + R_L)}{[(R_{eq} + R_L)^2 + X_{eq}^2]^2} = 0$$

由上式得

$$R_L = \sqrt{R_{eq}^2 + X_{eq}^2} = \left| Z_{eq} \right| \tag{4-33}$$

式中，$\left| Z_{eq} \right|$ 为戴维宁等效阻抗模。这时，P_L 获得最大值。式（4-33）说明，当负载为纯电阻时，负载电阻获得最大功率的条件是负载电阻与有源一端口戴维宁等效阻抗的模相等。

【例 4-19】如图 4-32 电路中，$\dot{U}_S = 10\angle 45° \text{V}$，受控源参数 $g = 0.5\text{S}$，负载 Z_L 可调，求 Z_L 可以获得的最大功率。

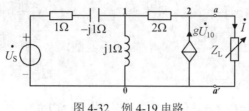

图 4-32   例 4-19 电路

解： 利用一步计算法，通过列写结点电压方程，求端口 a-a' 的戴维宁等效电路，有

$$\left(\frac{1}{1-j}+\frac{1}{j}+\frac{1}{2}\right)\dot{U}_{10}-\frac{1}{2}\dot{U}_{20}=\frac{\dot{U}_S}{1-j}$$

$$-\frac{1}{2}\dot{U}_{10}+\frac{1}{2}\dot{U}_{20}-g\dot{U}_{10}=-\dot{I}$$

解得

$$\dot{U}_{20}=\dot{U}_{aa'}=\frac{1+2g}{-g+j(g-1)}\dot{U}_S-\frac{1-j3}{-g+j(g-1)}\dot{I}$$

所以，戴维宁等效电路的参数分别为

$$\dot{U}_{oc}=\frac{1+2g}{-g+j(g-1)}\dot{U}_S=\frac{2}{-0.5-j0.5}10\angle45^\circ=2\sqrt{2}\angle90^\circ\,\text{V}$$

$$Z_{eq}=\frac{1-j3}{-g+j(g-1)}=(2+j4)\,\Omega$$

当 $Z_L=Z_L^*=(2-j4)\,\Omega$ 时，Z_L 可以获得最大功率

$$P_{\max}=\frac{U_{oc}^2}{4R_{eq}}=\frac{(20\sqrt{2})^2}{4\times2}=100\,\text{W}$$

4.5 谐振电路

正弦稳态电路中，电感和电容的阻抗和电路激励频率有关，随着激励频率的变化而变化。当激励频率为某一条件时，电路会处于称为谐振的特殊工作状况。谐振在无线电和电工电子技术中得到广泛的应用，但在有些场合下发生谐振可能破坏系统的正常工作，因此，研究谐振现象有重要的实际意义。本节讲述谐振概念，讨论 *RLC* 串联谐振和 *RLC* 并联谐振的条件、特点及谐振的频率特性和通频带等问题。

当无源一端口电路的端口电压与电流同相位时，即电路呈电阻性，工程上将电路的这种状态称为谐振。

4.5.1　串联谐振电路

如图 4-33（a）所示串联电路中，电路的输入阻抗 $Z(\mathrm{j}\omega) = R + \mathrm{j}(\omega L - \dfrac{1}{\omega C}) = R +$ $\mathrm{j}X(\mathrm{j}\omega)$，当 ω 变化时，电阻 R 不变，电抗 $X(\mathrm{j}\omega)$ 和阻抗 $Z(\mathrm{j}\omega)$ 的模随频率 ω 变化如图 4-33（b）所示。

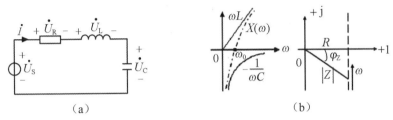

（a）　　　　　　　　　　（b）

图 4-33　串联谐振电路

可以看出随着激励角频率的变化，电路呈现的特性有所不同。激励角频率 $\omega < \omega_0$ 电路呈现容性；激励角频率 $\omega > \omega_0$ 电路呈现感性；激励角频率 $\omega = \omega_0$ 时电路呈现电阻性。按照谐振的定义，激励角频率 $\omega = \omega_0$ 时，图 4-33（a）所示电路发生了谐振。即有

$$\omega_0 L - \frac{1}{\omega_0 C} = 0$$

可得谐振角频率和谐振频率分别为

$$\omega_0 = \frac{1}{\sqrt{LC}} \ \mathrm{rad/s}, \quad f_0 = \frac{1}{2\pi\sqrt{LC}} \ \mathrm{Hz} \tag{4-34}$$

$$\omega_0 L = \frac{1}{\omega_0 C} = \frac{1}{\sqrt{LC}} \times L = \sqrt{\frac{L}{C}} = \rho \tag{4-35}$$

ω_0 与 R 无关，由电路的结构和 L、C 参数决定，故称为电路的固有频率。调整 L、C 的参数，或者改变端口激励的角频率 ω，可以使电路发生或避免谐振。ρ 称为谐振电路的特性阻抗，单位为 Ω，当 RLC 电路发生串联谐振时，感抗和容抗相等，且等于电路的特性阻抗 ρ。

在工程中，常用电路的特性阻抗 ρ 与电路电阻的比值表征谐振电路的品质因数，用 Q 表示，即

$$Q = \frac{\omega_0 L}{R} = \frac{1}{\omega_0 CR} = \frac{1}{R}\sqrt{\frac{L}{C}} = \frac{\rho}{R} \tag{4-36}$$

谐振电路的品质因数 Q 也是一个仅与电路参数有关的常量。在实际电路中，Q 的取值范围从几十到几百。

RLC 发生串联谐振时的特点可以总结如下：

（1）谐振时，等效电抗 $X = 0$，阻抗 $Z = R$，阻抗的模为最小值，也即 LC 串联谐振相当于短路。

（2）谐振时，电路电流 $\dot{I}_0 = \dfrac{\dot{U}_S}{Z} = \dfrac{\dot{U}_S}{R}$，其有效值为最大，且电流 $\dot{I}$ 与电压 $\dot{U}_S$ 同相位。

（3）谐振时，端口电压等于电阻电压，电容 C 上的电压与电感 L 上的电压相位相反、大小相等，且都等于外加电压的 Q 倍。

$$\dot{U}_{R0} = \dot{I}R = \frac{\dot{U}_S}{R}R = \dot{U}_S$$

$$\dot{U}_{L0} = \dot{I}\mathrm{j}\omega_0 L = \frac{\dot{U}_S}{R}\mathrm{j}\omega_0 L = \mathrm{j}\frac{\omega_0 L}{R}\dot{U}_S = \mathrm{j}Q\dot{U}_S = Q\dot{U}_S\angle 90^\circ$$

$$\dot{U}_{C0} = \dot{I}\frac{1}{\mathrm{j}\omega_0 C} = \frac{\dot{U}_S}{R}\frac{1}{\mathrm{j}\omega_0 C} = -\mathrm{j}\frac{1}{\omega_0 CR}\dot{U}_S = -\mathrm{j}Q\dot{U}_S = Q\dot{U}_S\angle -90^\circ$$

串联谐振时，$\dot{U}_{R0}$、$\dot{U}_{L0}$、$\dot{U}_{C0}$、$\dot{U}_S$ 与 $\dot{I}_0$ 的关系如图 4-34 所示。

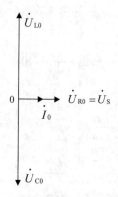

图 4-34 R、L、C 串联谐振的相量图

在一般情况下，实际电路的品质因数 Q 值可达几十到几百，这就意味着，谐振时电容（或电感）上的电压可以比信号源电压大几十到几百倍，所以要注意耐压，这是串联谐振时的特有现象，正由于串联谐振电路具有这样的特点，所以串联谐振电路又称为电压谐振电路。

（4）谐振时，能量只在 R 上消耗，电感和电容之间进行磁场能量和电场能量的转换。

电路的总的有功功率和无功功率分别为

$$P_0 = UI\cos\varphi_Z = RI_0^2 , \quad Q_0 = UI\sin\varphi_Z = 0 \ (= Q_L + Q_C = 0)$$

设此时的电流 $i = \sqrt{2}I\cos(\omega t)$ ，则电容电压

$$u_{\mathrm{C}} = \sqrt{2}U_{\mathrm{C}}\cos(\omega t - \frac{\pi}{2}) = \sqrt{2}U_{\mathrm{C}}\sin(\omega t)$$

那么谐振时，整个电路的能量为

$$W(\omega_0) = \frac{1}{2}Li^2 + \frac{1}{2}Cu_{\mathrm{C}}^2$$

考虑 $\omega_0 = \dfrac{1}{\sqrt{LC}}$ ，有

$$W(\omega_0) = CU_{\mathrm{C}}^2 = LI^2 = CU^2 Q_{\text{串}}^2 \quad \text{（为常数）}$$

以上讨论了串联谐振电路的谐振及其特点，这里进一步研究串联谐振电路的谐振曲线、选择性与通频带。在任意频率下的电流 $\dot{I}$ 与谐振时的电流 $\dot{I}_0$ 之比为

$$\frac{\dot{I}}{\dot{I}_0} = \frac{1}{1 + \mathrm{j}\dfrac{(\omega L - \dfrac{1}{\omega C})}{R}} = \frac{1}{1 + \mathrm{j}\dfrac{\omega_0 L}{R}(\dfrac{\omega}{\omega_0} - \dfrac{\omega_0}{\omega})} = \frac{1}{1 + \mathrm{j}Q(\dfrac{\omega}{\omega_0} - \dfrac{\omega_0}{\omega})} \quad (4\text{-}37)$$

在实际应用中，外加电压的角频率 ω 与谐振角频率 ω_0 之差 $\Delta\omega = \omega - \omega_0$ ，表示角频率偏离谐振的程度， $\Delta\omega$ 为失谐振量。

式（4-37）也可以表示为

$$\frac{\dot{I}}{\dot{I}_0} = \frac{1}{1 + \mathrm{j}\xi} \quad (4\text{-}38)$$

式中 $\xi = Q(\dfrac{\omega}{\omega_0} - \dfrac{\omega_0}{\omega})$ 具有失谐振量的含义，称为广义失谐振量。

式（4-37）的模为

$$\frac{I}{I_0} = \frac{1}{\sqrt{1 + Q^2(\dfrac{\omega}{\omega_0} - \dfrac{\omega_0}{\omega})^2}} \quad (4\text{-}39)$$

式中 I_0 为谐振时的电流， $\eta = \dfrac{\omega}{\omega_0}$ 是激励角频率与谐振角频率之比。谐振时 $\eta = 1$（ $\omega = \omega_0$ ）， $\dfrac{I}{I_0} = 1$ ；失谐时（即电路处于非谐振状态）， $\eta \neq 1$ ， $\dfrac{I}{I_0} < 1$ 。电流比 $\dfrac{I}{I_0}$ 不但随 ω 变化，而且与电路 Q 值有关，以 η （ $\eta = \dfrac{\omega}{\omega_0}$ ）为横坐标， $\dfrac{I}{I_0}$ 为纵坐标，对于不同的 Q 值，画出一组 $\dfrac{I}{I_0}$ 随 $\dfrac{\omega}{\omega_0}$ 变化的曲线，这种曲线叫作通用谐振曲线，如

图 4-35 所示。在 $\eta=1$，即 $\omega=\omega_0$ 时曲线出现顶峰，在 $\eta<1$ 或 $\eta>1$ 时曲线下降，说明串联谐振电路对偏离谐振点的输出有抑制作用，只有在谐振点附近（$\eta_1 \sim \eta_2$）才有较大的输出，电路的这种特性称为选择性。Q 值越大，谐振曲线的顶部越尖，在谐振点两侧曲线越陡。因此，具有高 Q 值的电路对偏离谐振频率的信号有较强的抑制能力，Q 值越高，电路的选择性越好；反之，Q 值越小时，谐振点附近的电流变化不大，曲线顶部形状较平缓，电路的选择性差。因此品质因数影响着谐振曲线的形状，决定了电路选择性的好坏。

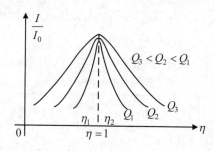

图 4-35   串联谐振的谐振曲线

工程技术上为了衡量这种选择性，定义对应的 ω_L 为下限角频率（或下限频率 f_L），对应的 ω_H 为上限角频率（或上限频率 f_H），$\omega_H - \omega_L$（或 $f_H - f_L$）称为通频带，通频带示意图如图 4-36 所示。

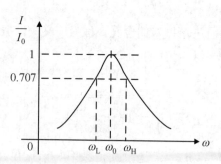

图 4-36   串联谐振的通频带

通频带

$$BW = \omega_H - \omega_L \quad (\text{rad/s}) \qquad\qquad (4\text{-}40)$$

或

$$BW = f_H - f_L \quad (\text{Hz})$$

当外加信号电压的幅值不变，频率变为 $f=f_L$ 或 $f=f_H$ 时，此时回路电流等于谐振值的 $\dfrac{1}{\sqrt{2}}=0.707$ 倍。式（4-40）中，f_L 和 f_H 又称为通频带的边界频率。可以证明

$$BW = f_H - f_L = \frac{f_0}{Q} \text{Hz} \tag{4-41}$$

或
$$BW = \omega_H - \omega_L = \frac{\omega_0}{Q} \text{rad}/\text{s}$$

式（4-41）表明：电路的通频带与电路的谐振频率 f_0 成正比，与电路的品质因数 Q 成反比。Q 愈高，通频带愈窄，谐振曲线愈尖锐，回路的选择性愈好，但失真度大。

谐振电路 Q 值高，有利于从众多的各种单一频率信号中选择出所需要的信号而抑制其他的干扰。可是，实际信号都占有一定的频带宽度，也就是说，实际信号是由若干频率分量所组成的多频率信号，我们不能只选出需要的实际信号中的某一频率分量，而把实际信号中其余有用的频率分量抑制掉，那样会引起信号严重失真，这是不能允许的。人们期望谐振电路能够把实际信号中的各种有用频率分量都选出来，而且对各种有用的频率分量都能"一视同仁"地进行传输，对不需要的信号（统称为干扰）能最大限度地加以抑制。

电路的 Q 值高，电路的选择性好，但通频带窄。对实际应用的谐振电路，既要求它的选择性能好，又要求它具有满足传输信号所需要的通频带宽度。从某种意义上说，"选择性"与"带宽"两者存在着矛盾。实际中如何处理好这一矛盾是重要的。通常，在满足电路通频带等于或略大于传输信号带宽的前提下，应尽量使电路 Q 值高，以利于"选择性"。从另一个方面来看，为了减小所要传输信号的失真，不但要使信号的各频率分量都处于电路带宽之内，而且电路对它们要"平等对待"地传输，这就要求在通频带内的那部分谐振曲线最好是平坦的。电路的 Q 值越低，带内曲线平坦度越好。由以上讨论可知：电路的 Q 值是高好，还是低好，要针对具体情况做具体分析。若主要矛盾方面是"选择性"，那就可使用 Q 值高些的电路；反之，若主要矛盾方面是"通频带"，那就可适当地降低电路的 Q 值。对于收音机而言，希望电路的频率选择性要好，同时通频带要足够，这样声音的品质才好，因此，要综合考虑两方面的因素。

4.5.2 并联谐振电路

串联谐振回路适用于信号源内阻等于零或很小的情况，如果信号源内阻很大，采用串联谐振电路将严重地降低回路的品质因素，使选择性显著变坏（通频带过宽）。这样就必须采用并联谐振回路。在图 4-37 所示的 R、L、C 并联电路中，电路的总导纳

$$Y = Y_R + Y_L + Y_C = \frac{1}{R} + \frac{1}{jX_L} + \frac{1}{jX_C} = G + jB$$

当且仅当 $\omega L = \dfrac{1}{\omega C}$ 时，有 $Y = G$，电路发生谐振呈电阻性。由于 R、L、C 并联，所以又称为并联谐振。

可见，并联谐振的条件是 $X_L = X_C$，即当 $\omega_0 L = \dfrac{1}{\omega_0 C}$ 时发生并联谐振。其谐振角频率为

$$\omega_0 = \frac{1}{\sqrt{LC}}$$

或谐振频率为

$$f_0 = \frac{1}{2\pi\sqrt{LC}}$$

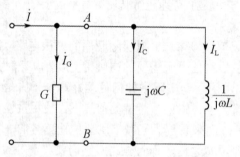

图 4-37 R、L、C 并联谐振电路

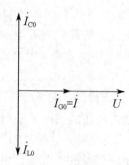

图 4-38 R、L、C 并联谐振的相量图

并联谐振电路的特点为：

（1）谐振时，等效电纳 $B = 0$，导纳 $Y = G$，导纳的模为最小值，即 LC 并联谐振相当于开路。

（2）谐振时，电路电压 $\dot{U} = \dfrac{\dot{I}}{Y} = \dfrac{\dot{I}}{G}$，其有效值为最大，且电压 $\dot{U}$ 与电流 $\dot{I}$ 同相位。

（3）谐振时，端口电流等于电阻电流，电容 C 上的电流与电感 L 上的电流相位相反、大小相等，且都等于端口总电流的 Q 倍。

$$I_C = I_L = \frac{U}{\omega_0 L} = \frac{I}{G\omega_0 L} = QI$$

其中 $Q = \dfrac{1}{G\omega_0 L} = \dfrac{\omega_0 C}{G} = \dfrac{1}{G}\sqrt{\dfrac{C}{L}}$ 为并联谐振电路的品质因数，与串联谐振时的 Q 值对偶。

RLC 并联谐振时的电压、电流相量图如 4-38 所示，此时激励电流全部通过电阻支路，电感与电容支路的电流大小相等、相位相反，使图 4-37 中 A、B 间相当于开路，故并联谐振又称为电流谐振。

（4）谐振时，能量只在 R 上消耗，电容和电感之间进行电场能量和磁场能量的转换。

电路的总的有功功率和无功功率分别为

$$P_0 = RI^2, \quad Q_0 = 0$$

利用对偶原理可以求得此时电路的能量为

$$W(\omega_0) = LI^2 Q_{\text{并}}^2 \text{（为常数）}$$

工程实际中广泛应用电感线圈与电容器组成并联谐振电路，由于实际电感线圈的电阻不可忽略，用 R 表示实际线圈本身的损耗电阻，信号源是理想电流源 $\dot{I}_S$。通常，实际电容元件的损耗很小，可以忽略不计。其电路如图 4-39 所示。

设正弦激励电流源的角频率为 ω，令电流相量为 $\dot{I}_S$ 且为参考相量。

并联回路两端导纳

$$Y = j\omega C + \frac{1}{R + j\omega L} = \frac{R}{R^2 + \omega^2 L^2} + j\left(\omega C - \frac{\omega L}{R^2 + \omega^2 L^2}\right)$$

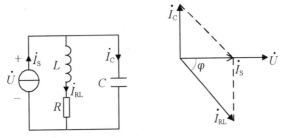

图 4-39　电感与电容的并联谐振电路及相量图

谐振时，电纳为零，即

$$\omega_0 C - \frac{\omega_0 L}{R^2 + \omega_0^2 L^2} = 0$$

则有

$$C = \frac{L}{R^2 + \omega_0^2 L^2}$$

可得谐振条件为

$$\omega_0 = \sqrt{\frac{1}{LC} - \frac{R^2}{L^2}}$$

上式表明，对于图 4-39 所示的并联谐振电路，其谐振角频率不但与回路中的电抗元件有关，而且与回路中的损耗电阻 R 有关。谐振时其电压电流相量图如图 4-39 所示。

该电路要调节激励频率 ω 使电路发生谐振，必须使 $\frac{1}{LC} - \frac{R^2}{L^2} > 0$（$\omega_0$ 才有可能

为实数），即 $R < \sqrt{\dfrac{L}{C}}$。

在高频的情况下，由于线圈的品质因数相当高（ωL 远远大于 R），这种并联谐振的条件近似为 $\dfrac{1}{\omega_0 L} = \omega_0 C$。谐振的角频率条件近似为

$$\omega_0 \approx \frac{1}{\sqrt{LC}} \text{rad/s}$$

或

$$f_0 \approx \frac{1}{2\pi\sqrt{LC}} \text{Hz}$$

本章重点小结

1. 本章内容的数学计算是复数运算，所以务必掌握复数的表达形式和运算。

2. 正弦量的三要素分别为振幅（或有效值）、角频率和初相位，正弦量对应的相量形式用有效值表示复数的模，初相位表示复数的辐角。用相量法分析正弦稳态电路，必须要求电路中所有激励是同一频率。

3. 阻抗或导纳虽然不是正弦量，但也能用复数表示，可以画出阻抗三角形或导纳三角形。

对于单个元件，由其 VCR 的相量形式可知：电阻元件的阻抗 $Z_R = R$，只有实部部分，且电阻元件的电压和电流同相位；电感元件的阻抗 $Z_L = j\omega L$，只有虚部部分，且电感元件的电压超前电流 90°；电容元件的阻抗 $Z_C = j(-\dfrac{1}{\omega C})$，只有虚部部分，且电容元件的电压滞后电流 90°。

对于某个无源一端口网络，其阻抗的形式或者其等效电路的形式和端口电压电流的相位关系有关：如果端口电压超前电流一定角度（小于 90°），则该无源一端口可以等效为电阻元件和电感元件的组合；如果端口电压滞后电流一定角度（小于 90°），则该无源一端口可以等效为电阻元件和电容元件的组合。

4. 相量法是分析正弦稳态电路的方法，要善于利用各物理量的相位关系画相量图，事先定性分析电路，再结合元件 VCR 方程中有效值的关系进行定量分析。注意，有效值不能直接相加减。

前面运用在线性直流电阻电路中的等效变换、方程分析法和电路定理均能适用于正弦稳态电路的分析。

5. 功率问题是正弦稳态电路中的重点和难点。要会计算元件以及一端口网络的有功功率、无功功率、视在功率和复功率以及功率因数，可以借助功率三角形。

电阻元件只消耗有功功率，故一个一端口网络的有功功率即为其中电阻元件所消耗；电感元件和电容元件只和无功功率有关，但电感元件消耗无功功率，电容元件提供无功功率，一个一端口网络的无功功率可由当中的电感和电容来计算。在一些实际电路中，可以采用并联电容的方法提高电路的功率因数。

电路中，有功功率、无功功率和复功率是守恒的。

对于正弦稳态电路，当负载的阻抗等于有源一端口戴维宁等效阻抗的共轭时，负载可以获得最大的有功功率。

6. 当一端口网络电压与电流同相位时，即电路呈电阻性，工程上将电路的这种状态称为谐振。R、L、C 串联谐振和并联谐振是两类典型的谐振电路，由于二者互为对偶电路，我们着重分析串联谐振电路，发生串联谐振时，一端口阻抗 $Z = R$，电路呈电阻性，端口电流最大，且端口电流与端口电压同相，电路中电感元件和电容元件的电压有效值为一端口电压有效值的 Q（品质因数）倍，但它们方向相反，其和为零。串联谐振又称为电压谐振。

实例拓展——收音机调频

在收音机中，常利用串联谐振电路来选择电台信号，这个过程叫作调谐。

当各种不同频率信号的电波在天线上产生感生电流时，电流经过线圈 L_1 感应到线圈 L_2。如果电路对某一信号频率发生谐振，回路中该信号的电流最大，则在电容器两端产生一高于此信号电压 Q 倍的电压 U_C。而对于其他各种频率的信号，因为没有发生谐振，在回路中电流很小，从而被电路抑制掉。所以，改变串容 C，可以改变回路的谐振频率来选择所需的电台信号，如图 T4-1 所示。转动收音机的旋钮，就是在变动收音机内部的固有频率。

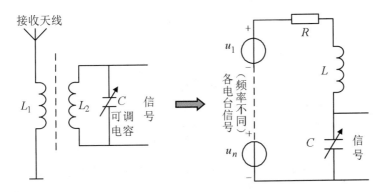

图 T4-1　收音机调谐及其等效电路

实例拓展——无源电力滤波器

随着现代社会科技的飞速发展，大量呈现非线性特性的电力电子设备以及具有冲击性和波动性负荷的使用，其产生的大量谐波被直接注入电网，这些谐波电流流经输电线路将导致公共节点电压发生畸变，对电力系统电能质量造成严重污染。无源电力滤波器是传统的谐波补偿装置，在电网谐波治理和无功补偿中担任着重要的角色。无源电力滤波装置一般由一组或数组单调谐滤波器组成，有时还会再加一组高通滤波器，此处主要介绍单调谐滤波器。

单调谐滤波器利用了 R、L、C 电路串联谐振的原理，其构成及阻抗频率特性如图 T4-2 所示。单调谐滤波器并联在电网上，可以并联在某些非线性负载旁边，滤除非线性负载产生的谐波电流。

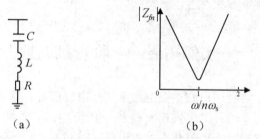

（a）　　　　　　　　　　（b）

图 T4-2　单调谐滤波器的构成及阻抗频率特性

谐振次数 $n = \dfrac{1}{\omega_S \sqrt{LC}}$，在谐振点处 $Z_{fn} = R$，因 R 很小，n 次谐波电流主要由 R 分流，很少流入电网中，而对于其他次数的谐波，单调谐滤波器具有较大的阻抗值，滤波器分流很少。因此，简单地说，只要将滤波器的谐振次数设定为与需要滤除的谐波次数一样，则该次谐波电流将大部分流入滤波器，不会流入电网，从而起到滤除该次谐波的目的。

习题四

在线测试

4-1　已知正弦电流最大值为20A，频率为100Hz，在0.02s时，瞬时值为15A，求初相 φ_i，写出解析式。

4-2　已知一正弦电流在 $t = 0$ 时为3mA，经过0.007s 时达到最大值，但方向与 $t = 0$ 时电流方向相反，电流频率为50Hz，试写出其瞬时表达式并画出波形图。

4-3　若 已 知 两 个 同 频 正 弦 电 压 的 相 量 分 别 为 $\dot{U}_1 = 50\angle 30^\circ \text{V}$ ，$\dot{U}_2 = -100\angle -150^\circ \text{V}$ ，其 频率 $f = 100\text{Hz}$ ，求：（1） u_1 、 u_2 的 时域形式；（2） u_1 与 u_2 的 相位差。

4-4　若 $100\angle 0^\circ + A\angle 60^\circ = 175\angle \varphi$ ，求 A 和 φ 。

4-5　已知 $\dot{I}_1 = 6\angle 30^\circ \text{A}$ ， $\dot{I}_2 = 8\angle -120^\circ \text{A}$ ，求：（1） $\dot{I}_3 = \dot{I}_2 - \dot{I}_1$ ；（2） $\dot{I}_4 = \dot{I}_2 + \dot{I}_1$ 。

4-6　题 4-6 图电路中的仪表为交流电压表，其仪表所指示的读数为电压的有效值， V_1 、 V_2 的读数依次为 30V、60V，求电压源的有效值 U_S 。

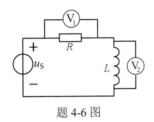

题 4-6 图

4-7　题 4-7 图所示电路中的仪表为交流电流表，其仪表所指示的读数为电流的有效值， A_1 、 A_2 、 A_3 的读数依次为 5A、20A、25A，求电流表 A 和 A_4 的读数。

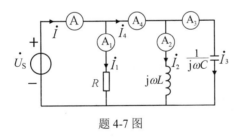

题 4-7 图

4-8　已知题 4-8 图所示电路中 $I_1 = I_2 = 10\text{A}$ 。求 $\dot{I}$ 和 $\dot{U}_S$ 。

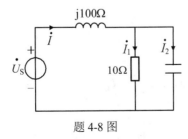

题 4-8 图

4-9　已知题 4-9 图中 $U_S = 10\text{A}$ （直流）， $L_1 = 1\mu\text{H}$ ， $R_1 = 1\Omega$ ， $i_S = 2\cos(10^6 t + 45^\circ)\text{A}$ 。用叠加定理求电压 u_C 和电流 i_L 。

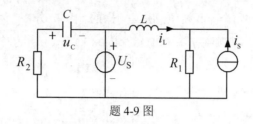

题 4-9 图

4-10 已知题 4-10 图中 $u_S = 25\sqrt{2}\cos(10^6 t - 126.87°)\text{V}$，$u_C = 20\sqrt{2}\cos(10^6 t - 90°)\text{V}$，$R_1 = 3\Omega$，$C = 0.2\mu\text{F}$，求：（1）各支路电流；（2）支路 1 可能是什么元件？

4-11 试求题 4-11 图所示二端电路在（1）$\omega = 1\text{rad}/\text{s}$；（2）$\omega = 4\text{rad}/\text{s}$；（3）$\omega = 8\text{rad}/\text{s}$ 三种情况下的阻抗，并说明端口电压、电流的相位关系。

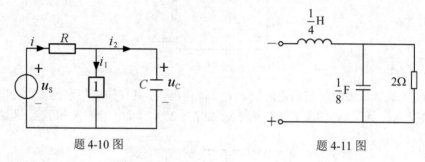

题 4-10 图   题 4-11 图

4-12 如题 4-12 图中两电路为 $\omega = 314\text{rad}/\text{s}$ 的等效电路，已知 $R_1 = 800\Omega$，$R_3 = 400\Omega$，$C_1 = 5.3\mu\text{F}$，求 R_2 和 C_2。

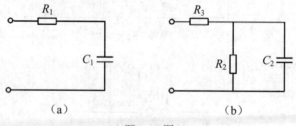

（a）   （b）

题 4-12 图

4-13 题 4-13 图所示的电路中，$I_2 = 10\text{A}$，$U_S = \dfrac{10}{\sqrt{2}}\text{V}$，求电流 $\dot{I}$ 和电压 $\dot{U}_3$，并画出电路的相量图。

4-14 题 4-14 图中 $i_S = 14\sqrt{2}\cos(\omega t + \varphi)\text{mA}$，调节电容，使电压 $\dot{U} = U\angle\varphi$，电流表 A_1 的读数为 50mA。求电流表 A_2 的读数。

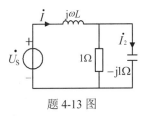
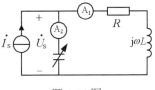

题 4-13 图　　　　　　　　　题 4-14 图

4-15　题 4-15 图中 $Z_1 = (10 + j50)\Omega$，$Z_2 = (400 + j1000)\Omega$，若要使 $\dot{I}_2$ 和 $\dot{U}_S$ 的相位差为 $90°$（正交），β 应等于多少？如果把图中 CCCS 换成可变电容 C，求 ωC。

4-16　在题 4-16 图所示电路中，$\dot{U}_S = 10\angle 0° V$，$\dot{I}_S = 5\angle 90° A$，$Z_1 = 3\angle 90° \Omega$，$Z_2 = j2\Omega$，$Z_3 = -j2\Omega$，$Z_4 = 1\Omega$。试选用叠加定理、电源等效变换、戴维南定理、节点法、网孔法五种方法中的任意两种，计算电流 $\dot{I}_2$。

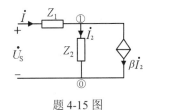
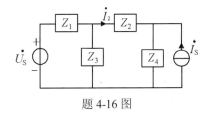

题 4-15 图　　　　　　　　　题 4-16 图

4-17　求如题 4-17 图所示电路中的 $\dot{I}_1$ 和 $\dot{I}_2$。

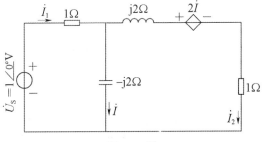

题 4-17 图

4-18　在如题 4-18 图所示电路中电压表、电流表的读数分别为 220V 和 4.2A，电路吸收的功率为 325W。试计算 R、C，并画出阻抗三角形、电压三角形和功率三角形（$f = 50Hz$）。

4-19　功率为 60W、功率因数为 0.5 的日光灯（感性）负载与功率为 100W 的白炽灯各 50 只并联在 220V 的正弦电源上（$f = 50Hz$）。如果要把电路的功率因数提高到 0.92，应并联多大的电容？

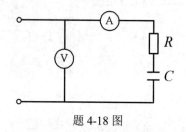

题 4-18 图

4-20   如题 4-20 图所示的电路中，当 S 闭合时，各表读数如下：V 为 220V，A 为 10A，W 为 1000W；当 S 打开时，各表读数依次为 220V、12A 和 1600W。求阻抗 Z_1 和 Z_2，设 Z_1 为感性（表 W 称为功率表，其读数 $= \mathrm{Re}[\dot{U}\dot{I}^*]$，$\dot{U}$ 为 W 表跨接的电压相量，$\dot{I}$ 为从*端流进表 W 的电流相量。）

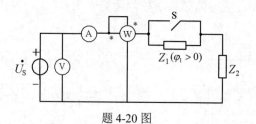

题 4-20 图

4-21   题 4-21 图所示电路中，$R_1 = R_2 = 10\Omega$，电压表读数为 20V，功率表的读数为 120W，试求 $\dfrac{\dot{U}_2}{\dot{U}_S}$ 和电源发出的复功率 $\overline{S}$（$L = 0.25\mathrm{H}$，$C = 10^{-3}\,\mathrm{F}$）。

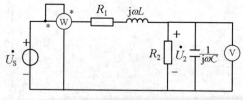

题 4-21 图

4-22   题 4-22 图所示电路中 $R_1 = R_2 = 100\Omega$，$L_1 = L_2 = 1\mathrm{H}$，$C = 100\mu\mathrm{F}$，$\dot{U}_1 = 100\angle 0^\circ\,\mathrm{V}$，$\omega = 100\mathrm{rad/s}$。求 Z_L 能获得的最大功率。

4-23   题 4-23 图所示电路中，3 个负载并联到电压大小为 220V 的正弦电源上，各负载取用的功率和电流分别为 $P_1 = 4.4\mathrm{kW}$，$I_1 = 44.7\mathrm{A}$（感性）；$P_2 = 8.8\mathrm{kW}$，$I_1 = 50\mathrm{A}$（感性），$P_2 = 6.6\mathrm{kW}$，$I_3 = 60\mathrm{A}$（容性）。求题 4-23 图中表 A、W 的读数和电路的功率因数。

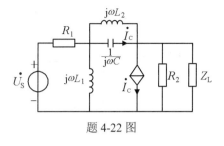

题 4-22 图

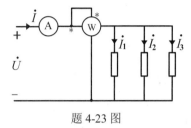

题 4-23 图

4-24　RLC 串联电路中，$R = 1\Omega$，$L = 0.01\text{H}$，$C = 1\mu\text{F}$，求：

（1）输入阻抗与频率 ω 的关系。

（2）谐振频率 ω_0。

（3）谐振电路的品质因数 Q。

（4）通频带的宽度 BW。

4-25　RLC 串联电路中，已知 $BW = 6.4\text{kHz}$，电阻的功耗为 $2\mu\text{W}$，$u_S(t) = \sqrt{2}\cos(\omega_0 t)\text{mV}$ 和 $C = 400\text{pF}$，求 L、谐振频率 f_0 和谐振时的电感电压 U_L。

4-26　如题 4-26 图所示电路中，已知电压 $U = 100\text{V}$，谐振时 $I_1 = I_2 = 10\text{A}$。求 R、X_C 及 U_L。

4-27　如题 4-27 图所示电路中，已知电流源 $I_S = 1\text{A}$，$R_1 = R_2 = 100\Omega$，$L = 0.2\text{H}$。当 $\omega_0 = 1000\text{rad/s}$ 时电路发生谐振。求电路谐振时电容 C 的值和电流源的端电压。

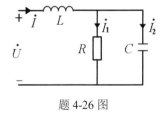

题 4-26 图

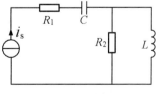

题 4-27 图

4-28　在如题 4-28 图所示电路中，电源电压 $U = 10\text{V}$，$\omega = 10^4\text{rad/s}$，调节电容 C 使电路中电流达到最大值 100mA，这时电容上的电压为 600V。求：

（1）R、L、C 及电路的品质因数 Q。

（2）若此后电源角频率下降 10%，R、L、C 参数不变，求电路中的电流和电容电压。

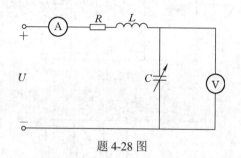

题 4-28 图

4-29　在 R、L、C 串联谐振电路中，$R=50\Omega$，$L=400\mathrm{mH}$，$C=0.254\mu\mathrm{F}$，电源电压 $U=10\mathrm{V}$。

（1）求电路的谐振频率、品质因数、谐振时电路中的电流、各元件的电压和总的电磁能量。

（2）谐振时，如果在电容 C 两端并入一电阻 R_1，并调节电源频率，使电路能重新达到谐振状态，求 R_1 的取值范围。

4-30　题 4-30 图所示电路中，$i_S=\cos t\,\mathrm{A}$，$i_3=0\mathrm{A}$，求 C、i_1、i_2、i_4 以及电流源发出的平均功率 P。

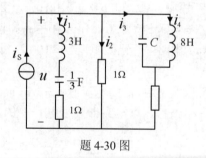

题 4-30 图

第5章　含有耦合电感的正弦稳态电路

本章课程目标

1. 理解互感的概念、同名端的意义，能够判断同名端的位置，能够用 CCVS 表示互感电压。

2. 能够熟练掌握 T 型电路的等效去耦方法，能熟练处理耦合电感在串联、并联下的去耦计算。

3. 理解耦合线圈通过互感电压耦合复功率实现电磁能的转换和传输。理解空心变压器的两个等效电路的由来，能够运用这两个等效电路求解一次侧、二次侧的相关电量。掌握理想变压器的变压、变流、变换阻抗的特性，能够分析含有理想变压器的电路。

前面一章我们已经接触了有多个电感的电路，但它们彼此没有磁的联系，电感的端电压仅与本身电流的变化率有关。本章讨论电感彼此之间存在磁的联系，且电感的端电压除了与自身电流的变化率有关之外，还与其他支路电流的变化率有关的复杂情况。耦合电感在工程中有着广泛的应用。

5.1　耦合电感元件

【微课视频】

耦合电感元件

5.1.1　互感耦合

当电流通过一个线圈时，就会在他周围产生磁场，如果有两个线圈相互靠近，那么其中一个线圈中的电流所产生的磁通有一部分穿过另一个线圈，在两个线圈间形成磁的耦合，这两个线圈称为一对耦合线圈。

图 5-1（a）中，线圈 1（电感 L_1）的匝数为 N_1，线圈 1 中有电流 i_1 流过，该电流在线圈 1 中产生的磁通为 Φ_{11}，称为线圈 1 的自感磁通，磁通 Φ_{11} 的参考方向与电流 i_1 参考方向符合右手螺旋定则，自感磁通 Φ_{11} 交链自身的线圈时产生的磁通链

叫作自感磁通链 Ψ_{11}。磁通 Φ_{11} 有一部与线圈 2 交链，称为线圈 1 的电流在线圈 2 上产生的互感磁通，用 Φ_{21} 表示，互感磁通 Φ_{21} 交链线圈 2 时产生的磁通链叫作互感磁通链 Ψ_{21}。同样在图 5-1（b）中，线圈 2（电感 L_2）的匝数为 N_2，线圈 2 中的电流 i_2 在线圈 2 中产生自感磁通 Φ_{22}，且交链自身线圈产生自感磁通链 Ψ_{22}，磁通 Φ_{22} 有一部与线圈 1 交链，称为线圈 2 的电流在线圈 1 上产生的互感磁通 Φ_{12}，互感磁通 Φ_{12} 交链线圈 1 时产生互感磁通链 Ψ_{12}。以上就是线圈 1 和线圈 2 彼此耦合的情况。两个线圈中的电流 i_1、i_2 称为施感电流。注意：磁通（链）符号有双下标，其中第一个下标表示该磁通（链）所在线圈的编号，即研究的是哪个线圈对象；另一个下标表示的是产生该磁通（链）的施感电流所在线圈的编号。

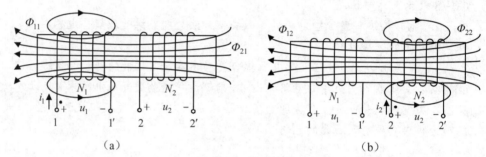

图 5-1　耦合电感

类似于电感的定义，定义线圈 1 对线圈 2 的互感量等于互感磁通链 Ψ_{21} 与产生该磁通链的电流 i_1 的比值，即

$$M_{21} \overset{\text{def}}{=} \left| \frac{\Psi_{21}}{i_1} \right|$$

同理，有线圈 2 对线圈 1 的互感量如下：

$$M_{12} \overset{\text{def}}{=} \left| \frac{\Psi_{12}}{i_2} \right|$$

上两式中，M_{12} 和 M_{21} 称为互感系数，简称互感，单位为 H（亨）。如果线圈周围的磁介质都是线性的（磁导率为常值），M_{12} 和 M_{21} 就都是常数值，而与电流无关。可以证明 $M_{12}=M_{21}$，因此当只有两个线圈有耦合时，互感系数的下标可以略去，且令 $M=M_{12}=M_{21}$。

因为 $\Phi_{21} \leqslant \Phi_{11}$，$\Phi_{12} \leqslant \Phi_{22}$，所以

$$M^2 = M_{12}M_{21} = \frac{\Psi_{12}}{i_2}\frac{\Psi_{21}}{i_1} = \frac{N_1\Phi_{12}N_2\Phi_{21}}{i_2 i_1} \leqslant \frac{N_1\Phi_{22}N_2\Phi_{11}}{i_2 i_1} = \frac{N_2\Phi_{22}}{i_2}\frac{N_1\Phi_{11}}{i_1} = L_1 L_2$$

则 $M \leqslant \sqrt{L_1 L_2}$，说明互感系数 M 要比 $\sqrt{L_1 L_2}$ 小（最多相等），但无法量化小的程

度。为此，工程上常用耦合系数 K 来表示两个线圈的耦合松紧程度，K 的定义为

$$M = K\sqrt{L_1 L_2} \text{ 或 } K = \frac{M}{\sqrt{L_1 L_2}} \tag{5-1}$$

K 的取值范围在 0 到 1 之间，K 值越大，说明线圈的磁耦合越紧密；当 K=1 时，两个线圈全耦合，有 $\Phi_{21} = \Phi_{11}$，$\Phi_{12} = \Phi_{22}$；当 K=0 时，表明线圈之间无磁耦合。耦合系数 K 的大小与两线圈的结构、相互位置以及周围磁介质有关。

5.1.2　同名端

当周围空间是各向同性的线性磁介质时，每一种磁通链都与产生它的施感电流成正比。当图 5-1 所示的两个线圈都流有电流时，由上面的分析可知，每一个线圈的磁通链均包含两个部分，一部分是自身线圈上的施感电流产生的自感磁通链 Ψ_{aa}，一部分是其他线圈上的施感电流对该线圈产生的互感磁通链 Ψ_{ab}。对图 5-1 中的耦合电感，线圈 1 和线圈 2 的磁通链分别为 Ψ_1 和 Ψ_2，有

$$\begin{cases} \Psi_1 = \Psi_{11} \pm \Psi_{12} = L_1 i_1 \pm M_{12} i_2 = L_1 i_1 \pm M i_2 \\ \Psi_2 = \Psi_{22} \pm \Psi_{21} = L_2 i_2 \pm M_{21} i_1 = L_2 i_2 \pm M i_1 \end{cases} \tag{5-2}$$

式（5-2）中，M 前的"±"号说明了磁耦合中互感所起的两种可能的作用，"+"号表示互感磁通链与自感磁通链的方向一致，在互感的作用下自感磁通方向的磁场得到了加强。"−"号表示互感磁通链与自感磁通链的方向相反，在互感的作用下自感磁通方向的磁场得到了削弱。

互感所起何种作用，与施感电流的流向以及线圈的位置、绕向有关。如何判断互感起何种作用，就需要知道线圈位置、绕向和施感电流从何处流入电感，从而才能知道互感磁通和自感磁通的方向。但实际中耦合线圈往往是密封的，看不到其绕向和相对位置，而且在电路中将线圈的绕向和空间位置画出来，既不方便也难以清晰表达。为了能方便确定互感的作用，在有互感的两个线圈的端点注以相同的标记，称之为同名端。同名端的定义是：当施感电流从各自线圈的某个端子同时流入（或流出）时，每个线圈的自感磁通因与另一线圈电流产生的互感磁通方向相同，而互相加强，则这两个端子便是同名端。简言之，施感电流从同名端流入电感线圈，互感起增强作用。同名端用小黑点"·"或者星号"*"来表示，两个线圈未作记号的两个端子也是同名端。如图 5-1 中，端子（1，2）为同名端，端子（1'，2'）也为同名端，而端子（1，2'）或（1'，2）为异名端，当施感电流从两个线圈的异名端同时流入（流出）线圈时，互感磁通就会削弱线圈中的自感磁通。同名端可以用实验的方法判断。

引入同名端的概念后，可以用带有互感 M 和同名端标记的电感元件 L_1 和 L_2 表示耦合电感，图 5-1 所示的耦合电感，可以用图 5-2 所示的模型来表示。

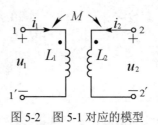

图 5-2　图 5-1 对应的模型

5.1.3　耦合电感的电压、电流关系

由上述分析，图 5-1（或图 5-2）所示电路中互感起增强作用，耦合电感的磁通链方程为

$$\begin{cases} \Psi_1 = \Psi_{11} + \Psi_{12} = L_1 i_1 + M i_2 \\ \Psi_2 = \Psi_{22} + \Psi_{21} = L_2 i_2 + M i_1 \end{cases}$$

如果施感电流随时间变化，耦合电感中的磁通链将跟随电流变动，所以在耦合电感的两个端口将产生感应电压，同样包含两个部分，一个部分是自身的施感电流产生的自感电压，另一个部分是其他线圈上的施感电流在研究对象上产生的互感电压。考虑线圈端口电压和电流的参考方向，以及同名端的位置和施感电流的流向，由图 5-1（或图 5-2）所示电路有

$$\begin{cases} u_1 = \dfrac{\mathrm{d}\Psi_1}{\mathrm{d}t} = L_1 \dfrac{\mathrm{d}i_1}{\mathrm{d}t} + M \dfrac{\mathrm{d}i_2}{\mathrm{d}t} \\ u_2 = \dfrac{\mathrm{d}\Psi_2}{\mathrm{d}t} = L_2 \dfrac{\mathrm{d}i_2}{\mathrm{d}t} + M \dfrac{\mathrm{d}i_1}{\mathrm{d}t} \end{cases}$$

当电路处于正弦稳态时，含有互感耦合的电感端口电压电流特性的相量形式为

$$\begin{cases} \dot{U}_1 = \mathrm{j}\omega L_1 \dot{I}_1 + \mathrm{j}\omega M \dot{I}_2 \\ \dot{U}_2 = \mathrm{j}\omega L_2 \dot{I}_2 + \mathrm{j}\omega M \dot{I}_1 \end{cases} \tag{5-3}$$

式中，$\mathrm{j}\omega L_1$ 和 $\mathrm{j}\omega L_2$ 称为自感阻抗，$\mathrm{j}\omega M$ 称为互感阻抗。

在列写耦合电感的电压与电流的函数关系（VCR）时，互感电压前的"+"或"−"号的正确取舍是关键。在图 5-3 的耦合电感元件中，同名端位置一个在上侧一个在下侧，结合端口电压电流的参考方向，列写端口 VCR 方程的相量形式：

$$\begin{cases} \dot{U}_1 = \mathrm{j}\omega L_1 \dot{I}_1 - \mathrm{j}\omega M \dot{I}_2 \\ \dot{U}_2 = \mathrm{j}\omega L_2 \dot{I}_2 - \mathrm{j}\omega M \dot{I}_1 \end{cases} \tag{5-4}$$

可以看出，施感电流从异名端流入各自的耦合电感，互感起削弱作用，所以每个电感的端口电压都要比没有耦合时候的值要小。

不论是式（5-3）还是式（5-4），其中互感电压部分都可以看成电流控制的电压源 CCVS，所以可以将电流控制的电压源放置于电路模型中，与自感阻抗相串联，表示耦合电感的相互作用。因此，图 5-2 和图 5-3 用 CCVS 表示的等效电路分别如图 5-4（a）和（b）所示。

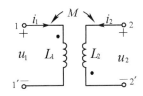

图 5-3　同名端不在同一侧的耦合电感

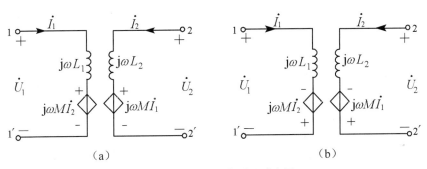

（a）　　　　　　　　　　　　（b）

图 5-4　用 CCVS 表示互感电压

总结一下，通过约定互感电压"+"极性端的设定规则，可以有效地避免互感电压前"+"或"—"号的判断失误。设定的规则是：当施感电流从 A 线圈同名端的标记端流进线圈时，它对 B 线圈产生的互感电压（也即 CCVS）的"+"极性端就在 B 线圈同名端的标记端那一侧，反之亦然。

【例 5-1】 对图 5-5 中的耦合电感，请画出用 CCVS 表示互感电压的等效电路，并列写端口的电压和电流的关系。

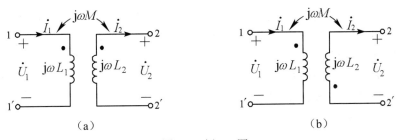

（a）　　　　　　　　　　　　（b）

图 5-5　例 5-1 图

解： 可以由互感电压（CCVS）"+"极性端的设定规则，可得用 CCVS 表示互感电压的等效电路，分别如图 5-6（a）和（b）所示。

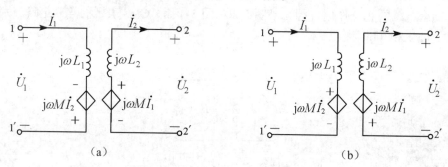

（a）　　　　　　　　　　　　　　　　（b）

图 5-6　例 5-1 用 CCVS 表示互感电压

相应的端口 VCR 方程分别为

（a）
$$\begin{cases} \dot{U}_1 = j\omega L_1 \dot{I}_1 - j\omega M \dot{I}_2 \\ \dot{U}_2 = -j\omega L_2 \dot{I}_2 + j\omega M \dot{I}_1 \end{cases} \qquad \text{互感起削弱作用}$$

（b）
$$\begin{cases} \dot{U}_1 = j\omega L_1 \dot{I}_1 + j\omega M \dot{I}_2 \\ \dot{U}_2 = -j\omega L_2 \dot{I}_2 - j\omega M \dot{I}_1 \end{cases} \qquad \text{互感起增强作用}$$

5.2　含有耦合电感正弦稳态电路的相量分析

含有耦合电感电路的正弦稳态分析可以采用相量法。耦合电感的电压包含自感电压和互感电压两个部分，在分析计算时可以采用上节的方法，用 CCVS 表示互感电压做出等效电路，让电路的表达更加直观一些。但是受控源的存在仍旧表明了电路中电量之间的耦合关系，同时增加了计算的复杂性。如果能采用某种方法，找到等效的去除耦合关系的电路，那么分析计算过程将会变得简单。

【微课视频】

去耦等效

5.2.1　耦合电感的去耦等效

本节首先介绍具有一般性的 T 型电路的等效去耦方法。三条支路各有一个端子连接在一起称为公共结点 O，其余端子和外电路相连，构成 T 型结构，其中两条电感支路相互间存在磁耦合，根据同名端所处的位置不同，分两种情况进行讨论。

（1）相对于公共结点 O，同名端在公共结点处，电路如图 5-7（a）所示。

根据同名端的位置，和各支路电压电流的参考方向，1 点到 3 点之间的电压 $\dot{U}_{13}$ 和 2 点到 3 点之间的电压 $\dot{U}_{23}$，有

$$\begin{cases} \dot{U}_{13} = j\omega L_1 \dot{I}_1 + j\omega M \dot{I}_2 \\ \dot{U}_{23} = j\omega L_2 \dot{I}_2 + j\omega M \dot{I}_1 \end{cases} \qquad (5\text{-}5)$$

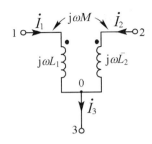 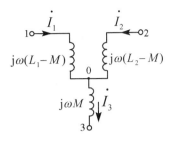

（a）有耦合的 T 型电路   （b）等效去耦电路

图 5-7 同名端公共结点处的 T 型电路及其去耦等效

对公共结点 O 有 KCL 方程

$$\dot{I}_3 = \dot{I}_1 + \dot{I}_2$$

将三条支路电流的相互关系带入式（5-5）中，有

$$\begin{cases} \dot{U}_{13} = j\omega L_1 \dot{I}_1 + j\omega M(\dot{I}_3 - \dot{I}_1) = j\omega(L_1 - M)\dot{I}_1 + j\omega M\dot{I}_3 \\ \dot{U}_{23} = j\omega L_2 \dot{I}_2 + j\omega M(\dot{I}_3 - \dot{I}_2) = j\omega(L_2 - M)\dot{I}_2 + j\omega M\dot{I}_3 \end{cases} \tag{5-6}$$

由式（5-6）可见，1 点和 3 点之间的电压可以看成，$\dot{I}_1$ 电流流过 $j\omega(L_1 - M)$ 阻抗产生的压降与 $\dot{I}_3$ 电流流过 $j\omega M$ 阻抗产生的压降的和。同理 2 点和 3 点之间的电压可以看成，$\dot{I}_2$ 电流流过 $j\omega(L_2 - M)$ 阻抗产生的压降与 $\dot{I}_3$ 电流流过 $j\omega M$ 阻抗产生的压降的和。故而，在保证与图 5-7（a）电路模型有相同的电压电流参考方向的前提下，图 5-7（a）可以等效为图 5-7（b）的形式，且可以清晰地看出图 5-7（b）中没有了两电感支路间耦合的控制与被控制关系，可以称图 5-7（b）为图 5-7（a）的等效去耦电路。

（2）相对于公共结点，异名端在公共结点处（同名端不在公共结点处），电路如图 5-8（a）所示。

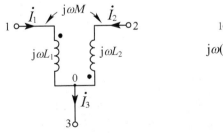  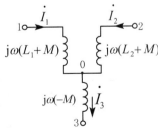

（a）有耦合的 T 型电路   （b）等效去耦电路

图 5-8 异名端在公共结点处的 T 型电路及其去耦等效

根据同名端的位置，和各支路电压电流的参考方向，1 点到 3 点之间的电压 $\dot{U}_{13}$ 和 2 点到 3 点之间的电压 $\dot{U}_{23}$，有

$$\begin{cases} \dot{U}_{13} = j\omega L_1 \dot{I}_1 - j\omega M \dot{I}_2 \\ \dot{U}_{23} = j\omega L_2 \dot{I}_2 - j\omega M \dot{I}_1 \end{cases} \tag{5-7}$$

对公共结点 O 有 KCL 方程

$$\dot{I}_3 = \dot{I}_1 + \dot{I}_2$$

将三条支路电流的相互关系带入（5-7）中，有

$$\begin{cases} \dot{U}_{13} = j\omega L_1 \dot{I}_1 - j\omega M(\dot{I}_3 - \dot{I}_1) = j\omega(L_1 + M)\dot{I}_1 - j\omega M \dot{I}_3 \\ \dot{U}_{23} = j\omega L_2 \dot{I}_2 - j\omega M(\dot{I}_3 - \dot{I}_2) = j\omega(L_2 + M)\dot{I}_2 - j\omega M \dot{I}_3 \end{cases} \tag{5-8}$$

由式（5-8）可见，1 点和 3 点之间的电压可以看成，$\dot{I}_1$ 电流流过 $j\omega(L_1 + M)$ 阻抗产生的压降与 $\dot{I}_3$ 电流流过 $-j\omega M$ 阻抗产生的压降的和。同理 2 点和 3 点之间的电压可以看成，$\dot{I}_2$ 电流流过 $j\omega(L_2 + M)$ 阻抗产生的压降与 $\dot{I}_3$ 电流流过 $-j\omega M$ 阻抗产生的压降的和。故而，在保证与图 5-8（a）电路模型有相同的电压电流参考方向的前提下，图 5-8（a）可以等效为图 5-8（b）的形式，且可以清晰地看出图 5-8（b）中没有了两电感支路间耦合的控制与被控制关系，可以称图 5-8（b）为图 5-8（a）的等效去耦电路。

下面分析耦合电感串联的去耦等效变换。

（1）如图 5-9（a）所示，因为互感起增强作用，所以电路结构属于两个耦合电感的正向串联。按照图示参考方向，每个感性阻抗两端 VCR 方程为

$$\begin{cases} \dot{U}_1 = (R_1 + j\omega L_1)\dot{I} + j\omega M \dot{I} \\ \dot{U}_2 = (R_2 + j\omega L_2)\dot{I} + j\omega M \dot{I} \end{cases}$$

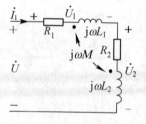
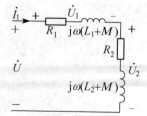

（a）耦合电感同向串联　　　　　　　　（b）等效去耦电路

图 5-9　耦合电感同向串联电路及其去耦等效

由上式可得串联电路的端口特性方程：

$$\dot{U} = (R_1 + j\omega L_1)\dot{I} + j\omega M\dot{I} + (R_2 + j\omega L_2)\dot{I} + j\omega M\dot{I}$$
$$= (R_1 + R_2)\dot{I} + j\omega(L_1 + L_2 + 2M)\dot{I}$$

所以两个耦合电感正向串联的等效电路如图 5-9（b）所示，可以得出，该串联电路的等效电阻为 R_1+R_2，等效电感为 L_1+L_2+2M。

流入正向串联等效电路的电流 $\dot{I}$ 为

$$\dot{I} = \frac{\dot{U}}{(R_1 + R_2) + j\omega(L_1 + L_2 + 2M)}$$

（2）如图 5-10（a）所示，因为互感起削弱作用，所以电路结构属于两个耦合电感的反向串联。按照图示参考方向，每个感性阻抗两端 VCR 方程为

$$\begin{cases} \dot{U}_1 = (R_1 + j\omega L_1)\dot{I} - j\omega M\dot{I} \\ \dot{U}_2 = (R_2 + j\omega L_2)\dot{I} - j\omega M\dot{I} \end{cases}$$

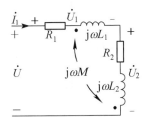
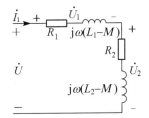

（a）耦合电感反向串联　　　　　（b）等效去耦电路

图 5-10　耦合电感反向串联电路及其去耦等效

由上式可得串联电路的端口特性方程：
$$\dot{U} = (R_1 + j\omega L_1)\dot{I} - j\omega M\dot{I} + (R_2 + j\omega L_2)\dot{I} - j\omega M\dot{I}$$
$$= (R_1 + R_2)\dot{I} + j\omega(L_1 + L_2 - 2M)\dot{I}$$

所以两个耦合电感反向串联的等效电路如图 5-10（b）所示，可以得出，该串联电路的等效电阻为 R_1+R_2，等效电感为 L_1+L_2-2M。

流入反向串联等效电路的电流 $\dot{I}$ 为

$$\dot{I} = \frac{\dot{U}}{(R_1 + R_2) + j\omega(L_1 + L_2 - 2M)}$$

其实，耦合电感的串联结构可以理解为 T 型电路的特殊情况，可以将第三条支路看成断路状态，直接利用 T 型去耦的方法，寻求等效电路和电路的等效阻抗（等效电路和等效电感）。

同理，耦合电感并联的结构也可归属于 T 型电路结构。当并联耦合电感的同名端连接在同一个结点上，称为同侧并联电路；当异名端连接在同一个结点上，称为

异侧并联电路。图 5-11 中给出了并联的两种耦合电路及其去耦等效电路，推导过程与 T 型电路的相同，在此不再赘述。

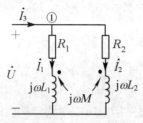

（a）耦合电感同侧并联电路

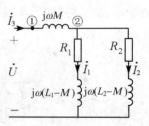

（b）同侧并联等效去耦电路

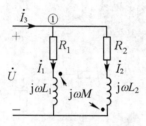

（c）耦合电感异侧并联电路

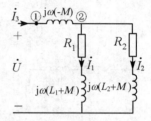

（d）异侧并联等效去耦电路

图 5-11   耦合电感并联电路及其去耦合等效

5.2.2   含有耦合电感电路的计算

【微课视频】

含有耦合电感
电路的计算

含有耦合电感的电路在分析计算方法上，与上一章一般的正弦稳态电路的分析相同，只是在分析问题前要先确定好互感电压的大小和极性，最简单的方法就是先去耦。这在上一节中已经详细介绍，本节通过例题，来说明含有耦合电感电路的分析。

【例 5-2】如图 5-12 所示，正弦电压的有效值 $U = 50\text{ V}$，$R_1 = 3\Omega$，$\omega L_1 = 7.5\Omega$，$R_2 = 5\Omega$，$\omega L_2 = 12.5\Omega$，$\omega M = 8\Omega$。

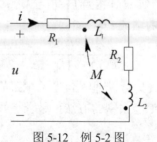

图 5-12   例 5-2 图

求该耦合电感的耦合因数和该电路中各支路吸收的复功率。

解: 耦合因数 K 为

$$K = \frac{M}{\sqrt{L_1 L_2}} = \frac{\omega M}{\sqrt{\omega L_1 \omega L_2}} = \frac{8}{\sqrt{7.5 \times 12.5}} = 0.826$$

电路为耦合电感的反向串联，所以各支路和整个电路的等效阻抗为

$$\begin{cases} Z_1 = R_1 + j\omega(L_1 - M) = (3 - j0.5)\Omega = 3.04\angle -9.46°\,\Omega\ （容性） \\ Z_2 = R_2 + j\omega(L_2 - M) = (5 + j4.5)\Omega = 6.73\angle 42°\,\Omega\ （感性） \\ Z = Z_1 + Z_2 = (8 + j4)\Omega = 8.94\angle 26.57°\,\Omega \end{cases}$$

令 $\dot{U} = 50\angle 0°\,\text{V}$ ，有电流 $\dot{I} = \dfrac{\dot{U}}{Z} = \dfrac{50\angle 0°}{8.94\angle 26.57°} = 5.59\angle -26.57°\,\text{A}$

各支路吸收的复功率分别为

$$\begin{cases} \overline{S}_1 = Z_1 I^2 = (93.75 - j15.63)\,\text{V·A} \\ \overline{S}_2 = Z_2 I^2 = (156.25 + j140.63)\,\text{V·A} \end{cases}$$

电源发出的复功率为

$$\overline{S} = \dot{U}\dot{I}^* = (250 + j125)\,\text{V·A} = \overline{S}_1 + \overline{S}_2$$

【**例 5-3**】如图 5-13 所示，正弦电压 $U=50\text{V}$ ，$R_1 = 3\Omega$ ，$\omega L_1 = 7.5\Omega$ ，$R_2 = 5\Omega$ ，$\omega L_2 = 12.5\Omega$ ，$\omega M = 8\Omega$ 。求电路的输入阻抗及支路 1、2 的电流。

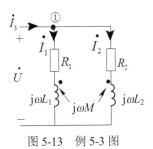

图 5-13 例 5-3 图

解: 此处不采用 T 型去耦的方法，而是直接通过列写方程来求解。

令 $\dot{U} = 50\angle 0°\,\text{V}$ ，可列写方程

$$\begin{cases} \dot{U} = (R_1 + j\omega L_1)\dot{I}_1 + j\omega M\dot{I}_2 \\ \dot{U} = j\omega M\dot{I}_1 + (R_2 + j\omega L_2)\dot{I}_2 \end{cases} \quad 且\ \dot{I}_3 = \dot{I}_1 + \dot{I}_2$$

解得
$$\dot{I}_1 = \frac{Z_2 - Z_M}{Z_1 Z_2 - Z_M^2}\dot{U} = \frac{5 + j4.5}{-14.75 + j75}\,50\angle 0° = 4.40\angle 50.14°\,\text{A}$$

$$\dot{I}_2 = \frac{Z_1 - Z_M}{Z_1 Z_2 - Z_M^2}\dot{U} = \frac{3 - j0.5}{-14.75 + j75}\,50\angle 0° = 1.99\angle -110.59°\,\text{A}$$

求得输入阻抗为

$$Z_{\text{in}} = \frac{\dot{U}}{\dot{I}_1 + \dot{I}_2} = \frac{Z_1 Z_2 - Z_M^2}{Z_1 + Z_2 - 2Z_M} = \frac{-14.75 + j75}{8 + j4} = 8.55\angle 74.56^\circ \Omega = (2.28 + j8.24)\Omega$$

【例 5-4】如图 5-14(a)所示电路中，$U_S = 12$ V，$R_1 = R_2 = 6\Omega$，$\omega L_1 = \omega L_2 = 10\Omega$，$\omega M = 5\Omega$。求 Z_L 最佳匹配时获得的功率 P。

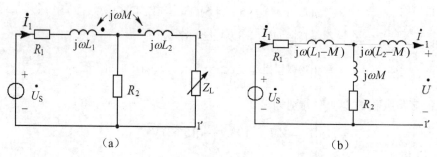

（a）　　　　　　　　　　　　　（b）

图 5-14　例 5-4 图

解： 首先进行 T 型去耦，如图 5-14（b）所示。再找出 1-1'端口的戴维宁定理等效电路，此处采用一步法求解 1-1'端口的电压和电流的关系。用一个电流等于 $\dot{I}$ 的电流源替代负载 Z_L，列写顺时针方向的网孔电流方程：

左网孔：$(R_1 + R_2 + j\omega L_1)\dot{I}_1 - (R_2 + j\omega M)\dot{I} = \dot{U}_S$

右网孔：$-(R_2 + j\omega M)\dot{I}_1 + (R_2 + j\omega L_2)\dot{I} = -\dot{U}$

解得

$$\dot{U} = 0.5\dot{U}_S - (3 + j7.5)\dot{I}$$

所以，戴维宁等效电路的参数为

$$\dot{U}_{\text{oc}} = 0.5\dot{U}_S = 6\angle 0^\circ \text{ V}, \quad Z_{\text{eq}} = (3 + j7.5)\Omega$$

当 $Z_L = Z_{\text{eq}}^* = (3 - j7.5)\Omega$ 时，负载的功率 $P = \dfrac{U_{\text{oc}}^2}{4R_{\text{eq}}} = \dfrac{36}{12} = 3\text{W}$

【例 5-5】如图 5-15 是确定互感线圈同名端及 M 值的交流实验电路。将两个互感线圈串联到 220V、50Hz 的正弦电源上，如图 5-15（a）所示连接时，端口电流 $I = 2.5$A，$P = 62.5$W。如图 5-15（b）所示连接时（线圈位置不变），$I = 5$A。试根据实验结果确定两线圈的同名端位置和互感 M 的大小。

解： 耦合电感正向串联时的等效电感值要大于反向串联时的值，故正向串联时，等效阻抗要大，流过的电流的有效值要小，因此可判断（a）图为正向串联，（b）图为反向串联，故（A，C）为同名端。

设线圈 1、2 的电阻和自感分别为 R_1、L_1 和 R_2、L_2，两线圈的互感为 M。

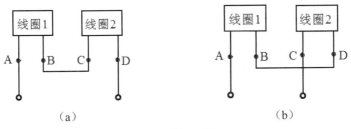

图 5-15　例 5-5 图

对于正向串联的（a）图，有

$$I = \frac{220}{\sqrt{(R_1 + R_2)^2 + \omega^2 (L_1 + L_2 + 2M)^2}} = 2.5\,\text{A}$$

$$P = (R_1 + R_2)I^2 = (R_1 + R_2) \times 2.5^2 = 62.5\ \text{W}$$

对于反向串联的（b）图，有

$$I = \frac{220}{\sqrt{(R_1 + R_2)^2 + \omega^2 (L_1 + L_2 - 2M)^2}} = 5\text{A}$$

由 $\omega = 2\pi f = 314\,\text{rad}/\text{s}$ 和 $M \leqslant \sqrt{L_1 L_2}$ ，联立以上各式，可求得

$$M = 35.5\text{mH}$$

5.2.3　耦合电感的功率

当耦合电感中的施感电流发生变化时，会在与其耦合的另一电感两端产生互感电压，从而产生互感电压耦合的复功率，本节以举例的形式来讨论，两个耦合的线圈通过互感电压耦合复功率实现电磁能的转换和传输。

如图 5-16 所示电路，开关 S 闭合（开关 S 打开时，电路为耦合电感同向串联结构），如果两个线圈无耦合关系，则稳态时电流 i_2 必定为零；在有耦合的情况下，只要电流 i_1 的变化率不为零，电流 i_2 就不为零，两个线圈相互作用下的互感电压就不为零，电磁能将从线圈 1 传送到线圈 2。

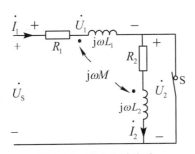

图 5-16　耦合电感电路

根据电路参考方向和同名端位置，可求得两个线圈的复功率分别为

$$\begin{cases} \overline{S}_1 = \dot{U}_S \dot{I}_1^* = \left[(R_1 + j\omega L_1)\dot{I} + j\omega M\dot{I}_2\right]\dot{I}_1^* = (R_1 + j\omega L_1)I_1^2 + j\omega M\dot{I}_2\dot{I}_1^* \\ \overline{S}_2 = 0 \times \dot{I}_2^* = \left[j\omega M\dot{I}_1 + (R_2 + j\omega L_2)\dot{I}_2\right]\dot{I}_2^* = (R_2 + j\omega L_2)I_2^2 + j\omega M\dot{I}_1\dot{I}_2^* = 0 \end{cases} \tag{5-9}$$

式中，$j\omega M\dot{I}_2\dot{I}_1^*$ 表示在线圈 1 中，通过互感耦合由线圈 2 的施感电流作用在线圈 1 上的互感电压耦合的复功率，$j\omega M\dot{I}_1\dot{I}_2^*$ 表示在线圈 2 中，通过互感耦合由线圈 1 的施感电流作用在线圈 2 上的互感电压耦合的复功率。由于 $\dot{I}_2\dot{I}_1^*$ 和 $\dot{I}_1\dot{I}_2^*$ 互为共轭复数，它们的实部同号虚部异号，但乘上 j 以后，则变为虚部同号实部异号。

互感 M 本身是一个非耗能的储能参数，它兼有储能元件电感和电容两者的特性，当 M 起同向耦合作用时，它的储能特性与电感相同，将使耦合电感中的磁能增加；当 M 起反向耦合作用时，它的储能特性与电容相同，与自感储存的磁能彼此互补。也就是说，两个互感电压耦合的复功率中，无功功率部分对两个耦合线圈的影响和性质是相同的，这也就是耦合复功率中虚部同号的原因；两个互感电压耦合的复功率中，实部的有功功率异号，表明一个线圈吸收有功功率（为正号的），另一个线圈发出有功功率（为负号的），有功功率一定是从一个线圈输入，并从另一个线圈输出，这是互感 M 非耗能特性的体现，有功功率通过耦合电感的电磁场传播。下面通过具体示例来说明。

【例 5-6】如图 5-16 所示电路，$U_S = 50\text{ V}$，$R_1 = 3\Omega$，$\omega L_1 = 7.5\Omega$，$R_2 = 5\Omega$，$\omega L_2 = 12.5\Omega$，$\omega M = 8\Omega$，求两个线圈的复功率，并分析两个线圈中电磁能的传送。

解：令电源电压 $\dot{U}_S = 50\angle 0°\text{ V}$，将所有参数代入式（5-9），可得

$$\begin{aligned} \overline{S}_1 &= \dot{U}_S \dot{I}_1^* = (3 + j7.5)I_1^2 + j8\dot{I}_2\dot{I}_1^* \\ &= (232.85 + j582.12) + (137.15 - j342.91)\text{ V·A} \\ \overline{S}_2 &= j8\dot{I}_1\dot{I}_2^* + (5 + j12.5)I_2^2 \\ &= (-137.15 - j342.91) + (137.15 + j342.91)\text{ V·A} \\ &= 0 \end{aligned}$$

从以上结果可以看出，两个互感电压耦合复功率的无功功率部分都为 $-j342.91\text{var}$，表示互感电压发出无功功率，分别补偿 L_1 和 L_2 中的无功功率，对于线圈 2 而言，L_2 和 M 处于完全补偿状态。线圈 1 的互感电压耦合复功率，其有功功率为 137.15W，大于零，说明线圈 1 中的互感电压吸收了 137.15W 的有功功率，这个有功功率通过耦合电感的电磁场传递给线圈 2，由线圈 2 的互感电压发出（线圈 2 的互感电压耦合复功率的有功为 –137.15 W，小于零），供给支路 2 的电阻 R_2 消耗掉。

以上分析，仅在正弦稳定的条件下反映耦合电感在电磁能的转换和传播中的作用和特点。

5.3　空心变压器和理想变压器

　　变压器是电工电子技术中常用的电气设备，是利用电磁感应原理传输电能或电信号的器件，是耦合电感工程实际应用的典型例子。比如在电力系统中发电机发出的电压经过升压变压器升压后进行远距离传输，到达目的地后再用降压变压器降压以方便用户使用，以此减少传输过程中电能的损耗；在常用的小功率电源中，可先利用变压器改变市电电压，再通过整流和滤波，得到电路所需要的直流电压；在放大电路中用耦合变压器传递信号或进行阻抗的匹配等。本节对变压器的电路原理进行介绍。

　　常用的变压器有空芯变压器和铁芯变压器两种类型。空芯变压器是两个耦合线圈绕在同一个非铁磁材料的芯子上所制成的，其耦合系数较小，属于松耦合；铁芯变压器是两个耦合线圈绕在铁磁材料的芯子上所制成的，其耦合系数可接近 1，属于紧耦合。两个耦合线圈，一个线圈接电源形成一次回路（或原边回路、初级回路、一次侧），另一个线圈接负载形成二次回路（或副边回路、次级回路、二次侧），能量通过磁场的耦合由电源传递给负载。

5.3.1　空心变压器

【微课视频】

空心变压器

　　本节首先用耦合电感构成空心变压器电路模型，如图 5-17 所示，并对空心变压器进行分析。

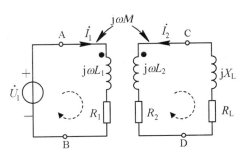

图 5-17　空心变压器电路模型

　　在正弦稳态下利用回路电流法，可得上图的电路方程为

$$\begin{cases} (R_1 + \mathrm{j}\omega L_1)\dot{I}_1 + \mathrm{j}\omega M \dot{I}_2 = \dot{U}_1 \\ \mathrm{j}\omega M \dot{I}_1 + (R_2 + \mathrm{j}\omega L_2 + R_L + \mathrm{j}X_L)\dot{I}_2 = 0 \end{cases}$$

　　可见，变压器的一次侧和二次侧的两个独立回路是通过互感的耦合联系在一起

的。令一次回路的回路阻抗为 $Z_{11} = R_1 + \mathrm{j}\omega L_1$ ，二次回路的回路阻抗为 $Z_{22} = (R_2 + R_L) + \mathrm{j}(\omega L_2 + X_L)$ ，互感阻抗 $Z_M = \mathrm{j}\omega M$ ，则上式可以简化为

$$\begin{cases} Z_{11}\dot{I}_1 + Z_M\dot{I}_2 = \dot{U}_1 \\ Z_M\dot{I}_1 + Z_{22}\dot{I}_2 = 0 \end{cases}$$

先求解方程，求出一次侧和二次侧的电流的表达式，再通过分析，可以得到从副边绕组端口向原边方向看过去的等效电路，和从原边绕组端口向副边方向看过去的等效电路。工程上根据不同的需要，采用不同的等效电路来分析研究变压器的输入端口或输出端口的状态及相互影响。

求解上述方程组，可得原边电流的表达式

$$\dot{I}_1 = \frac{\dot{U}_1}{Z_{11} + \dfrac{(\omega M)^2}{Z_{22}}} = \frac{\dot{U}_1}{Z_{in}} \tag{5-10}$$

将上式变形为

$$Z_{in} = \frac{\dot{U}_1}{\dot{I}_1} = Z_{11} + \frac{(\omega M)^2}{Z_{22}} \tag{5-11}$$

结合图 5-17，可以看出式（5-11）的表达形式，正好是针对副边接有负载的变压器，从原边绕组的 A-B 端口向副边方向看去，求整个电路的等效阻抗，也即求变压器一次等效电路的输入阻抗。这个输入阻抗由两个部分组成：一个是 Z_{11}，原边一次侧的回路阻抗，即当原边副边没有耦合的相互作用时，一次回路绕组本身的阻抗；另一个是 $\dfrac{(\omega M)^2}{Z_{22}}$，是当原边副边有耦合的相互作用时，通过互感的作用，副边电路对原边的影响，体现为二次回路阻抗和互感阻抗通过互感反映到一次侧的等效阻抗，称为副边对原边的引入阻抗或反映阻抗。由式（5-10）或式（5-11）可得变压器的原边等效电路，如图 5-18（a）所示。

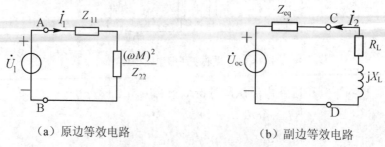

（a）原边等效电路   （b）副边等效电路

图 5-18　变压器的等效电路

求解上述方程组，还可得副边电流的表达式

$$
\begin{aligned}
\dot{I}_2 &= -\frac{\mathrm{j}\omega M \dot{U}_1/Z_{11}}{Z_{22}+\dfrac{(\omega M)^2}{Z_{11}}} \\[2mm]
&= -\frac{\mathrm{j}\omega M \dot{U}_1/Z_{11}}{(R_2+R_{\mathrm{L}})+\mathrm{j}(\omega L_2+X_{\mathrm{L}})+\dfrac{(\omega M)^2}{Z_{11}}} \\[2mm]
&= -\frac{\mathrm{j}\omega M \dot{U}_1/Z_{11}}{\left(R_2+\mathrm{j}\omega L_2+\dfrac{(\omega M)^2}{Z_{11}}\right)+(R_{\mathrm{L}}+\mathrm{j}X_{\mathrm{L}})} \\[2mm]
&= -\frac{\dot{U}_{\mathrm{oc}}}{Z_{\mathrm{eq}}+(R_{\mathrm{L}}+\mathrm{j}X_{\mathrm{L}})}
\end{aligned}
\tag{5-12}
$$

式中 $\dot{U}_{\mathrm{oc}}=\mathrm{j}\omega M\dot{U}_1/Z_{11}$，$Z_{\mathrm{eq}}=R_2+\mathrm{j}\omega L_2+\dfrac{(\omega M)^2}{Z_{11}}$

结合图 5-17 和式（5-12），副边电流等于某个电压和阻抗的比值，可以构造出等效电路如图 5-18（b）所示。当二次侧开路时，二次回路电流为零，对一次回路无作用，故而一次回路的电流就为 $\dot{U}_1/Z_{11}$，但是该一次侧电流会因为互感的耦合，在二次侧绕组两端产生互感电压，为施感电流和互感阻抗的乘积，即 $\mathrm{j}\omega M\dot{U}_1/Z_{11}$，所以二次侧开路时在二次侧端口可以获得开路电压 $\dot{U}_{\mathrm{oc}}=\mathrm{j}\omega M\dot{U}_1/Z_{11}$，由此不难看出，图 5-18（b）中二次绕组端口 C-D 以左的电路为一次侧接入电源后，从二次侧向一次侧看去的戴维宁等效电路，而戴维宁等效阻抗除了包含二次绕组的阻抗 $R_2+\mathrm{j}\omega L_2$ 外，还有互感耦合作用下，一次回路反映到二次回路的引入阻抗（反映阻抗）$\dfrac{(\omega M)^2}{Z_{11}}$。式（5-12）中的负号，是考虑到原图二次侧电流参考方向的缘故。

根据变压器的电路方程可以获得各部分的复功率及相互转换情况，有

$$
\begin{cases}
Z_{11}I_1^2+Z_{\mathrm{M}}\dot{I}_2\dot{I}_1^{*}=\dot{U}_1\dot{I}_1^{*} \\[2mm]
Z_{\mathrm{M}}\dot{I}_1\dot{I}_2^{*}+Z_{22}I_2^2=0
\end{cases}
$$

可得

$$
Z_{22}I_2^2=-Z_{\mathrm{M}}\dot{I}_1\dot{I}_2^{*}=(Z_{\mathrm{M}}\dot{I}_2\dot{I}_1^{*})^{*}
$$

$$
(\omega M)^2 Y_{22}I_1^2=Z_{\mathrm{M}}\dot{I}_2\dot{I}_1^{*}
$$

【例 5-7】电路如图 5-19（a）所示，已知 $R_1=20\Omega$，$R_2=0.08\Omega$，$R_{\mathrm{L}}=42\Omega$，$L_1=3.6\mathrm{H}$，$L_2=0.06\mathrm{H}$，$M=0.465\mathrm{H}$，正弦电压 $u_{\mathrm{S}}(t)=115\sqrt{2}\cos314t\ \mathrm{V}$，求一次

侧回路电流 $\dot{I}_1$。

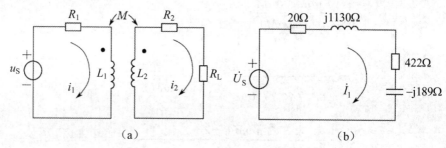

（a）　　　　　　　　　　　（b）

图 5-19　例 5-7 电路

解：一次侧回路的回路阻抗为

$$Z_{11} = R_1 + j\omega L_1 = 20 + j314 \times 3.6 = 20 + j1130 \ \Omega$$

二次侧回路的回路阻抗为

$$Z_{22} = R_L + R_2 + j\omega L_2 = 42.08 + j314 \times 0.06 = 42.08 + j18.84 = 46.1\angle 24.1^\circ \ \Omega$$

二次侧回路对一次回路的反映阻抗为

$$Z_{\text{ref}} = \frac{\omega^2 M^2}{Z_{22}} = \frac{314^2 \times 0.465^2}{46.1\angle 24.1^\circ} = 462.4\angle -24.1^\circ = 422 - j189 \ \Omega$$

注意二次侧回路中的感性阻抗反映到一次侧回路变为容性阻抗（$X = -189\Omega$）。

对于原边等效电路如图 5-19（b）所示，其输入阻抗为

$$Z_{\text{in}} = Z_{11} + Z_{\text{ref}} = 20 + j1130 + 422 - j189 = 442 + j941 = 1040\angle 64.8^\circ \ \Omega$$

所以，一次侧回路电流相量为

$$\dot{I}_1 = \frac{\dot{U}_S}{Z_{\text{in}}} = \frac{115\angle 0^\circ}{1040\angle 64.8^\circ} = 110.6\angle -64.8^\circ \ \text{mA}$$

若继续求解二次侧回路电流相量为（注意其参考方向），则先求出一次回路反映到二次回路的反映阻抗 $\dfrac{(\omega M)^2}{Z_{11}}$，然后利用下式求解二次回路电流相量。

$$\dot{I}_2 = \frac{j\omega M \dot{U}_1 / Z_{11}}{Z_{22} + \dfrac{(\omega M)^2}{Z_{11}}}$$

【例 5-8】 如图 5-20 所示电路中二次侧绕组短路，已知 $L_1 = 0.1\text{H}$，$L_2 = 0.4\text{H}$，$M = 0.12\text{H}$，求 a-b 端的等效电感 L。

解：利用反映阻抗的概念求解。Z_{ref} 表示二次侧反映到一次侧的反映阻抗，则一次侧等效阻抗即一次侧输入阻抗为

$$Z_{\text{in}} = j\omega L_1 + Z_{\text{ref}} = j\omega L_1 + \frac{\omega^2 M^2}{j\omega L_2} = j\omega\left(L_1 - \frac{M^2}{L_2}\right)$$

式中 $\left(L_1 - \dfrac{M^2}{L_2}\right)$ 即为所求的等效电感。代入数据得

$$L = L_1 - \frac{M^2}{L_2} = 0.064\text{H} = 64\text{mH}$$

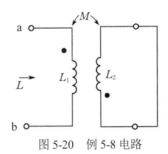

图 5-20　例 5-8 电路

5.3.2　理想变压器

理想变压器是实际变压器的理想化模型，是人们在分析耦合电感电路的过程中，思考耦合电感值无限大，耦合电感之间的耦合更紧密时的结果。研究理想变压器，首先要在实际变压器的基础上做以下 3 个理想假设：

（1）无损耗，意味着两个绕组上无等效电阻。

（2）全耦合，即耦合系数 $K=1$。

（3）自感系数 L_1、L_2 和互感系数 M 趋于无穷大，但 $\sqrt{L_1/L_2} = N_1/N_2$ 保持不变

1. 端口的 $u\text{-}i$ 特性

以图 5-21（a）所示的理想变压器为例，基于以上三点假设，可以推导出其端口的 $u\text{-}i$ 特性。

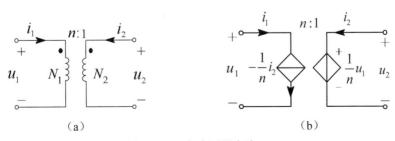

（a）　　　　　　　　　　　　（b）

图 5-21　理想变压器电路

因为全耦合，所以每个施感电流在其流过的线圈内产生的磁通会完全穿过另一个线圈，即有 $\Phi_{11}=\Phi_{21}$、$\Phi_{22}=\Phi_{12}$，令 $\Phi=\Phi_{11}+\Phi_{12}=\Phi_{21}+\Phi_{22}$，图 5-21（a）所示电路有磁通链方程

$$\begin{cases} \Psi_1 = \Psi_{11} + \Psi_{12} = N_1\Phi_{11} + N_1\Phi_{12} = N_1\Phi \\ \Psi_2 = \Psi_{22} + \Psi_{21} = N_2\Phi_{22} + N_2\Phi_{21} = N_2\Phi \end{cases}$$

两个线圈的端口电压电流参考方向关联，有端口的电压为

$$\begin{cases} u_1 = \dfrac{\mathrm{d}\Psi_1}{\mathrm{d}t} = N_1\dfrac{\mathrm{d}\Phi}{\mathrm{d}t} \\ u_2 = \dfrac{\mathrm{d}\Psi_2}{\mathrm{d}t} = N_2\dfrac{\mathrm{d}\Phi}{\mathrm{d}t} \end{cases}$$

由此可以得出变压器两个端口处电压的关系：

$$\frac{u_1}{u_2} = \frac{N_1}{N_2} = n \quad 或 \quad u_1 = nu_2$$

其中，n 为变压器一次绕组和二次绕组的匝数之比。上式表明，理想变压器的电压比方程与电流无关，而且 u_1、u_2 中只有一个为独立变量。当 $u_2=0$（短路）时，必有 $u_1=0$，所以当 u_1 为独立的电压源时，二次侧不能短路。

仍然以 5-21（a）图电路为例，在正弦稳态下进行分析，列出一次侧接电源 $\dot{U}_1$ 后一次回路的 KVL 方程

$$\dot{U}_1 = \mathrm{j}\omega L_1\dot{I}_1 + \mathrm{j}\omega M\dot{I}_2$$

$$\dot{I}_1 = \frac{\dot{U}_1}{\mathrm{j}\omega L_1} - \frac{M}{L_1}\dot{I}_2$$

根据第三个理想化条件，L_1、L_2 和 M 趋于无穷大，但 $\sqrt{L_1/L_2} = N_1/N_2$ 保持不变，且全耦合下耦合因数 $k = \dfrac{M}{\sqrt{L_1L_2}} = 1$，所以可以推导出如下关系：

$$\dot{I}_1 = -\frac{N_2}{N_1}\dot{I}_2 = -\frac{1}{n}\dot{I}_2$$

利用一次侧端口电压—电流方程，也能推导如上式的端口电流之间的数学关系：

$$u_1 = \frac{\mathrm{d}\Psi_1}{\mathrm{d}t} = L_1\frac{\mathrm{d}i_1}{\mathrm{d}t} + M\frac{\mathrm{d}i_2}{\mathrm{d}t}$$

$$i_1 = \frac{1}{L_1}\int u_1\mathrm{d}t - \frac{M}{L_1}\int \frac{\mathrm{d}i_2}{\mathrm{d}t}\mathrm{d}t = \frac{1}{L_1}\int u_1\mathrm{d}t - \sqrt{\frac{L_2}{L_1}}\int \mathrm{d}i_2$$

根据理想化条件，有

$$\frac{i_1}{i_2} = -\frac{N_2}{N_1} = -\frac{1}{n} \quad \text{或} \quad i_1 = -\frac{1}{n}i_2$$

以上电流比方程，只有在理想化的条件下可能实现。工程实际中在允许的条件下，尽可能采用磁导率 μ 较高的磁性材料作变压器的芯子，在 $\frac{N_1}{N_2}$ 保持不变的情况下，尽可能增加变压器绕组的匝数，接近于理想极限状态，使电流比方程近似成立。

上面以图 5-21（a）的电路为例，推导出了变压器端口的电压－电流特性，理想变压器具有变换电压和变换电流的特点，电压比和电流比方程各自在不同条件下获得独立关系，电压和电流不相互影响。该端口特性总结如下：

$$\begin{cases} \dfrac{u_1}{u_2} = \dfrac{N_1}{N_2} = n \quad \text{或} \quad u_1 = nu_2 \\[2mm] \dfrac{i_1}{i_2} = -\dfrac{N_2}{N_1} = -\dfrac{1}{n} \quad \text{或} \quad i_1 = -\dfrac{1}{n}i_2 \end{cases} \tag{5-13}$$

理想变压器用受控源表示的等效电路如图 5-21（b）所示。

当理想变压器一次侧和二次侧的同名端位置发生改变，端口上电压或电流的参考方向发生改变时，理想变压器的端口特性会有正负号的差异。在此强调以下几点：

（1）对于变压关系式的 n 前取"+"还是取"－"，仅取决于电压参考方向与同名端的位置。当 u_1、u_2 参考方向与同名端极性相同时，则该式冠以"+"号；反之，若 u_1、u_2 参考方向一个在同名端为"+"，一个在异名端为"+"，则该式冠以"－"号。

（2）对于变流关系式的 $\frac{1}{n}$ 前取"+"还是取"－"，仅取决于电流参考方向与同名端的位置。当一次侧、二次侧电流 i_1、i_2 分别从同名端同时流入（或同时流出）时，该式冠以"－"号；反之，若 i_1、i_2 一个从同名端流入，一个从异名端流入，该式冠以"+"号。

例如，根据上述原则，图 5-22（a）所示理想变压器的变压、变流关系式分别是 $u_1 = nu_2$ 和 $i_1 = -\frac{1}{n}i_2$；而图 5-22（b）所示的理想变压器的变压、变流关系式分别是 $u_1 = -nu_2$ 及 $i_1 = \frac{1}{n}i_2$。不同情况下的端口特性及其证明过程，同学们可以自行推导。

（3）功率问题。任意时刻，理想变压器吸收的功率恒等于零。例如对图 5-21 所示的理想变压器，其瞬时功率

$$p(t) = u_1 i_1 + u_2 i_2 = nu_2\left(-\frac{1}{n}i_2\right) + u_2 i_2 = 0$$

说明理想变压器不消耗能量也不储存能量，从一次绕组输入的功率全部经二次绕组输出到负载。理想变压器不存储能量，是一种无记忆元件。在电路图中，理想变压器虽

然也用线圈作为模型符号，但这符号并不意味着任何电感的作用，它并不代表 L_1 或 L_2，它只代表着如同式（5-13）所示的电压之间以及电流之间的简单的约束关系。

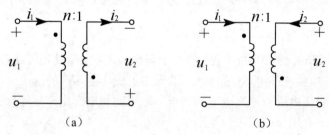

图 5-22   说明变压变流关系用图

2. **阻抗变换特性**

除了变压变流的特性之外，理想变压器还具有变换阻抗的特殊性质。如图 5-23 所示二次侧接阻抗为 Z_L 的负载的理想变压器，讨论从一次侧向二次侧看过去，整个电路的等效电路。

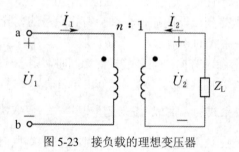

图 5-23   接负载的理想变压器

根据端口电压、电流的参考方向及同名端位置，结合理想变压器电压之间的和电流之间的关系，有

$$\dot{U}_1 = n\dot{U}_2, \quad \dot{I}_1 = -\frac{1}{n}\dot{I}_2, \quad \dot{U}_2 = -Z_L\dot{I}_2$$

最后可以推导出，从一次侧端口向二次侧看过去的，带有负载的理想变压器整体可以等效为一个阻抗 Z_{in}，也即变压器一次侧 a-b 端口的输入阻抗：

$$Z_{in} = \frac{\dot{U}_1}{\dot{I}_1} = n^2 Z_L \qquad (5\text{-}14)$$

习惯上，把 $n^2 Z_L$ 称为二次侧折合至一次侧的等效阻抗，如二次侧分别接入 R、L、C 时，折合至一次侧将为 $n^2 R$、$n^2 L$、$\dfrac{C}{n^2}$。理想变压器变换阻抗，只改变阻抗大小，不改变阻抗性质。阻抗的变换与同名端的位置和施感电流参考方向无关。

　　实际应用中，当一定阻抗值的负载接在变压器二次侧时，变压器一次侧就相当于接了一个扩大 n^2 倍的负载，通过改变变压器匝数比 n 的大小，来改变一次侧输入阻抗的大小，实现与电源的匹配，使负载获得最大功率。例如，收音机的输出变压器就是为此目的而设计的。

　　【例 5-9】如图 5-24 所示电路，$\dot{U}_S = 100\angle 0^\circ$ V，$R_0 = 100\Omega$，$R_L = 1\Omega$，$n = 5$。求 $\dot{I}_1$、$\dot{I}_2$ 及 R_L 吸收的功率 P_{R_L}。

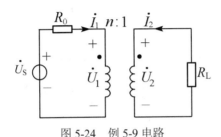

图 5-24　例 5-9 电路

　　解：一次侧回路有 KVL 方程：

$$\dot{U}_S = R_0 \dot{I}_1 + \dot{U}_1$$

根据理想变压器变换阻抗的作用，其输入电阻

$$R_i = \frac{\dot{U}_1}{\dot{I}_1} = n^2 R_L$$

所以　　$\dot{U}_S = R_0 \dot{I}_1 + n^2 R_L \dot{I}_1 = (R_0 + n^2 R_L)\dot{I}_1$

$$\dot{I}_1 = \frac{\dot{U}_S}{R_0 + n^2 R_L} = \frac{100\angle 0^\circ}{100 + 5^2 \times 1} = 0.8\angle 0^\circ \text{ A}$$

$$\dot{I}_2 = -n\dot{I}_1 = -5 \times 0.8\angle 0^\circ = -4\angle 0^\circ \text{ A} = 4\angle 180^\circ \text{ A}$$

$$P_{R_L} = I_2^2 R_L = 4^2 \times 1 = 16 \text{ W}$$

　　【例 5-10】如图 5-25（a）所示的正弦稳态电路，已知 $u_S(t) = \sqrt{2}8\cos t$ V。

　　（1）若 $n = 2$，求电流 $\dot{I}_1$ 并求 R_L 上消耗的平均功率 P_L。

　　（2）若匝比 n 可调整，问 n 为多少时可使 R_L 上获最大功率，并求出该最大功率 $P_{L\max}$。

　　解：（1）$Z_{ab} = \dfrac{1}{Y_{ab}} = \dfrac{1}{\dfrac{1}{R_L} - j\dfrac{1}{\omega L} + j\omega C} = \dfrac{1}{1 - j\dfrac{1}{1 \times 1} + j1 \times 1} = 1\Omega$

从变压器一次侧看的输入阻抗

$$Z_i = n^2 Z_{ab} = 2^2 \times 1 = 4\Omega$$

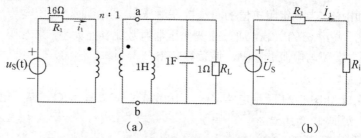

图 5-25   例 5-10 电路

即
$$R_i = Z_i = 4\Omega$$

一次侧等效电路相量模型如图 5-25（b）所示，所以

$$\dot{I}_1 = \frac{\dot{U}_S}{R_1 + R_i} = \frac{8\angle 0^\circ}{16 + 4} = 0.4\angle 0^\circ \text{ A}$$

因二次侧回路只有 R_L 上消耗平均功率，所以一次侧等效回路中 R_i 上消耗的功率就是 R_L 上消耗的功率。

$$P_L = I_1^2 R_i = 0.4^2 \times 4 = 0.64\text{W}$$

（2）根据最大功率传输定理，负载获最大功率的条件是负载电阻与电源内阻匹配（相等）。接入理想变压器后，只要二次侧在一次侧中的折合电阻等于电源内阻 R_1 时，负载便可获得最大功率，即

$$n^2 Z_{ab} = R_1$$

$$n = \sqrt{\frac{R_1}{Z_{ab}}} = \sqrt{\frac{16}{1}} = 4$$

即当变比 $n = 4$ 时，负载 R_L 上可获最大功率，此时

$$P_{L\max} = \frac{U_S^2}{4R_1} = \frac{8^2}{4 \times 16} = 1\text{W}$$

【例 5-11】图 5-26 电路，求 a、b 端的等效电阻 R_{ab}。

解： 设各电压、电流参考方向如图 5-26 中所示。由图可知

$$\frac{u_1}{u_2} = n = 2$$

所以
$$u_2 = \frac{1}{2}u_1, \quad u_1 = u, \quad i_3 = \frac{u_2}{2} = \frac{1}{4}u$$

由 KVL 有
$$3i_4 + u_2 - u_1 = 0$$

所以
$$i_4 = \frac{u_1 - u_2}{3} = \frac{u - \frac{1}{2}u}{3} = \frac{1}{6}u$$

由 KCL 有
$$i_2 = i_3 - i_4 = \frac{1}{4}u - \frac{1}{6}u = \frac{1}{12}u$$

由变压器的变流特性和 KCL，有

$$i_1 = \frac{1}{2}i_2 = \frac{1}{2} \times \frac{1}{12}u = \frac{1}{24}u，\quad i = i_4 + i_1 = \frac{1}{6}u + \frac{1}{24}u = \frac{5}{24}u$$

所以
$$R_{ab} = \frac{u}{i} = \frac{24}{5} = 4.8\Omega$$

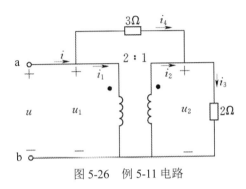

图 5-26　例 5-11 电路

本章重点小结

1. 施感电流从同名端流入或流出电感，互感起增强作用。要求会判断具有耦合的电感其同名端的位置。对于给定的含有耦合电感的电路模型，要能够用 CCVS 表示互感电压，注意 CCVS 的正极端的位置。

2. 掌握 T 型电路以及串联和并联的去耦方法，从而化简电路。

3. 分析含有耦合电感的正弦稳态电路，首先去耦将电路化简，如果无法快速去耦，则在电路图中标上施感电流的参考方向，用 CCVC 来表示互感电压。这样电路就是一个正弦稳态电路，可以利用第四章的方法来分析求解响应。

4. 分析空心变压器可以借助原边等效电路和副边等效电路。理想变压器有变换电压、变换电流和变换阻抗的特点。变压关系式中的正负号，决于电压参考方向与同名端的位置；变流关系式的正负号，取决于电流参考方向与同名端的位置；阻抗的变换与同名端的位置和电流的参考方向无关。

实例拓展——共模扼流圈

实际中一段导线就构成了一个电感，为了获得较大的电感量，需要将导线绕成线圈，线圈的芯材有两种，一种是非磁性的（空气），另一种是磁性的。磁性磁芯又有闭合磁路和开放磁路两种。当电感中流过较大电流时，电感会发生饱和，导致电感量下降，共模扼流圈可以避免这种情况的发生。共模扼流圈广泛应用于电源滤波器中，在电磁干扰噪声抑制方面起着重要作用。

共模扼流圈的工作原理是，将传输电流的两根导线（例如直流供电的电源线和地线，交流供电的火线和零线）按照图 T5.1 所示方法绕制（两个线圈绕向相反）。这时两根导线中的工作电流在磁芯中产生的磁力线方向相反，且强度相同，刚好抵消，所以磁芯中总的磁感应强度为零，磁芯不会饱和。此时工作电流主要受线圈电阻以及可忽略不计的工作频率下小漏电感的阻尼影响。如果干扰信号流过扼流圈，比如流过两根导线且方向相同的共模干扰电流，共模扼流圈对其没有抵消的效果，反而磁芯上的磁通会相互叠加增大，线圈会呈现较大的电感较高的阻抗，即扼流圈会对共模干扰电流产生很强的阻尼效果，达到衰减共模干扰电流的作用。

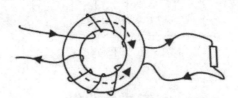

T5.1　共模扼流圈的构造

在线测试

习题五

5-1　试标出题 5-1 图所示每对线圈的同名端。

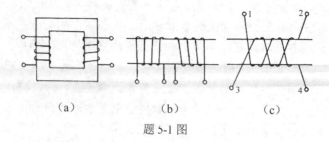

（a）　　　　　　（b）　　　　　　（c）

题 5-1 图

5-2　两个线圈串联时等效电感为 160mH，将其中一个线圈反接后等效串联电感为 40mmH。已知其中一个线圈的自感系数为 20mH，求耦合系数 k。

5-3　如题 5-3 图所示两个互感线圈，已知同名端并标出了各线圈上电压电流参考方向，试写出每一互感线圈上的电压电流关系方程式，并画出用 CCVS 表示互感电压的电路模型。

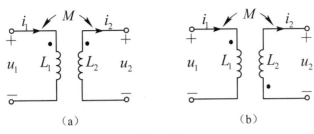

题 5-3 图

5-4　列写出题 5-4 图所示电路中电流 i_1 和 i_2 所需的方程，画出由 CCVS 表示互感电压的等效电路。

5-5　把两个线圈串联起来接到 50Hz、220V 的正弦电源上，同向串联时电流 I=2.7A，吸收的功率为 218.7W；反向串联时电流为 7A。求互感系数。

5-6　求题 5-6 所示电路从 ab 端看去的等效电感 L_{ab}。

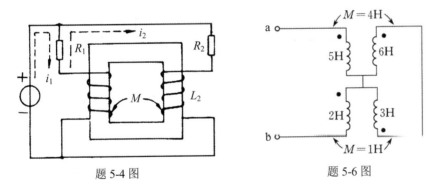

题 5-4 图　　　　　　　　　题 5-6 图

5-7　求题 5-7 图所示电路的输入阻抗。

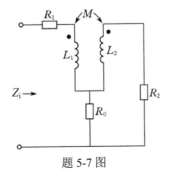

题 5-7 图

5-8   列出题 5-8 图所示电路的回路电流方程。

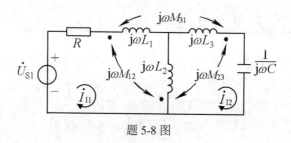

题 5-8 图

5-9   如题 5-9 图所示电路，$L_1 = 0.2\text{H}$，$L_2 = M = 0.1\text{H}$，$u_S = 10\sqrt{2}\cos(2t + 30°)\text{ V}$。求图中表 W 的读数，并说明该读数有无实际意义。

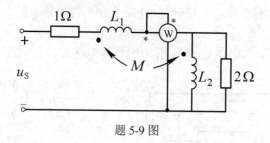

题 5-9 图

5-10   已知题 5-10 图中 $u_S = 100\sqrt{2}\cos(\omega t)\text{ V}$，$\omega L_2 = 120\Omega$，$\omega M = \dfrac{1}{\omega C} = 20\Omega$。求负载 Z_L 为何值获得最大功率，该最大功率为多少？

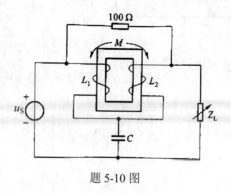

题 5-10 图

5-11   如题 5-11 图所示电路，已知 $u_S = \sqrt{2}\cos t\text{ V}$，M＝1H，求 $u(t)$。

5-12   如题 5-12 图所示电路，求 i_C 和 $\dot{U}_C$。

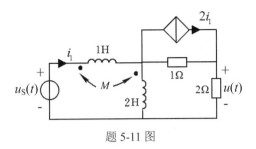

题 5-11 图

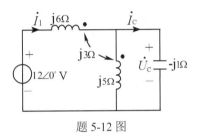

题 5-12 图

5-13　如题 5-13 图所示电路，求表 V1 和表 V2 的读数。

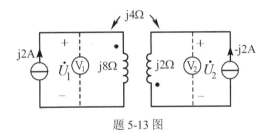

题 5-13 图

5-14　如题 5-14 图所示电路，已知 R_1 吸收的功率为 10W，则 R_2 吸收的功率是多少？

5-15　如题 5-15 图所示电路，求 ab 端的输入电阻 R_{in}。

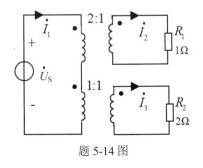

题 5-14 图

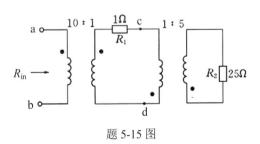

题 5-15 图

5-16　如题 5-16 图所示电路中，$\dot{U} = 10\angle 0°$，$Z_2 = (300 + \text{j}400)\Omega$，求 $\dot{U}_2$。

5-17　如题 5-17 图所示电路中，虚线框部分为理想变压器。负载电阻可以任意改变，问 R_L 等于多大时其上可获得最大功率 $P_{L\max}$。

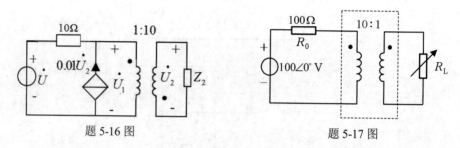

题 5-16 图　　　　　　　　　题 5-17 图

5-18　如题 5-18 图所示电路中，求 $\dot{U}_2$ 和电流源发出的功率 P_S。

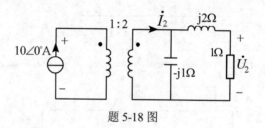

题 5-18 图

第6章 三相电路

本章课程目标

1. 理解三相交流电路的基本概念，能够根据线电压与相电压、线电流与相电流关系求解相关的物理量。

2. 掌握对称三相电路的分析计算方法，能够运用一相计算法熟练求解对称三相电路；了解不对称三相电路的基本概念。

3. 能够熟练求解对称三相电路的有功功率、无功功率、视在功率和复功率。能够利用瓦特计测算三相电路的功率。

三相供电系统自 19 世纪末问世以来，就已广泛应用于发电、输电、配电和动力用电等方面。三相电路主要由三相电源、三相负载和三相输电线路三个部分组成。

6.1 三相电源

【微课视频】

三相电路

6.1.1 对称三相交流电源

对称三相电压是三相发电机提供的，我国三相系统电源频率为 50Hz，入户电压为 220V，而日、美、欧洲等国为 60Hz 和 110V。如图 6-1 所示为三相发电机示意图，定子铁芯内圆嵌装着三个相互间隔 120°的相同线圈绕组，分别称为 A 相绕组（A-x）、B 相绕组（B-y）和 C 相绕组（C-z）。发电机的转子上绕有励磁绕组，通以直流电励磁产生磁场，在原动机的带动下，转子以 ω 的速度旋转，使定子三相对称绕组不断切割转子磁场而感应出三相交流电动势。由于定子绕组在空间位置上依次相差 120°电角度，转子旋转磁场切割定子三相绕组在时间上就有先后顺序，故而定子的三相感应电动势在时间上依次相差 120°。定义先切割的一相为 A 相，则之后依次切割的两相分别为 B 相和 C 相。所以，三相绕组的交流电动势分别为

$$e_A = \sqrt{2}E\cos\omega t$$
$$e_B = \sqrt{2}E\cos(\omega t - 120°) \qquad (6-1)$$
$$e_C = \sqrt{2}E\cos(\omega t + 120°)$$

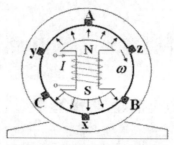

图 6-1   三相发电机示意图

由此，对称三相电源即是由 3 个频率相同、振幅相同、初相依次相差120°的正弦电压源按照星形（Y）或三角形（△）方式连接后组成的电源。各相电压的瞬时表达式及其相量分别为

$$u_A = \sqrt{2}U\cos\omega t$$
$$u_B = \sqrt{2}U\cos(\omega t - 120°)$$
$$u_C = \sqrt{2}U\cos(\omega t + 120°)$$

（6-2）

$$\dot{U}_A = U\angle 0°$$
$$\dot{U}_B = U\angle -120° = \alpha^2\dot{U}_A = \dot{U}_A\angle -120°$$
$$\dot{U}_C = U\angle 120° = \alpha\dot{U}_A = \dot{U}_A\angle 120°$$

（6-3）

三相电压达到最大值（或零）的先后次序叫作相序。上式中，达到最大值的次序是从 A 相到 B 相再到 C 相的相序（也即 B 相滞后 A 相 120°，C 相滞后 B 相 120°）称为正序或顺序；与此相反，即 B 相超前 A 相 120°，C 相超前 B 相 120°，此种相序称为负序或逆序。如果三相电量的初相相同，即相位差为零，则称为零序。电力系统一般采用正序。

工程中为了方便，引入了单位相量算子 $\alpha = 1\angle 120°$，且有 $\alpha^2 + \alpha + 1 = 0$。对称电压源各相电压的波形和相量图如图 6-2 所示，对称电压源满足

$$u_A + u_B + u_C = 0 \text{ 或 } \dot{U}_A + \dot{U}_B + \dot{U}_C = 0$$

（6-4）

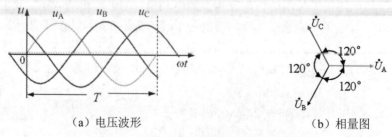

（a）电压波形   （b）相量图

图 6-2   对称三相电源各相电压波形和相量图

6.1.2　三相电路的连接

上一节内容给出了对称三相电源的定义，其中三个电压源要按照某种方式连接组合。如图 6-1 中定子上的三相绕组，每相绕组相当于一个单相电压源，每一绕组都有一个始端和末端，如果规定各相电压的参考方向都是由始端指向末端，若将三相绕组的末端 x、y、z 相连，从三相绕组的始端 A、B、C 引出导线连接电力网或负载，便构成了三相电源的星形（Y）连接；若将每相电源绕组的末端与其滞后一相绕组的始端相连，形成闭合路径，再从始端 A、B、C 引出导线，便构成了三相电源的三角形（△）连接，三相电压源的两种连接方式分别如图 6-3（a）（b）所示。

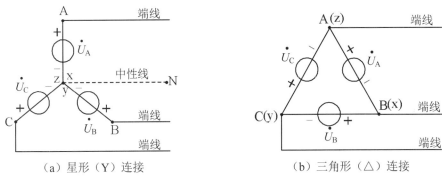

（a）星形（Y）连接　　　　　　　（b）三角形（△）连接

图 6-3　三相电压源的两种连接方式

图 6-3 中，两种连接方式下，从每相绕组始端引出的三根导线称为端线或者相线、火线。对于星形（Y）连接，三个末端 x、y、z 相连接的点称为中性点或零点，用字母"N"表示，从中性点引出的一根线叫作中性线或零线。

对于三相电路的负载而言，3 个阻抗连接成星形（或三角形）就构成星形（或三角形）负载。当 3 个阻抗相等时，三相负载即为对称三相负载。

利用端线将三相电源和三相负载连接起来，若三相电源对称、三相负载对称，同时三条端线阻抗相同，就形成了对称三相电路。

根据三相电路中电源和负载不同连接方式的组合，三相电路有三相三线制的 Y-Y 连接方式、Y-△连接方式、△-Y 连接方式、△-△连接方式和三相四线制的 Y_0-Y_0 连接方式。比如电源为星形连接，负载为星形连接，就构成了 Y-Y 连接方式，如图 6-4 的实线部分。若 Y-Y 连接方式下电源和负载的中性点用一条阻抗为 Z_N 的中性线连接起来，就构成了 Y_0-Y_0 连接方式，如图 6-4 的整个电路。再比如电源为星形连接，负载为三角形连接，就构成了 Y-△连接方式，如图 6-5 所示。

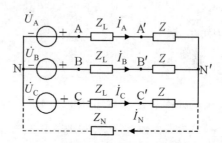

图 6-4　Y_0-Y_0 连接对称三相电路

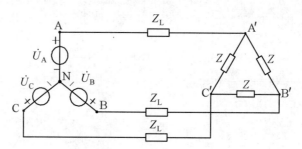

图 6-5　Y-△连接对称三相电路

6.1.3　线电压（电流）与相电压（电流）的关系

三相电路中，对电压和电流的定义有相值与线值之分。三相电路不论连接方式如何，端线上流经的电流称为线电流，用 $\dot{I}_L$ 表示（以下电量均用相量来表示）；每一相电源或每一相负载上流经的电流称为相电流，用 $\dot{I}_{ph}$ 表示。任意两端线之间的电压称为线电压，用 $\dot{U}_L$ 表示；每一相电源或每一相负载两端的电压称为相电压，用 $\dot{U}_{ph}$ 表示。下面以对称三相电路为对象，针对不同连接方式，分别详细讨论电压（电流）线值与相值的关系。

1. 星形连接下的对称三相电源

如图 6-6 所示星形连接的对称三相电源，除了定义过的线电流 $\dot{I}_A$、$\dot{I}_B$、$\dot{I}_C$ 外，$\dot{I}_N$ 称为中性线电流。

由 KCL 可知，每一根端线上的线电流就是该端线所连接的那一相电源上的相电流，即

$$\dot{I}_L = \dot{I}_{ph} \tag{6-5}$$

根据 KVL，线电压 $\dot{U}_{AB}$、$\dot{U}_{BC}$、$\dot{U}_{CA}$ 与相电压 $\dot{U}_{AN}$、$\dot{U}_{BN}$、$\dot{U}_{CN}$ 的关系为式（6-6），且相量图如图 6-7 所示。

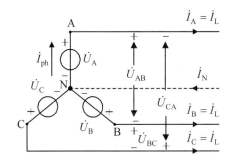

图 6-6　星形连接对称三相电源

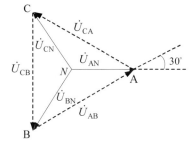

图 6-7　线电压和相电压的相量图

$$\dot{U}_{AB} = \dot{U}_{AN} - \dot{U}_{BN} = \dot{U}_{AN} - \alpha^2 \dot{U}_{AN} = \sqrt{3}\dot{U}_{AN}\angle 30^{\circ}$$
$$\dot{U}_{BC} = \dot{U}_{BN} - \dot{U}_{CN} = \dot{U}_{BN} - \alpha^2 \dot{U}_{BN} = \sqrt{3}\dot{U}_{BN}\angle 30^{\circ} \qquad (6\text{-}6)$$
$$\dot{U}_{CA} = \dot{U}_{CN} - \dot{U}_{AN} = \dot{U}_{CN} - \alpha^2 \dot{U}_{CN} = \sqrt{3}\dot{U}_{CN}\angle 30^{\circ}$$

即

$$\dot{U}_{L} = \sqrt{3}\dot{U}_{ph-\text{先行相}}\angle 30^{\circ} \qquad (6\text{-}7)$$

星形（Y）连接方式下：①线电流等于相电流；②相电压对称，由式（6-6）可知线电压也一定对称，线电压有效值为相电压有效值的 $\sqrt{3}$ 倍，且线电压相位超前对应的先行相相电压 30°。所得结论同样适用于三相对称负载。

2. 相电压对称的三角形连接下的对称三相负载

如图 6-8 所示三角形连接的对称三相负载，因为各相负载两端的相电压对称，故而在各相负载上产生的相电流对称。

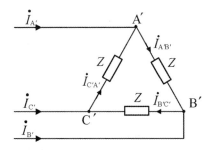

图 6-8　三角形连接对称三相负载

由 KVL 可知，每一相负载两端的相电压就是连接负载两个端子的端线之间的线电压，即

$$\dot{U}_{L} = \dot{U}_{ph} \qquad (6\text{-}8)$$

根据 KCL，线电流 $\dot{I}_{A'}$、$\dot{I}_{B'}$、$\dot{I}_{C'}$ 与相电流 $\dot{I}_{A'B'}$、$\dot{I}_{B'C'}$、$\dot{I}_{C'A'}$ 的关系为式（6-9），

相量图如图 6-9 所示。

$$\dot{I}_{A'} = \dot{I}_{A'B'} - \dot{I}_{C'A'} = \dot{I}_{A'B'} - \alpha \dot{I}_{A'B'} = \sqrt{3} \dot{I}_{A'B'} \angle -30^{\circ}$$

$$\dot{I}_{B'} = \dot{I}_{B'C'} - \dot{I}_{A'B'} = \dot{I}_{B'C'} - \alpha \dot{I}_{B'C'} = \sqrt{3} \dot{I}_{B'C'} \angle -30^{\circ} \qquad (6\text{-}9)$$

$$\dot{I}_{C'} = \dot{I}_{C'A'} - \dot{I}_{B'C'} = \dot{I}_{C'A'} - \alpha \dot{I}_{C'A'} = \sqrt{3} \dot{I}_{C'A'} \angle -30^{\circ}$$

即

$$\dot{I}_{L} = \sqrt{3} \dot{I}_{ph-先行相} \angle -30^{\circ} \qquad (6\text{-}10)$$

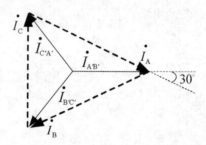

图 6-9   线电流和相电流相量图

三角形（△）连接方式下有：①线电压等于相电压；②相电流对称，由式（6-9）可知线电流也一定对称，线电流有效值为相电流有效值的 $\sqrt{3}$ 倍，且线电流相位滞后对应的先行相相电流 30°。所得结论同样适用于三相对称电源。

在此需要强调一点，所有关于电压、电流的对称性以及上述讨论的对称相值和对称线值之间的关系，是在指定的相序和参考方向的前提下的表达，而不能任意设定（理论上可以），否则问题的表述会变得杂乱无序。

【例 6-1】对称三相电压源按星形连接，已知线电压 $\dot{U}_{AC} = 380 \angle 60^{\circ}$ V，求相电压 $\dot{U}_{C}$ 的值。

解：方法一：通过星形连接方式下线电压和相电压的关系来计算，有

$$\dot{U}_{CA} = \sqrt{3} \dot{U}_{C} \angle 30^{\circ} \text{ 且 } \dot{U}_{CA} = -\dot{U}_{AC} = 380 \angle -120^{\circ}$$

可得

$$\dot{U}_{C} = \frac{\dot{U}_{CA}}{\sqrt{3}} \angle -30^{\circ} = \frac{380 \angle -120^{\circ}}{\sqrt{3}} \angle -30^{\circ} = 220 \angle -150^{\circ}$$

方法二：直接利用三相的相序关系和相量图求解，相量图如图 6-10 所示，其中事先假设 $\dot{U}_{C} = U \angle 0^{\circ}$，利用相量图找出 $\dot{U}_{AC}$ 和 $\dot{U}_{C}$ 的关系。

由图可见，在假设 C 相相电压为参考的前提下，有

$$\dot{U}_{AC} = \sqrt{3} \dot{U}_{C} \angle -150^{\circ}，\text{带入数据得 } \dot{U}_{C} = 220 \angle 210^{\circ} = 220 \angle -150^{\circ} \text{ V}$$

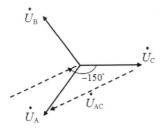

图 6-10   例 6-1 假设 C 相相电压为参考时的相量图

6.2 对称三相电路的计算

对称三相电路是由对称三相电源和对称三相负载，通过阻抗相同的端线连接而成的。对称三相电路是一类特殊类型的正弦稳态电路，可以用前面介绍的正弦稳态电路的一般分析方法来求解。然而，由于对称的特殊性，以及其在电力工程中的重要应用价值，有必要且能够寻求简便适用的计算方法。

6.2.1 对称三相电路的特点

以对称三相四线制电路为例，来分析对称三相电路的特点。电路如图 6-4 所示，其中 Z_L 为端线线路阻抗，Z_N 为中性线阻抗，Z 为负载阻抗，N 和 N′分别为电源端和负载端的中性点，若求负载端的线电流 $\dot{I}_A$，可以利用结点电压法先求出中性点之间的电压 $\dot{U}_{N'N}$，再利用 KVL 和 VCR 求解电流。以 N 点为参考结点，有

$$\left(\frac{1}{Z_N}+\frac{3}{Z_L+Z}\right)\dot{U}_{N'N}=\frac{1}{Z_L+Z}(\dot{U}_A+\dot{U}_B+\dot{U}_C) \qquad (6-11)$$

三相电源对称，$\dot{U}_A+\dot{U}_B+\dot{U}_C=0$，故而 $\dot{U}_{N'N}=0$，两中性点等电位，中性线上电流为零，分析电路时可以拿掉中性线或用一条理想导线代替之。

6.2.2 一相计算法

由上面的分析可得两中性点之间电压为零，所以各相电源和负载的相电流即线电流可以表示为

$$\dot{I}_A=\frac{\dot{U}_A-\dot{U}_{N'N}}{Z_L+Z}=\frac{\dot{U}_A}{Z_L+Z}$$

$$\dot{I}_B=\frac{\dot{U}_B-\dot{U}_{N'N}}{Z_L+Z}=\frac{\dot{U}_B}{Z_L+Z}=\frac{\dot{U}_A\angle-120^\circ}{Z_L+Z}=\dot{I}_A\angle-120^\circ$$

$$\dot{I}_C=\frac{\dot{U}_C-\dot{U}_{N'N}}{Z_L+Z}=\frac{\dot{U}_C}{Z_L+Z}=\frac{\dot{U}_A\angle120^\circ}{Z_L+Z}=\dot{I}_A\angle120^\circ$$

上式说明，对称 Y-Y（Y_0-Y_0）三相电路的 A、B、C 三相各相上的线（相）电流彼此独立，只和本相电源有关，因此对称的 Y-Y 三相电路可以分解为三个独立的单相电路，只需要分析三相中某一相的响应，其他两相的响应便可以依据对称顺序直接写出。

首先对某一相进行计算的方法称为对称三相电路的一相计算法。图 6-11 是以图 6-4 中的 A 相为计算对象的一相计算电路，因为中性点等电位，可用一条阻抗为零的线短接。

图 6-11　一相计算电路

对于其他连接方式的对称三相电路，可以依据线值和相值的关系、星形和三角形的等效互换，变换成对称的 Y-Y 拓扑结构，然后用一相计算法求解响应。

【例 6-2】已知对称三相电路的线电压为 380V（电源端），三角形负载阻抗 Z=(3+j6)Ω，端线阻抗 Z_L=(5+j6)Ω。求负载端的线电压和相电流。

解：根据题意画出该对称三相电路的拓扑图，如图 6-12（a）所示，将负载变换为星形连接后的 Y-Y 电路如图 6-12（b）所示，令 Z' 为星形连接的负载阻抗，有

$$Z' = \frac{Z}{3} = \frac{3+j6}{3} = (1+j2)\Omega$$

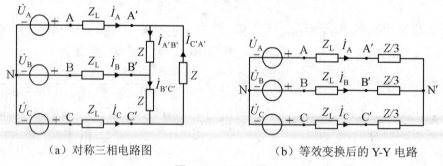

（a）对称三相电路图　　　　　　　（b）等效变换后的 Y-Y 电路

图 6-12　例 6-2 图

令电源端线电压 $\dot{U}_{AB} = 380\angle30° \text{ V}$，依据线压和相压的关系，电源端 A 相的相电压为

$$\dot{U}_A = \frac{\dot{U}_{AB}}{\sqrt{3}} \angle -30° = 220\angle0°$$

根据一相计算电路可以计算出 A 相负载端的线电流

$$\dot{I}_{\mathrm{A}} = \frac{\dot{U}_{\mathrm{A}}}{Z_{\mathrm{L}} + Z'} = \frac{220\angle0^{\circ}}{(5+\mathrm{j}6)+(1+\mathrm{j}2)} = \frac{220\angle0^{\circ}}{6+\mathrm{j}8} = 22\angle-53.1^{\circ}\ \mathrm{A}$$

返回到原 Y-△电路结构，依据线电流和相电流的关系，以及三相的对称性，可以得出三角形负载各相的相电流

$$\dot{I}_{\mathrm{A'B'}} = \frac{\dot{I}_{\mathrm{A}}}{\sqrt{3}}\angle30^{\circ} = 12.7\angle-23.1^{\circ}\ \mathrm{A}$$

$$\dot{I}_{\mathrm{B'C'}} = \dot{I}_{\mathrm{A'B'}}\angle-120^{\circ} = 12.7\angle-143.1^{\circ}\ \mathrm{A}$$

$$\dot{I}_{\mathrm{C'A'}} = \dot{I}_{\mathrm{A'B'}}\angle120^{\circ} = 12.7\angle96.9^{\circ}\ \mathrm{A}$$

由元件的 VCR，可以求出负载端的线电压

$$\dot{U}_{\mathrm{A'B'}} = Z\dot{I}_{\mathrm{A'B'}} = 85.09\angle40.3^{\circ}\ \mathrm{V}$$

$$\dot{U}_{\mathrm{B'C'}} = \dot{U}_{\mathrm{A'B'}}\angle-120^{\circ} = 85.09\angle-79.7^{\circ}\ \mathrm{V}$$

$$\dot{U}_{\mathrm{C'A'}} = \dot{U}_{\mathrm{A'B'}}\angle120^{\circ} = 85.09\angle160.3^{\circ}\ \mathrm{V}$$

也可以在求出 A 相负载端的线电流之后，利用图 6-12（b）求出 A 相负载的相电压 $\dot{U}_{\mathrm{A'N'}} = \dot{I}_{\mathrm{A}}Z'$，再利用式（6-7）求得负载的线电压，之后可求原图三角形负载上的相电流。

6.3　不对称三相电路

【微课视频】

不对称三相电路

在三相电路中，电源、端线和负载只要有一个部分不对称，三相电路就不对称。例如，我们生活中有很多单相负载（比如照明负载），这些单相负载接到三相电源上，会使三个相的负载阻抗不相同；又如三相电力系统中某一条端线发生接地短路或开路故障，三相负载中某一相负载发生短路或开路故障，这些都会使三相电路失去对称性。本节讨论的是由于负载的不对称而形成的不对称三相电路。

如图 6-13（a）所示的不对称三相电路，其中三相电源对称，为了简化分析省略了端线阻抗，三个负载不对称，阻抗大小不相同，分别为 Z_{A}、Z_{B}、Z_{C}。当不接中性线时，可以由结点电压法求得中性点之间的电压

$$\left(\frac{1}{Z_{\mathrm{A}}} + \frac{1}{Z_{\mathrm{B}}} + \frac{1}{Z_{\mathrm{C}}}\right)\dot{U}_{\mathrm{N'N}} = \frac{1}{Z_{\mathrm{A}}}\dot{U}_{\mathrm{A}} + \frac{1}{Z_{\mathrm{B}}}\dot{U}_{\mathrm{B}} + \frac{1}{Z_{\mathrm{C}}}\dot{U}_{\mathrm{C}}$$

$$\dot{U}_{\mathrm{N'N}} = \left(\frac{1}{Z_{\mathrm{A}}}\dot{U}_{\mathrm{A}} + \frac{1}{Z_{\mathrm{B}}}\dot{U}_{\mathrm{B}} + \frac{1}{Z_{\mathrm{C}}}\dot{U}_{\mathrm{C}}\right) \Big/ \left(\frac{1}{Z_{\mathrm{A}}} + \frac{1}{Z_{\mathrm{B}}} + \frac{1}{Z_{\mathrm{C}}}\right) \qquad (6\text{-}12)$$

显然，不对称三相电路中性点间电压 $\dot{U}_{\mathrm{N'N}}$ 一般不等于零，即 N'点和 N 点不等电位，两点间存在一定的电位差，这一现象常称为"中性点位移"，中性点间电压

$\dot{U}_{\text{N'N}}$ 称为中性点位移电压，从图 6-13（b）的相量图可以看出，N'点和 N 点不重合，有的负载相电压有效值高于电源相电压，有的负载相电压低于电源相电压。在电源对称的情况下，可以通过中性点位移的大小来判断负载的不对称程度。若中性点位移较大，会造成负载端的电压严重不对称，使负载工作不正常。不对称电路中性点位移也说明了，每一相负载的响应会受到其他相的电源和负载的影响，各相的工作相互关联。所以，不对称三相电路没有了对称下的特殊性，其求解不能引用上一节的一相计算法，而只能利用正弦稳态电路的分析方法来分析。

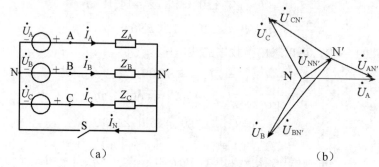

图 6-13   不对称三相电路电路

再分析接入中性线且中性线阻抗近乎为零，强行使 $\dot{U}_{\text{N'N}} = 0$ 的情况。此时，每相负载相电压等于该相电源的相电压，负载被强行保持独立不再相互影响，确保各相负载在相电压下的安全工作，因此在负载不对称的情况下中性线的存在是非常重要的，能起到保证安全供电的作用。在此条件下，三相负载电流可以分别计算，如式（6-13），即便负载的电压是对称的，但三相负载电流却不对称。

$$\dot{I}_{\text{A}} = \frac{\dot{U}_{\text{A}}}{Z_{\text{A}}}, \quad \dot{I}_{\text{B}} = \frac{\dot{U}_{\text{B}}}{Z_{\text{B}}}, \quad \dot{I}_{\text{C}} = \frac{\dot{U}_{\text{C}}}{Z_{\text{C}}} \tag{6-13}$$

此时，中性线上电流 $\dot{I}_{\text{N}} = \dot{I}_{\text{A}} + \dot{I}_{\text{B}} + \dot{I}_{\text{C}} \neq 0$。

【例6-3】图 6-14 所示电路为一不对称三相电路，电容的阻抗 $Z_{\text{C}} = -\text{j}\dfrac{1}{\omega C}$，另外两相负载为阻值相同的白炽灯，且阻值 $R = \dfrac{1}{\omega C}$。该电路可以用来测定相序，称为相序指示器。请说明相电压对称的情况下，如何通过两个白炽灯来判断电源相序。

解：假设电源端依次接入 A、B、C 三相对称电源，且令 $\dot{U}_{\text{A}} = U\angle 0^{\circ}$，由结点电压法，求得负载端中性点和电源端中性点之间的电压

$$\dot{U}_{\text{N'N}} = (\text{j}\omega C\dot{U}_{\text{A}} + \frac{1}{R}\dot{U}_{\text{B}} + \frac{1}{R}\dot{U}_{\text{C}}) / (\text{j}\omega C + \frac{1}{R} + \frac{1}{R}) = \frac{\text{j}\dot{U}_{\text{A}} + \dot{U}_{\text{B}} + \dot{U}_{\text{C}}}{\text{j} + 2} = 0.632U\angle 108.4^{\circ}$$

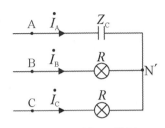

图 6-14　例 6-3 附图

B 相白炽灯上的电压

$$\dot{U}_{BN'} = \dot{U}_B - \dot{U}_{NN'} = 1.5U\angle -101.5^\circ$$

C 相白炽灯上的电压

$$\dot{U}_{CN'} = \dot{U}_C - \dot{U}_{NN'} = 0.4U\angle 133.4^\circ$$

从结果可以看出：三相电源 A 相接电容时，B 相灯上的电压比 C 相灯上的电压高，故 B 相灯要比 C 相灯亮。反之，当以连接电容的电源为参考相（A 相）时，白炽灯较亮的一相为滞后参考相的 B 相，白炽灯较暗的一相为超前参考相的 C 相，由此来确定三相电源的相序。

6.4　三相电路的功率

6.4.1　对称三相电路的瞬时功率

三相电路的瞬时功率是各相负载瞬时功率之和，对于对称三相电路，各相负载的瞬时功率是该负载相电压瞬时表达式和负载相电流瞬时表达式的乘积，结合对称条件下 A、B、C 三相依次滞后 120° 的特点，有

$$
\begin{aligned}
p_A &= u_{phA}i_{phA} = \sqrt{2}U_{phA}\cos\omega t \times \sqrt{2}I_{phA}\cos(\omega t-\varphi)\\
&= U_{phA}I_{phA}[\cos\varphi + \cos(2\omega t-\varphi)]\\
p_B &= u_{phB}i_{phB} = \sqrt{2}U_{phA}\cos(\omega t-120^\circ) \times \sqrt{2}I_{phA}\cos(\omega t-\varphi-120^\circ)\\
&= U_{phA}I_{phA}[\cos\varphi + \cos(2\omega t-\varphi-240^\circ)]\\
p_C &= u_{phC}i_{phC} = \sqrt{2}U_{phA}\cos(\omega t+120^\circ) \times \sqrt{2}I_{phA}\cos(\omega t-\varphi+120^\circ)\\
&= U_{phA}I_{phA}[\cos\varphi + \cos(2\omega t-\varphi+240^\circ)]
\end{aligned}
$$

（6-14）

对称电路各相负载上相电压、相电流的有效值相同，上式中用 U_{phA}、I_{phA} 表示 A 相负载相值的有效值，φ 是每一相负载的阻抗角。将式（6-14）的三个瞬时功率取和，可得对称三相电路的瞬时功率

$$p = p_A + p_B + p_C = 3U_{ph}I_{ph}\cos\varphi = 3P_A = 3P_{一相负载} \tag{6-15}$$

式（6-15）表明，对称三相电路的瞬时功率是一个常数，它正好是某一相负载平均功率的 3 倍。对三相电动机负载来说，瞬时功率恒定意味着电动机转动平稳，这是三相制的优点之一，是对称三相电路的一个优越的性能。

6.4.2　对称三相电路的功率

在三相电路中，三相负载吸收的有功功率 P、无功功率 Q 分别等于各相负载吸收的有功功率、无功功率之和，即

$$\begin{cases} P = P_A + P_B + P_C \\ Q = Q_A + Q_B + Q_C \end{cases}$$

若负载是对称三相负载，各相负载吸收的功率相同，三相负载吸收的总功率可以用负载相电压、相电流来表示，式中 $\cos\varphi$ 表示对称负载每相负载的功率因数，φ 表示每相负载的阻抗角。

$$\begin{cases} P = P_A + P_B + P_C = 3P_A = 3U_{ph}I_{ph}\cos\varphi \\ Q = Q_A + Q_B + Q_C = 3Q_A = 3U_{ph}I_{ph}\sin\varphi \end{cases} \tag{6-16}$$

当对称三相负载是星形连接时，负载的线电压 U_L 和相电压 U_{ph}、负载的线电流 I_L 和相电流 I_{ph} 满足

$$U_L = \sqrt{3}U_{ph}, \quad I_L = I_{ph}$$

式（6-16）可以改写成

$$\begin{cases} P = 3U_{ph}I_{ph}\cos\varphi = 3\dfrac{U_L}{\sqrt{3}}I_L\cos\varphi = \sqrt{3}U_LI_L\cos\varphi \\ Q = 3U_{ph}I_{ph}\sin\varphi = 3\dfrac{U_L}{\sqrt{3}}I_L\sin\varphi = \sqrt{3}U_LI_L\sin\varphi \end{cases}$$

当对称三相负载是三角形连接时，有 $U_L = U_{ph}$、$I_L = \sqrt{3}I_{ph}$，式（6-16）也可以改写成

$$\begin{cases} P = 3U_{ph}I_{ph}\cos\varphi = 3U_L\dfrac{I_L}{\sqrt{3}}\cos\varphi = \sqrt{3}U_LI_L\cos\varphi \\ Q = 3U_{ph}I_{ph}\sin\varphi = 3U_L\dfrac{I_L}{\sqrt{3}}\sin\varphi = \sqrt{3}U_LI_L\sin\varphi \end{cases}$$

由此可见，不论负载的连接方式如何，只要是对称三相负载，其有功功率、无功功率均还可以用负载端的线电压、线电流来表示

$$\begin{cases} P = \sqrt{3}U_LI_L\cos\varphi \\ Q = \sqrt{3}U_LI_L\sin\varphi \end{cases} \tag{6-17}$$

对于三相电路负载吸收的复功率而言，其值等于各相复功率之和，即 $\overline{S} = \overline{S}_A + \overline{S}_B + \overline{S}_C$。当三相电路对称时，有 $\overline{S}_A = \overline{S}_B = \overline{S}_C$，因而 $\overline{S} = 3\overline{S}_A$。

对称三相电路的视在功率和功率因数可以分别定义

$$S = \sqrt{P^2 + Q^2} = \begin{cases} \sqrt{(3U_{ph}I_{ph}\cos\varphi)^2 + (3U_{ph}I_{ph}\sin\varphi)^2} = 3U_{ph}I_{ph} \\ \sqrt{(\sqrt{3}U_L I_L \cos\varphi)^2 + (\sqrt{3}U_L I_L \sin\varphi)^2} = \sqrt{3}U_L I_L \end{cases} \tag{6-18}$$

$$\cos\varphi = \frac{P}{Q} = \frac{P_{-相负载}}{Q_{-相负载}} \tag{6-19}$$

6.4.3　三相电路功率的测算——瓦特计法

三相电路的功率还可以通过功率表来进行测算，称为瓦特计法。

对于三相四线制电路，因为有中性线，可以方便地使用功率表分别测量各相负载的功率，该电路需要使用三个功率表，故称为三瓦计法，电路如图 6-15 所示。以图中的 A 相的功率表 1 为例，线电流从*端流入功率表的电流线圈获得 $\dot{I}_A$，功率表的电压线圈跨接在 A′ 点和中性点 N′ 两端获得电压 $\dot{U}_{A'N'}$。根据功率表的工作原理，A 相功率表的读数 $P_1 = \mathrm{Re}[\dot{U}_{A'N'}\dot{I}_A^*]$，同理可以获得其他两个功率表的读数，将 3 个功率表读数相加就可得到三相负载的功率。

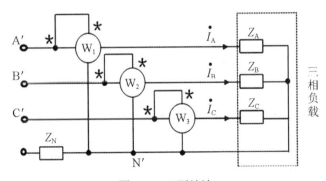

图 6-15　三瓦计法

对于三相三线制电路，不论负载对称与否，都可以使用两个功率表测量三相功率（称为二瓦计法）。两个功率表的连接方式有三种情况，下面以如图 6-16 所示的以 C 相为公共端的连接方式为例进行说明。该连接方式下的两个功率表中，其线电流从*端分别流入两个功率表的电流线圈获得 $\dot{I}_A$ 和 $\dot{I}_B$，它们电压线圈的非*端共同接到非电流线圈所在的第 3 条端线上（C 相为公共端），且功率表的接线只触及端线，和电源及负载的连接方式无关。

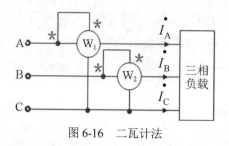

图 6-16   二瓦计法

设两个功率表的读数分别为 P_1 和 P_2，由功率表的工作原理，可以得出

$$P_1 = \mathrm{Re}[\dot{U}_{AC} \dot{I}_A^*], \quad P_2 = \mathrm{Re}[\dot{U}_{BC} \dot{I}_B^*]$$

所以 $P_1 + P_2 = \mathrm{Re}[\dot{U}_{AC} \dot{I}_A^*] + \mathrm{Re}[\dot{U}_{BC} \dot{I}_B^*] = \mathrm{Re}[\dot{U}_{AC} \dot{I}_A^* + \dot{U}_{BC} \dot{I}_B^*]$。

因为 $\dot{U}_{AC} = \dot{U}_A - \dot{U}_C$，$\dot{U}_{BC} = \dot{U}_B - \dot{U}_C$，由 KCL 有 $\dot{I}_A^* + \dot{I}_B^* = -\dot{I}_C^*$，代入上式可得

$$P_1 + P_2 = \mathrm{Re}[\dot{U}_A \dot{I}_A^* + \dot{U}_B \dot{I}_B^* + \dot{U}_C \dot{I}_C^*] = \mathrm{Re}[\bar{S}_A + \bar{S}_B + \bar{S}_C] = \mathrm{Re}[\bar{S}]$$

式中 $\mathrm{Re}[\bar{S}]$ 表示三相负载吸收的有功功率，由此可以证明，不论负载对称与否，不论负载如何连接，利用二瓦计法将两个功率表的读数加起来，就可以得到三相三线制中负载吸收的有功功率（即平均功率），而单独一个功率表的读数是没有意义的。

当三相负载对称时，令 $\dot{U}_A = U_A \angle 0°$，有

$$\dot{U}_{AC} = U_{AC} \angle -30° = U_L \angle -30°, \quad \dot{U}_{BC} = U_{BC} \angle -90° = U_L \angle -90°$$

负载阻抗角为 φ，则 $\dot{I}_A = I_A \angle -\varphi = I_L \angle -\varphi$，$\dot{I}_B = I_B \angle -\varphi -120° = I_L \angle -\varphi -120°$，则有

$$\begin{cases} P_1 = \mathrm{Re}[\dot{U}_{AC} \dot{I}_A^*] = U_{AC} I_A \cos(\varphi - 30°) = U_L I_L \cos(\varphi - 30°) \\ P_2 = \mathrm{Re}[\dot{U}_{BC} \dot{I}_B^*] = U_{BC} I_B \cos(\varphi + 30°) = U_L I_L \cos(\varphi + 30°) \end{cases} \tag{6-20}$$

应当注意的是，式（6-20）中，在一定条件下（例如 $|\varphi| > 60°$）两个功率表中某一个的读数可能为负值，求代数和时该读数应取负值。

关于对称三相负载，二瓦计法的另外两种连接形式（以 B 相为公共端、以 A 相为公共端）的两个功率表的读数分别为式（6-21）和式（6-22），其推导过程读者可以自行完成。

$$\begin{cases} P_1 = \mathrm{Re}[\dot{U}_{AB} \dot{I}_A^*] = U_L I_L \cos(\varphi + 30°) \\ P_2 = \mathrm{Re}[\dot{U}_{CB} \dot{I}_C^*] = U_L I_L \cos(\varphi - 30°) \end{cases} \tag{6-21}$$

$$\begin{cases} P_1 = \mathrm{Re}[\dot{U}_{BA} \dot{I}_B^*] = U_L I_L \cos(\varphi - 30°) \\ P_2 = \mathrm{Re}[\dot{U}_{CA} \dot{I}_C^*] = U_L I_L \cos(\varphi + 30°) \end{cases} \tag{6-22}$$

除了采用二瓦计法测算对称三相电路的有功功率外，对称三相电路负载的总无功功率也可以通过将两个功率表的读数做代数运算求得，在此不再对结论的得来进

行推导，读者可以自行完成，结论如下：

$$
\begin{cases}
\text{以}C\text{相为公共端：} & Q = \sqrt{3}(P_1 - P_2) \\
\text{以}B\text{相为公共端：} & Q = \sqrt{3}(P_2 - P_1) \\
\text{以}A\text{相为公共端：} & Q = \sqrt{3}(P_1 - P_2)
\end{cases}
\qquad (6\text{-}23)
$$

【例 6-4】如图 6-4 的对称三相电路中，电源端相电压 $\dot{U}_A = 300\angle 0^\circ$ V，每相负载阻抗 $Z=(45+j35)\Omega$，线路阻抗 $Z_L=(3+j1)\Omega$，中性线阻抗 $Z_N=(2+j4)\Omega$，求三相电源发出的功率、三相负载吸收的功率及线路的传输效率。

解： 在正弦稳态电路中，凡是谈到功率而无特殊声明时，均指有功功率。

A 相电流为

$$
\dot{I}_A = \frac{\dot{U}_A}{Z_L + Z} = \frac{300\angle 0^\circ}{(3+j1)+(45+j35)} = 5\angle -36.9^\circ \text{ A}
$$

A 相负载相电压为

$$
\dot{U}_{A'N'} = Z\dot{I}_A = (45+j35)\times 5\angle -36.9^\circ = 285\angle 1^\circ \text{ V}
$$

或者，A 相负载线电压的有效值为

$$
U_{A'B'} = \sqrt{3}U_{A'N'} = \sqrt{3}\times 285 = 493.6 \text{ V}
$$

三相电源发出的功率为

$$
P_{发} = 3U_A I_A \cos\varphi_L = 3\times 300\times 5\times \cos(0^\circ - (-36.9^\circ)) = 3\times 300\times 5\times \cos(36.9^\circ) = 3600 \text{ W}
$$

三相负载吸收的功率为

$$
P_{吸} = 3U_{A'N'} I_A \cos\varphi_Z = 3\times 285\times 5\times \cos(1^\circ - (-36.9^\circ)) = 3373.3 \text{ W}
$$

或者　$P_{吸} = \sqrt{3}U_{A'B'} I_A \cos\varphi_Z = \sqrt{3}\times 493.6\times 5\times \cos(1^\circ - (-36.9^\circ)) = 3373.3 \text{ W}$

线路传输效率为

$$
\eta = \frac{P_{吸}}{P_{发}}\times 100\% = \frac{3373.3}{3600}\times 100\% = 93.7\%
$$

【例 6-5】如图 6-16 所示，若三相负载对称且吸收的功率为 2.5kW，功率因数 $\lambda=0.866$（感性），线电压为 380V。求图中两个功率表的读数。

解： 对称三相负载吸收的有功功率可以用负载端的线电压、线电流来表示：

$$
P = \sqrt{3}U_L I_L \cos\varphi
$$

所以，负载端线电流的有效值为

$$
I_L = \frac{P}{\sqrt{3}U_L \cos\varphi} = \frac{2500}{\sqrt{3}\times 380\times 0.866} = 4.386 \text{ A}
$$

对于对称负载，有

$$
\varphi = \arccos\lambda = 30^\circ \text{（感性）}
$$

所以，由式（6-20）可以分别求出两个功率表的读数，有

$$P_1 = U_L I_L \cos(\varphi - 30^\circ) = 380 \times 4.386 \times \cos 0^\circ = 1666.68 \text{ W}$$

$$P_2 = U_L I_L \cos(\varphi + 30^\circ) = 380 \times 4.386 \times \cos 60^\circ = 833.34 \text{ W}$$

也可以通过总功率减去一个功率表的读数，得出另一个功率表的读数。

本章重点小结

1. 三相电路由三相电源、三相负载和三相输电线组成。对称三相电源大小相同、频率相同，相位依次相差120°。我国电力系统采用的对称三相电源其相位依次落后120°，称为正序。如果三相电相位依次超前120°，则称为负序；如果三相电相位相同，则称为零序。对称三相电路，是由对称三相电源、对称三相负载（三相负载相同）和对称三相传输线（三条线路阻抗相同）构成的，当其中某一环节不对称时，三相电路便不对称。本章中提及的不对称三相电路，仅由负载不对称引起。

2. 三相电路的电源端和负载端都有 Y 形（有中性点）或△形的连接结构，故而三相电路有三相三线制的 Y-Y、Y-△、△-Y、△-△连接方式和三相四线制的 Y_0-Y_0 连接方式。

3. 对称三相电路的电压和电流都具有相值和线值的表达形式。不管是电源端还是负载端，相值和线值的关系为：①Y 形连接方式：线电流等于相电流；线电压有效值为相电压有效值的 $\sqrt{3}$ 倍，且线电压相位超前对应的先行相相电压30°。②△形连接方式：线电压等于相电压；线电流有效值为相电流有效值的 $\sqrt{3}$ 倍，且线电流相位滞后对应的先行相相电流30°。

4. 对称三相电路的分析计算可以利用一相计算法，先求出某一相的响应，然后利用对称关系直接写出其余两相的响应。不对称三相电路的分析方法同第四章正弦稳态电路的分析方法。

5. 要能熟练求解对称三相电路功率，可以利用由相值表示的功率公式，也可以利用由线值表示的功率公式。当电路中有瓦特计时，瓦特计的读数是某一复功率取实部，求解这一复功率所用的电压为瓦特计电压线圈的两端电压，电流为流经瓦特计电流线圈上的电流。当三相电路对称时，二瓦计法有特定的公式可以利用。

习题六

在线测试

6-1   三相对称负载阻抗 $Z = 100\angle 45^\circ\ \Omega$，Y 形连接，输电线阻抗不计，三相电源线电压为380V。求线电流及三相负载总功率 P_Y；若接成△形，再求线电流及总

功率 $P_\triangle$。

6-2　如题 6-2 图所示，对称 Y-Y 三相电路中，电压表的读数为 1143.16V，$Z=(15+j15\sqrt{3})\Omega$，$Z_L=(1+j2)\Omega$。求：

（1）电流表的读数和线电压 U_{AB}。

（2）三相负载吸收的功率。

（3）如果 A 相的负载阻抗等于零（其他不变），再求（1）（2）。

（4）如果 A 相负载开路，再求（1）（2）。

（5）如果加连零阻抗中性线 $Z_N=0$，则（3）（4）将发生怎样的变化？

6-3　题 6-3 图所示对称三相电路中，$U_{A'B'}=380V$，三相电动机吸收的功率为 1.4kW，其功率因数 $\lambda=0.866$（滞后），$Z_L=-j55\Omega$。求 U_{AB} 和电源端的功率因数 λ'。

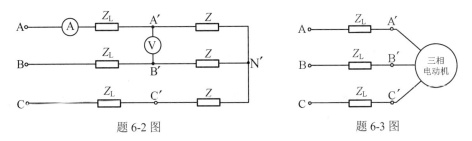

題 6-2 图　　　　　　　　題 6-3 图

6-4　如题 6-4 图所示对称 Y-△三相电路中，$U_{AB}=380V$，图中功率表的读数为 W1：782；W2：1976.44。求：

（1）负载吸收的复功率和阻抗 Z。

（2）开关 S 打开后，功率表的读数。

6-5　如题 6-5 图所示电路中，对称三相电源端的线电压为 380V，$Z=(50+j50)\Omega$，$Z_1=(100+j100)\Omega$，Z_A 由 R、L、C 串联电路组成，$R=50\Omega$，$X_L=314\Omega$，$X_C=-264\Omega$。求：

（1）开关 S 打开时的线电流。

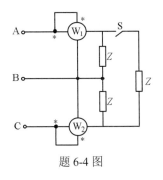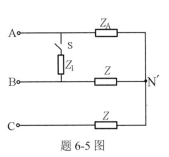

題 6-4 图　　　　　　　　題 6-5 图

（2）S 闭合时，用二瓦计法测量电源端三相功率，试画出接线图，并求出两个功率表读数。

6-6   如题 6-6 图所示对称三相电路，电源相电压 $U_{ph} = 220V$，中线阻抗 $Z_N = j20\Omega$，负载阻抗 $Z_1 = (12 + j5)\Omega$，$Z_2 = -j15\Omega$。求 A、B、C 三相线电流和中性线电流。

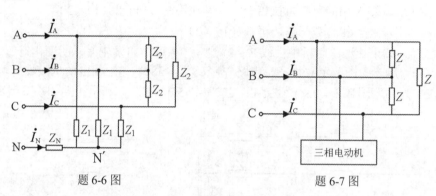

题 6-6 图   题 6-7 图

6-7   如题 6-7 图所示电路，对称三相电源线电压为 380V，$Z = (20 + j20)\Omega$，三相电动机的功率为 1.7kW，功率因数 $\cos\varphi = 0.82$。求：

（1）电源端三相线电流。

（2）三相电源发出的总功率。

6-8   如题 6-8 图所示三相（四线）制电路中，$Z_1 = -j10\Omega$，$Z_2 = (5 + j12)\Omega$，对称三相电源线电压为 380V，图中电阻 R 吸收的功率为 24200W（S 闭合时）。试求：

（1）开关 S 闭合时图中各表的读数。根据功率表的读数能否求得整个负载吸收的总功率？

（2）开关 S 打开时图中各表的读数有无变化，功率表的读数有无意义？

6-9   如题 6-9 图所示为对称三相电路，线电压为 380V，$R=200\Omega$，负载吸收的无功功率为 $1520\sqrt{3}$ var。求：

（1）各线电路。

（2）电源发出的复功率。

6-10   如题 6-10 图所示三相对称感性负载电路，已知线电压为 380V，负载功率因数 $\cos\varphi = 0.6$，功率表的读数为 $P_1 = 275W$。求线电流 I_A 的值及三相负载的总功率 P。

6-11   如题 6-11 图所示对称三相电路，功率表的读数为 P。试证明三相负载吸收的无功功率 $Q = \sqrt{3}P$。

6-12   如题 6-12 图所示三相四线制供电系统，已知线电压为 380V，负载部分包括两个对称三相负载和一个单相负载，其中对称感性负载的功率因数为 0.8，且吸收的有功功率为 3kW，另一对称负载 $Z_1 = (40 + j30)\Omega$，单相负载电阻 $R=100\Omega$，求：

（1）电源端的三个线电流有效值。

（2）中性线上有无电流？若有，为多少？

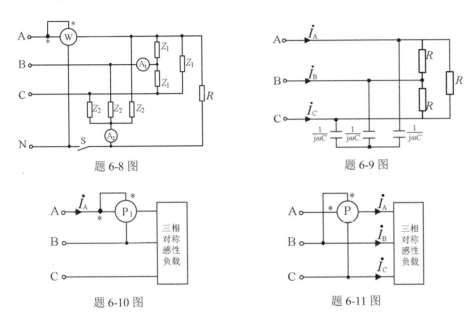

题 6-8 图   题 6-9 图

题 6-10 图   题 6-11 图

6-13 如题 6-13 图所示电路中，当 S1、S2 都闭合时，各电流表的读数均为 5A，电压表的读数为 220V。在以下两种情况下，各电表的读数是多少？

（1）S1 闭合，S2 断开；（2）S1 断开，S2 闭合。

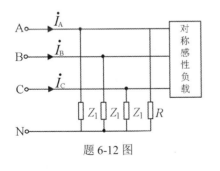

题 6-12 图

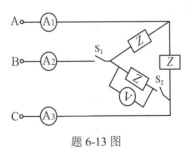

题 6-13 图

第7章　非正弦周期电流电路的分析

本章课程目标

理解非正弦周期电流电路的基本概念和傅里叶分解，了解频谱的概念，能够分析求解非正弦交流电路的响应。

前面讨论的交流电路中，电压和电流都是按正弦规律变化的，因此称为正弦交流电路。工程上还有很多不按正弦规律变化的电压和电流，例如在无线电工程及通信技术中，由语言、音乐、图像等转换过来的电信号、自动控制技术以及电子计算机中使用的脉冲信号、非电测量技术中由非电量变换过来的电信号等，都不是按正弦规律变化的正弦信号；即使在电力工程中应用的正弦电压，严格地讲也只是近似的正弦波，而且在发电机和变压器等主要设备中都存在非正弦周期电压或电流，含有非正弦周期电压和电流的电路称为非正弦周期电流电路。无论是分析电力系统的工作状态还是分析电子工程技术中的问题，常常都需要考虑非正弦周期电压和电流的作用。因此，对非正弦周期电流电路的分析和研究是十分必要的。前面讲述的电路基本定律仍然适用于非正弦周期电流电路。

非正弦周期信号有着各种不同的变化规律，直接应用正弦交流电路中的相量分析法分析和计算非正弦周期电流电路显然是不行的。如何分析和计算非正弦周期信号作用下的电流电路，是摆在我们面前的新问题。为此，本章将引入非正弦周期信号激励于线性电路的一种分析方法——谐波分析法，它实质上是正弦电流电路分析方法的推广。我们还要详细讨论非正弦周期量的波形与它所包含的谐波成分之间的关系，在这些研究的基础上，进一步讨论非正弦周期信号作用下线性电路的计算方法。

7.1　非正弦周期函数的傅里叶级数展开

7.1.1　常见的非正弦周期函数

当正弦信号作用于电路时，电路各部分的电压、电流都是同频的正弦量。但在生产实践中，几乎所有的信号都是非正弦信号。例如，转子绕组产生的磁通 $\varphi(t)$ 在气隙中的不均匀性导致交流发电机产生的电压并不是理想的正弦信号，即使产生了理想的正弦信号，由于电路中存在非线性元件，也会使其变成非正弦信号。图 7-1 所示为几种常见的非正弦信号波形。实际的交流发电机产生的电压波形与正弦波形或多或少有些差别，严格来讲是非正弦的。如果电路存在非线性元件，即使激励电压、电流是正弦波形，电路中也会产生非正弦电流。

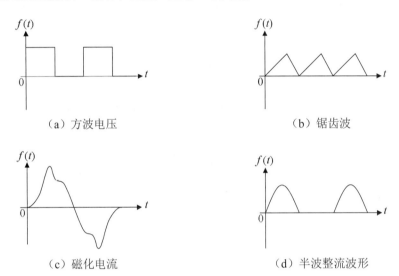

（a）方波电压　　　　　　　　　　　（b）锯齿波

（c）磁化电流　　　　　　　　　　　（d）半波整流波形

图 7-1　几种常见的非正弦信号波形

非正弦电流可分为周期与非周期两种。

非正弦周期激励电压、电流或外施信号作用下，分析和计算线性电路的方法，主要利用傅里叶级数展开法——谐波分析法。

7.1.2　周期函数分解为傅里叶级数

（1）周期函数的分解。周期函数 $f(t) = f(t + kT)$，$k = 0,1,2,3,\cdots$，T 为周期。若给定的 $f(t)$ 满足狄里赫利条件，那么它可以展开成一个收敛级数。

$$f(t) = a_0 + \sum_{k=1}^{\infty}(a_k \cos k\omega t + b_k \sin k\omega t) = a_0 + \sum_{k=1}^{\infty} A_{km} \sin(k\omega t + \varphi_k)$$

式中 $\omega = 2\pi/T$，T 为 $f(t)$ 的周期，有

$$a_0 = \frac{1}{T}\int_0^T f(t)\mathrm{d}t = \frac{1}{2\pi}\int_0^{2\pi} f(t)\mathrm{d}\omega t$$

$$a_k = \frac{2}{T}\int_0^T f(t)\cos(k\omega t)\mathrm{d}t = \frac{1}{\pi}\int_0^{2\pi} f(t)\cos(k\omega t)\mathrm{d}\omega t$$

$$b_k = \frac{2}{T}\int_0^T f(t)\sin(k\omega t)\mathrm{d}t = \frac{1}{\pi}\int_0^{2\pi} f(t)\sin(k\omega t)\mathrm{d}\omega t$$

$$A_0 = a_0, \quad A_{km} = \sqrt{a_k^2 + b_k^2}, \quad \varphi_k = \arctan\frac{b_k}{a_k}$$

$$a_{km} = A_{km}\cos\varphi_k, \quad b_{km} = A_{km}\sin\varphi_k$$

除了用数学方法求解周期信号的傅里叶级数外，工程上常采用查表法得到周期信号的傅里叶级数。表 7-1 列出了几种典型非正弦周期信号的傅里叶级数。

表 7-1　几种典型非正弦周期信号的傅里叶级数

波形	傅里叶级数（基波角频率 $\omega = \dfrac{2\pi}{T}$ ）	有效值
	$f(t) = \dfrac{2I_m}{\pi}(\dfrac{1}{2} + \dfrac{\pi}{4}\cos\omega t + \dfrac{1}{3}\cos 2\omega t - \dfrac{1}{15}\cos 4\omega t$ $+\cdots - \dfrac{\cos\dfrac{k\pi}{2}}{k^2-1}\cos k\omega t + \cdots) \quad k = 2,4,6,\cdots$	$\dfrac{I_m}{2}$
	$f(t) = \dfrac{4I_m}{\pi}(\dfrac{1}{2} + \dfrac{1}{3}\cos 2\omega t - \dfrac{1}{15}\cos 4\omega t + \cdots$ $-\dfrac{\cos\dfrac{k\pi}{2}}{k^2-1}\cos k\omega t + \cdots) \quad k = 2,4,6,\cdots$	$\dfrac{I_m}{\sqrt{2}}$
	$f(t) = \dfrac{8I_m}{\pi^2}(\cos\omega t + \dfrac{1}{9}\cos 3\omega t + \dfrac{1}{25}\cos 5\omega t + \cdots$ $+\dfrac{1}{k^2}\cos k\omega t + \cdots) k = 1,3,5,\cdots$	$\dfrac{I_m}{\sqrt{3}}$
	$f(t) = \dfrac{I_m}{2} - \dfrac{I_m}{\pi}(\sin\omega t + \dfrac{1}{2}\sin 2\omega t + \dfrac{1}{3}\sin 3\omega t + \cdots$ $+\dfrac{1}{k}\sin k\omega t + \cdots) \quad k = 1,2,3,4,\cdots$	$\dfrac{I_m}{\sqrt{3}}$
	$f(t) = \dfrac{4I_m}{\pi}(\sin\omega t + \dfrac{1}{3}\sin 3\omega t + \dfrac{1}{5}\sin 5\omega t + \cdots$ $+\dfrac{1}{k}\sin k\omega t + \cdots) \quad k = 1,3,5,\cdots$	I_m
	$f(t) = \dfrac{\tau I_m}{T} + \dfrac{2I_m}{\pi}(\sin\omega\dfrac{\tau}{2}\cos\omega t + \dfrac{\sin 2\omega\dfrac{\tau}{2}}{2}\cos 2\omega t + \cdots$ $+\dfrac{\sin k\omega\dfrac{\tau}{2}}{k}\cos k\omega t + \cdots) \quad k = 1,2,3,\cdots$	$\sqrt{\dfrac{\tau}{2\pi}}I_m$

（2）$f(t)$的频谱。$f(t)$分解为傅里叶级数后包含的频率分量和各分量所占"比重"，用长度与各次谐波振幅大小相对应的线段进行表示，并按频率的高低把它们依次排列起来，所得到的图形称为$f(t)$的频谱。

1）幅度频谱：表示出各谐波分量的振幅，如图 7-2 所示。

2）相位频谱：把各次谐波的初相用相应的线段依次排列得到。

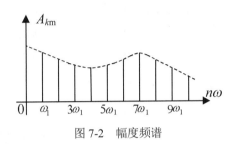

图 7-2　幅度频谱

【例 7-1】求图 7-3 所示周期性矩形信号 $f(t)$的傅里叶级数展开式及其频谱。

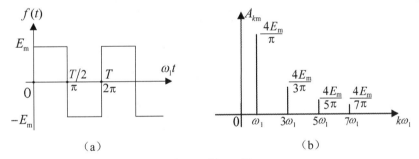

（a）　　　　　　　　　　　　　（b）

图 7-3　例 7-1 图

解：$f(t) = \begin{cases} E_\mathrm{m}, & 0 \leqslant t \leqslant \dfrac{T}{2} \\[2mm] -E_\mathrm{m}, & \dfrac{T}{2} \leqslant t \leqslant T \end{cases}$

$$a_0 = \frac{1}{T}\int_0^T f(t)\mathrm{d}t = 0$$

$$a_k = \frac{1}{\pi}\int_0^{2\pi} f(t)\cos(k\omega t)\mathrm{d}\omega t = 0$$

$$b_k = \frac{1}{\pi}\int_0^{2\pi} f(t)\sin(k\omega t)\mathrm{d}\omega t = \frac{2E_\mathrm{m}}{\pi}\int_0^{\pi}\sin(k\omega t)\mathrm{d}\omega t = \frac{2E_\mathrm{m}}{k\pi}(1-\cos k\pi)$$

$$b_k = \frac{4E_\mathrm{m}}{k\pi}, \quad k = 1,3,5,\ldots$$

$$f(t) = \frac{4E_\mathrm{m}}{k\pi}[\sin \omega t + \frac{1}{3}\sin 3\omega t + \frac{1}{5}\sin 5\omega t + ...]$$

展开式取前 3 项，即取到 5 次谐波时波形的逼近情况如图 7-4 所示。

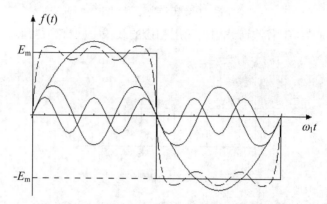

图 7-4　取到 5 次谐波时波形的逼近情况

【例7-2】试将图 7-5（a）所示波形展开成傅里叶级数。

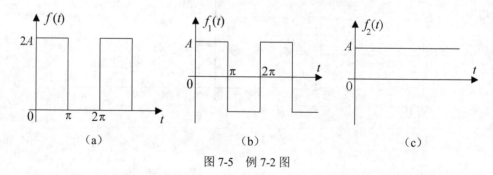

图 7-5　例 7-2 图

解：将图 7-5（a）所示波形分解成图 7-5（b）和（c）的叠加，通过查表 7-1 得到图 7-5（b）所示波形的傅里叶级数展开式为

$$f_1(t) = \frac{4A}{\pi}(\sin \omega t + \frac{1}{3}\sin 3\omega t + \frac{1}{5}\sin 5\omega t + \cdots)$$

图 7-5（c）所示波形为直流分量，即 $f_2(t) = A$

因此有 $f(t) = f_1(t) + f_2(t) = A + \frac{4A}{\pi}(\sin \omega t + \frac{1}{3}\sin 3\omega t + \frac{1}{5}\sin 5\omega t + \cdots)$

（3）$f(t)$ 的对称性与系数 a_k、b_k 关系：

1）偶函数（图 7-6）：$f(t) = f(-t)$，纵轴对称，则 $b_k = 0$。

2）奇函数（图 7-7）：$f(t) = -f(-t)$，原点对称，则 $a_k = 0$。

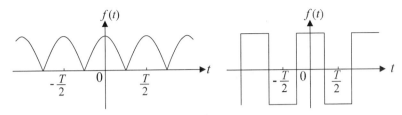

图 7-6　偶函数

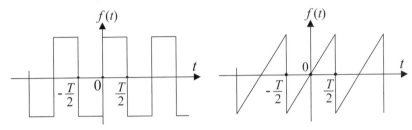

图 7-7　奇函数

3）奇谐波函数（图 7-8）：$f(t)=-f\left(t+\dfrac{T}{2}\right)$，镜对称，则 $a_{2k}=b_{2k}=0$。

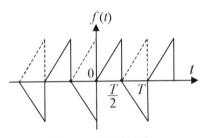

图 7-8　奇谐波函数

7.2　有效值、平均值和平均功率

7.2.1　有效值

任一周期电流 i 的有效值

$$I \overset{\text{def}}{=} \sqrt{\frac{1}{T}\int_0^T i^2\mathrm{d}t} = \sqrt{\frac{1}{2\pi}\int_0^{2\pi} i^2\mathrm{d}\omega t}$$

设非正弦周期电流 i 分解为傅里叶级数 $i = I_0 + \sum_{k=1}^{\infty} I_{km} \sin(k\omega t + \varphi_k)$，则有

$$i^2 = I_0^2 + \sum_{k=1}^{\infty} I_{km}^2 \sin^2(k\omega t + \varphi_k) + 2I_0 \sum_{k=1}^{\infty} I_{km} \sin(k\omega t + \varphi_k)$$

$$+ \sum_{\substack{k=1 \\ q=1 \\ k \neq q}}^{\infty} 2I_{km} I_{qm} \sin(k\omega t + \varphi_k) \cdot \sin(q\omega t + \varphi_q)$$

将上式中 i^2 的展开式中各项分别积分，可以得到

$$\frac{1}{2\pi} \int_0^{2\pi} I_0^2 \,\mathrm{d}\omega t = I_0^2$$

$$\frac{1}{2\pi} \int_0^{2\pi} \sum_{k=1}^{\infty} I_{km}^2 \sin^2(k\omega t + \varphi_k) \mathrm{d}\omega t = \frac{1}{2\pi} \sum_{k=1}^{\infty} I_{km}^2 \pi = \sum_{k=1}^{\infty} \frac{I_{km}^2}{2} = \sum_{k=1}^{\infty} I_k^2$$

$$\frac{1}{2\pi} \int_0^{2\pi} 2I_0 \sum_{k=1}^{\infty} I_{km} \sin(k\omega t + \varphi_k) \mathrm{d}\omega t = 0$$

$$\frac{1}{2\pi} \int_0^{2\pi} \sum_{\substack{k=1 \\ q=1 \\ k \neq q}}^{\infty} 2I_{km} I_{qm} \sin(k\omega t + \varphi_k) \sin(q\omega t + \varphi_q) = 0$$

由此可得到 i 的有效值为

$$I = \sqrt{I_0^2 + \sum_{k=1}^{\infty} I_k^2} = \sqrt{I_0^2 + I_1^2 + I_2^2 + \cdots} = \sqrt{\sum_{k=0}^{\infty} I_k^2}$$

非正弦周期电流的有效值等于恒定分量的平方与各次谐波有效值的平方之和的平方根。

7.2.2　平均值

非正弦周期信号的平均值定义为该信号绝对值在一个周期内的平均值，以电流 $i(t) = I_m \sin \omega t$ 为例，有

$$I_{av} \stackrel{\text{def}}{=} \frac{1}{T} \int_0^T |i| \,\mathrm{d}t$$

（1）非正弦周期电流平均值等于此电流绝对值的平均值。

（2）正弦量平均值 $I_{av} = 0.898I$。

因 $I_{av} = \frac{1}{T} \int_0^T |I_m \sin \omega t| \mathrm{d}t = \frac{2I_m}{T} \int_0^{\frac{\pi}{2}} |\sin \omega t| \mathrm{d}t = 0.637 I_m = 0.898 I$

故相当于正弦电流经全波整流后的平均值。

- 磁电系仪表 $\alpha \propto \dfrac{1}{T}\displaystyle\int_0^T i\mathrm{d}t$ （电流的恒定分量 I_0）。

- 电磁系仪表 $\alpha \propto \dfrac{1}{T}\displaystyle\int_0^T i^2\mathrm{d}t$ （电流的有效值 I）。

- 全波整流仪表 $\alpha \propto \dfrac{1}{T}\displaystyle\int_0^T |i|\mathrm{d}t$ （电流的平均值 I_{av}）。

7.2.3 非正弦周期电流电路的功率

非正弦周期电流电路的瞬时功率为

$$p = ui = \left[U_0 + \sum_{k=1}^{\infty} U_{km}\sin(k\omega t + \varphi_{uk}) \right]\left[I_0 + \sum_{k=1}^{\infty} I_{km}\sin(k\omega t + \varphi_{uk} - \varphi_k) \right]$$

$$= U_0 I_0 + \sum_{k=1}^{\infty} U_{km} I_{km}\sin(k\omega t + \varphi_{uk})\sin(k\omega t + \varphi_{uk} - \varphi_k) + \sum_{k=1}^{\infty} U_0 I_{km}\sin(k\omega t + \varphi_{uk} - \varphi_k)$$

$$+ \sum_{k=1}^{\infty} I_0 U_{km}\sin(k\omega t + \varphi_k) + \sum_{\substack{k=1\\q=1\\k\neq q}}^{\infty} U_{km} I_{qm}\sin(k\omega t + \varphi_k)\sin(q\omega t + \varphi_{uq} - \varphi_q)$$

式中，u、i 取关联参考方向，φ_k 为各次谐波电压分量与相应谐波电流分量之间的相位差。平均功率，又称有功功率，仍然定义为该电路瞬时功率在一个周期内的平均值，即

$$P = \frac{1}{T}\int_0^T p\mathrm{d}t = \frac{1}{2\pi}\int_0^{2\pi} p\mathrm{d}\omega t$$

将瞬时功率 p 中各项分别积分可得

$$\frac{1}{2\pi}\int_0^{2\pi} U_0 I_0 \mathrm{d}\omega t = U_0 I_0$$

$$\frac{1}{2\pi}\int_0^{2\pi} U_{km} I_{km}\sin(k\omega t + \varphi_{uk})\sin(k\omega t + \varphi_{uk} - \varphi_k)\mathrm{d}\omega t$$

$$= \frac{U_{km} I_{km}}{2\pi}\int_0^{2\pi}\frac{1}{2}\left\{\cos\left[k\omega t + \varphi_{uk} - (k\omega t + \varphi_{uk} - \varphi_k)\right] - \cos(k\omega t + \varphi_{uk} + k\omega t + \varphi_{uk} - \varphi_k)\right\}\mathrm{d}\omega t$$

$$= \frac{1}{2}U_{km} I_{km}\cos\varphi_k = U_k I_k \cos\varphi_k$$

根据三角函数的正交性可知其他项的积分都为 0。所以，平均功率（有功功率）为

$$P = U_0 I_0 + \sum_{k=1}^{\infty} U_k I_k \cos\varphi_k = U_0 I_0 + U_1 I_1 \cos\varphi_1 + U_2 I_2 \cos\varphi_2 + \cdots$$

可见，平均功率等于直流分量构成的功率和各次谐波平均功率的代数和。应该

注意的是：只有同频率的电流和电压才产生平均功率，否则只产生瞬时功率，不产生平均功率。

非正弦周期电流电路的视在功率定义为非正弦电压有效值和非正弦电流有效值的乘积，即 $S=UI$ 。

【例 7-3】如图 7-9 所示单口网络 N 的端口电流、电压分别为

$$i(t)=5\sin t+2\sin\left(2t+\frac{\pi}{4}\right),\quad u(t)=\sin\left(t+\frac{\pi}{4}\right)+\sin\left(2t-\frac{\pi}{4}\right)+\sin\left(3t-\frac{\pi}{3}\right)$$

求：网络消耗的平均功率，以及电压、电流的有效值。

解：$I_1=\dfrac{5}{\sqrt{2}},\ U_1=\dfrac{\sqrt{2}}{2},\ \varphi_1=\varphi_{u1}-\varphi_{i1}=\dfrac{\pi}{4}$

$$I_2=\sqrt{2},\ U_2=\frac{\sqrt{2}}{2},\ \varphi_2=\varphi_{u2}-\varphi_{i2}=-\frac{\pi}{2}$$

网络消耗的平均功率为 $P=U_1I_1\cos\varphi_1+U_2I_2\cos\varphi_2=\dfrac{5\sqrt{2}}{4}+0=\dfrac{5\sqrt{2}}{4}\mathrm{W}$

电压有效值为 $U=\sqrt{\left(\dfrac{1}{\sqrt{2}}\right)^2+\left(\dfrac{1}{\sqrt{2}}\right)^2+\left(\dfrac{1}{\sqrt{2}}\right)^2}=\dfrac{\sqrt{6}}{2}\mathrm{V}$

电流有效值为 $I=\sqrt{\left(\dfrac{5}{\sqrt{2}}\right)^2+\left(\sqrt{2}\right)^2}=\dfrac{\sqrt{58}}{2}\mathrm{A}$

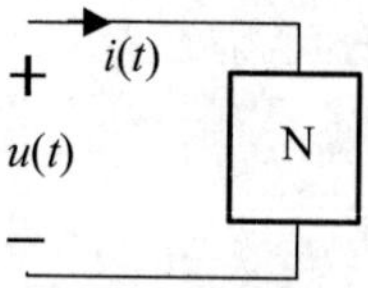

图 7-9 例 7-3 图

【微课视频】

非正弦周期电流电路的计算

7.3 非正弦周期电流电路的计算

一般非正弦周期电流电路的计算步骤：

（1）将非正弦激励展开为傅里叶级数，即将非正弦函数展开为直流分量和各次谐波分量之和。

（2）分别计算直流分量和各次谐波分量作用于电路时各条支路的响应。当直流分量作用于电路时，采用直流稳态电路的计算方法；当各次谐波分量单独作用于

电路时，采用交流稳态电路的计算方法——相量法。

（3）运用叠加原理，将属于同一条支路的直流分量和各次谐波分量作用产生的响应瞬时表达式叠加在一起，这就是非正弦周期激励在该支路产生的响应。

【例 7-4】 已知图 7-10（a）所示滤波电路中，输入电压 $u_i(t)$ 的波形如图 7-10（b）所示，$f=2\text{kHz}$，$R=20\text{k}\Omega$，$C=0.47\mu\text{F}$，试求输出电压 $u_R(t)$（计算到三次谐波）。

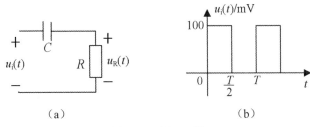

图 7-10　例 7-4 图

解：（1）矩形波 $u_i(t)$ 的傅里叶级数展开式为

$$u_i(t)=50+\frac{200}{\pi}\sin(4\pi\times10^3 t)+\frac{200}{3\pi}\sin(12\pi\times10^3 t)+\cdots$$

$$=50+63.7\sin(4\pi\times10^3 t)+21.2\sin(12\pi\times10^3 t)+\cdots$$

题中要求计算到三次谐波，故取三个电压分量，即

$$u_i(t)=U_0+u_1(t)+u_3(t)$$

其中

$$U_0=50\text{ mV}$$

$$u_1(t)=63.7\sin(4\pi\times10^3 t)\text{ mV}, \quad \dot{U}_{m1}=63.7\angle0°\text{ mV}$$

$$u_3(t)=21.2\sin(12\pi\times10^3 t)\text{ mV}, \quad \dot{U}_{m3}=21.2\angle0°\text{ mV}$$

（2）分别计算直流分量、基波和三次谐波单独作用时的输出电压。

直流分量单独作用时，电容相当于开路，故 $I_0=0$，$U_{R0}=0$。

基波 $u_1(t)=63.7\sin(4\pi\times10^3 t)\text{ mV}$ 单独作用时，由相量法得

$$\dot{U}_{Rm1}=\frac{\dot{U}_{m1}}{R-j\dfrac{1}{\omega C}}R=\frac{63.7\angle0°}{20\times10^3-j169.5}\times20\times10^3=63.7\angle0.5°\text{ mV}$$

即

$$u_{R1}(t)=63.7\sin(4\pi\times10^3 t+0.5°)\text{ mV}$$

三次谐波 $u_3(t) = 21.2\sin(12\pi \times 10^3 t)\,\text{mV}$ 单独作用时，由相量法得

$$\dot{U}_{Rm3} = \frac{\dot{U}_{m3}}{R - j\dfrac{1}{3\omega C}} R = \frac{21.2\angle 0^\circ}{20 \times 10^3 - j56.3} \times 20 \times 10^3 = 21.2\angle 0.2^\circ \,\text{mV}$$

即

$$u_{R3}(t) = 21.2\sin(12\pi \times 10^3 t + 0.2^\circ)\,\text{mV}$$

（3）运用叠加原理，可得

$$u_R(t) = U_{R0} + u_{R1} + u_{R3} = 63.7\sin(4\pi \times 10^3 t + 0.5^\circ) + 21.2\sin(12\pi \times 10^3 t + 0.2^\circ)\,\text{mV}$$

【例7-5】如图 7-11 所示电路，输入激励 $u_S(t)$ 为非正弦波，$\omega = 1\,\text{rad/s}$，其中含有 3 次谐波和 7 次谐波，要求输出电压 $u(t)$ 不含有这两个谐波分量，求 L、C。

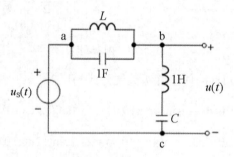

图 7-11   例 7-5 图

解： 若要求输出电压 $u(t)$ 中不含 3 次和 7 次谐波分量，需满足当 $u_S(t)$ 的 3 次和 7 次谐波单独作用时，b、c 两点间电压为零。有两种情况：

（1）3 次谐波作用时：$Z_{bc} = 0$，即 $j3 + \dfrac{1}{j3C} = 0$ $\Rightarrow$ $C = \dfrac{1}{9}\,\text{F}$

7 次谐波作用时：$Z_{ab} = \infty$，即 $Y_{ab} = j7 + \dfrac{1}{j7L} = 0$ $\Rightarrow$ $L = \dfrac{1}{49}\,\text{H}$

（2）3 次谐波作用时：$Z_{ab} = \infty$，即 $Y_{ab} = j3 + \dfrac{1}{j3L} = 0$ $\Rightarrow$ $L = \dfrac{1}{9}\,\text{H}$

7 次谐波作用时：$Z_{bc} = 0$，即 $j7 + \dfrac{1}{j7C} = 0$ $\Rightarrow$ $C = \dfrac{1}{49}\,\text{F}$

所以得到 $\begin{cases} C = \dfrac{1}{9}\,\text{F} \\[2mm] L = \dfrac{1}{49}\,\text{H} \end{cases}$ 或 $\begin{cases} L = \dfrac{1}{9}\,\text{H} \\[2mm] C = \dfrac{1}{49}\,\text{F} \end{cases}$

本章重点小结

1. 非正弦周期信号 $f(t)$ 可分解为傅里叶级数

$$f(t) = a_0 + \sum_{k=1}^{\infty}(a_k \cos k\omega t + b_k \sin k\omega t) = a_0 + \sum_{k=1}^{\infty} A_k \sin(k\omega t + \varphi_k)$$

式中 $\omega = 2\pi/T$，T 为 $f(t)$ 的周期，有

$$a_0 = \frac{1}{T}\int_0^T f(t)\mathrm{d}t = \frac{1}{2\pi}\int_0^{2\pi} f(t)\mathrm{d}\omega t$$

$$a_k = \frac{2}{T}\int_0^T f(t)\cos(k\omega t)\mathrm{d}t = \frac{1}{\pi}\int_0^{2\pi} f(t)\cos(k\omega t)\mathrm{d}\omega t$$

$$b_k = \frac{2}{T}\int_0^T f(t)\sin(k\omega t)\mathrm{d}t = \frac{1}{\pi}\int_0^{2\pi} f(t)\sin(k\omega t)\mathrm{d}\omega t$$

$$A_k = \sqrt{a_k^2 + b_k^2}, \quad \varphi_k = \arctan\frac{a_k}{b_k}$$

2. 非正弦周期信号的有效值等于其直流分量、基波和各谐波分量有效值的平方和的平方根，即

$$A = \sqrt{A_0^2 + A_1^2 + A_2^2 + \cdots} = \sqrt{A_0^2 + \sum_{k=1}^{\infty} A_k^2}$$

3. 非正弦电流电路中，只有同频率的电压电流才能产生该次谐波下的平均（有功）功率，平均功率等于恒定分量、基波和各谐波分量分别产生的平均功率之和，即

$$P = U_0 I_0 + \sum_{k=1}^{\infty} U_k I_k \cos\varphi_k$$

4. 计算非正弦周期电流电路的步骤为：

（1）通过查表法将非正弦周期性激励分解为直流分量、基波和各次谐波分量。

（2）分别计算激励中不同频率分量所引起的响应：直流分量单独作用时采用直流电路分析法；各次谐波分量单独作用时，采用相量分析法，注意电感元件和电容元件在不同频率激励下的阻抗是不同的。

（3）最后将响应的各分量的瞬时值表达式相叠加。

习题七

在线测试

7-1　周期电压 $u(t)$ 的波形如题 7-1 图（a）所示。

（1）试计算周期电压 $u(t)$ 的最大值 U_m、有效值 U、实际平均值 U_0（直流分量）和绝对平均值 U_{av}。

（2）当分别用磁电式、整流式、电磁式电压表测量该电压时，记录读数。

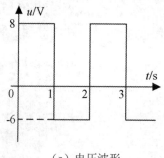

（a）电压波形　　　　　　　（b）电压的绝对值

题 7-1 图　电压波形

7-2　在题 7-2 图所示的电路中，已知 $u(t)=100+30\sin\omega t+10\sin2\omega t+5\sin3\omega t$ V，$R=25\,\Omega$，$L=40\mathrm{mH}$，$\omega=314\,\mathrm{rad/s}$。求电路中的电流和平均功率。

7-3　题 7-3 图所示电路中，输入电源为

$$u_s = 10 + 141.4\cos\omega t + 47.13\cos3\omega t + 28.28\cos5\omega t + 20.20\cos7\omega t$$
$$+ 15.7\cos9\omega t + \cdots \text{V}$$

$R=3\Omega$，$\dfrac{1}{\omega C}=9.45\Omega$，求电流和电阻吸收的平均功率。

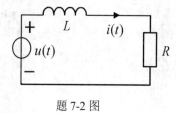
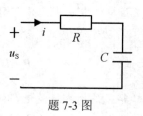

题 7-2 图　　　　　　　　　　　题 7-3 图

7-4　题 7-4 图所示电路中 $L=5\mathrm{H}$，$C=10\mu\mathrm{F}$，负载电阻 $R=2\mathrm{k}\Omega$，u_s 为正弦全波整流波形，设 $\omega_1=314\mathrm{rad/s}$，$U_m=157\mathrm{V}$，求负载两端电压的各谐波分量。

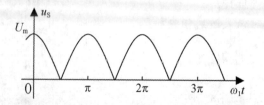
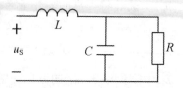

题 7-4 图

7-5　如题 7-5 图所示 RLC 串联电路，已知 $f = 50\text{Hz}$ ，　$R = 10\Omega$ ，　$C = 200\mu\text{F}$ ，
$L = 100 \times 10^{-3}\text{H}$ ，　$u = [20 + 20\sin(\omega t) + 10\sin(3\omega t + 90^\circ)]\text{V}$ ，试求：（1）电流 i；（2）
外加电压和电流的有效值；（3）电路中消耗的功率。

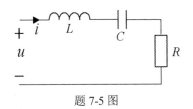

题 7-5 图

第8章 一阶线性动态电路的时域分析

本章课程目标

1. 理解过渡过程产生的原因，能够利用换路定则求解独立变量的初始值，以及利用零正等效电路求解非独立变量初始值。
2. 理解和掌握一阶电路的零输入响应、零状态响应、全响应的概念，能够用经典法求解各电路响应。
3. 掌握一阶电路三要素法，能够熟练运用三要素法对一阶电路进行分析和求解。
4. 理解一阶电路的阶跃响应和冲激响应。

动态电路的特点是电路方程用一阶、二阶或者 n 阶微分方程来描述。对于二阶或 n 阶动态电路，由于在时域分析中比较困难，将在后续动态电路的复频域中进行分析。本章主要介绍一阶动态电路的时域分析，包括一阶电路的零输入响应、零状态响应和全响应。一阶电路各响应的求解方法主要有经典法和三要素法，三要素法具有简洁、直观的特点，因而在对一阶电路求解时更加有效。最后，本章介绍了一阶电路的阶跃响应和冲激响应。

8.1 动态电路的方程及其初始值

【微课视频】

动态电路的方程及其初始值

8.1.1 动态电路的方程

第三章介绍了电容元件和电感元件，由于这两种元件的电压电流关系（简称 VCR）是用微分（或积分）描述的，所以称为动态元件。含有动态元件的电路称为动态电路。在动态电路中，根据 KCL 和 KVL 以及元件的 VCR 建立的电路方程是以电压和电流为未知量的微分方程或微分—积分方程，微分方程的阶数取决于动态元件的独立个数及电路结构。

在一般情况下，如果动态电路中只有一个独立的动态元件（L 或 C），动态元件以外的线性电阻电路可用戴维宁定理或者诺顿定理等效变换为电压源和电阻的串联组合，或者电流源与电阻的并联组合。对于这样的电路，建立的电路方程将是一阶线性常系数微分方程，相应的电路称为一阶动态电路，简称一阶电路，本章将对一阶动态电路进行分析。当电路中含有二个或 n 个独立的动态元件时，则称为二阶或 n 阶动态电路。

在对动态电路进行分析前，首先介绍几个基本概念：

（1）过渡过程。当动态电路的结构或元件参数发生变化时（如电路的电源断开或接入、元件参数的变化、电路结构的变化等），电路就会从一种稳定状态转变到另一种稳定状态，但这种转变不是瞬间完成的，需要经历一个时间过程，这个时间过程称为过渡过程。

（2）换路。由于电路结构或参数的变化而引起动态电路从一种状态转变到另一种状态称为动态电路的换路。为了便于分析，假设换路是发生在 $t = 0$ 时刻，则换路前的最终时刻定义为 $t = 0_-$，而换路后的最初时刻定义为 $t = 0_+$，因此换路经历的时间为从 0_- 到 0_+。

图 8-1（a）是以 RC 电路为例的动态电路，$t < 0$ 时，开关 S 处于"位置 1"已经较长时间，这时电容两端的电压为 $u_C = 0$，如果开关的位置或者电路结构不发生改变（即电路不发生换路），则电容两端的电压始终为 0，如图 8-1（b）中的稳态 1。在 $t = 0$ 时将开关从位置 1 合到位置 2（即电路发生了换路），则电源 U_s 开始经过电阻对电容充电，电容两端的电压 u_C 从 0 开始逐渐上升，$t \to \infty$ 时，电容两端的电压上升到 $u_C = U_s$ 并保持不变，充电过程结束，这时电路达到稳态 2。可见，动态电路换路后，从稳态 1 变化到稳态 2 是需要一段时间的过渡期，即过渡过程，又称为暂态过程，在暂态过程中产生的电压、电流响应称为暂态响应，u_C 响应的波形如图 8-1（b）所示。过渡过程产生的内因是电路中含有电容和电感这样的动态元件，外因是电路发生了换路。

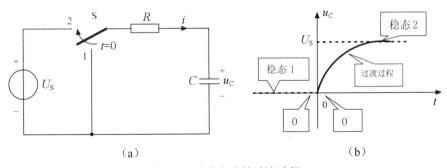

| (a) | (b) |

图 8-1　动态电路的过渡过程

8.1.2　初始值的确定

分析动态电路过渡过程的方法之一：根据 KCL 和 KVL 以及元件的 VCR 建立的电路方程，这类方程是以时间为自变量的线性常系数微分方程，解此常微分方程，得到电路中所求变量（电压或电流）随时间的变化规律。这种在时域中求解微分方程的方法称为经典法。

在用经典法求解微分方程时，需要根据电路在换路时的初始条件确定微分方程的积分常数，假设电路在 $t=0$ 时刻发生换路，那么电路的初始条件便是指所求变量（电压或电流）及其 1 阶至$(n-1)$阶导数在 $t=0_+$时的值，也称初始值。动态电路中变量分为两类——独立变量和非独立变量，前者特指的是电容电压 u_C 和电感电流 i_L，后者包含除独立变量之外的所有变量，比如 i_C、u_L、i_R、u_R。

下面首先根据动态元件的伏安特性导出独立变量的初始条件。

对于线性电容，其伏安特性为

$$i_C = C \frac{\mathrm{d}u_C}{\mathrm{d}t}$$

因而在任意时刻 t 有

$$q(t) = \int_{-\infty}^{t} i_C(\xi)\mathrm{d}\xi = \int_{-\infty}^{t_0} i_C(\xi)\mathrm{d}\xi + \int_{t_0}^{t} i_C(\xi)\mathrm{d}\xi = q(t_0) + \int_{t_0}^{t} i_C(\xi)\mathrm{d}\xi \tag{8-1}$$

$$u_C = \frac{1}{C}\int_{-\infty}^{t} i_C(\xi)\mathrm{d}\xi = \frac{1}{C}\int_{-\infty}^{t_0} i_C(\xi)\mathrm{d}\xi + \frac{1}{C}\int_{t_0}^{t} i_C(\xi)\mathrm{d}\xi = u_C(t_0) + \frac{1}{C}\int_{t_0}^{t} i_C(\xi)\mathrm{d}\xi \tag{8-2}$$

假设电路在 $t=0$ 时刻发生换路，则有 $t_0 = 0_-$，$t = 0_+$，有

$$q(0_+) = q(0_-) + \int_{0_-}^{0_+} i_C \mathrm{d}t \tag{8-3}$$

$$u_C(0_+) = u_C(0_-) + \int_{0_-}^{0_+} i_C \mathrm{d}t \tag{8-4}$$

如果在换路瞬间流过电容的电流 $i_C(t)$ 为有限值，则式（8-3）和式（8-4）中的积分项为零，电容上的电荷和电压不会发生跃变，即

$$q(0_+) = q(0_-) \tag{8-5}$$

$$u_C(0_+) = u_C(0_-) \tag{8-6}$$

对于线性电感，其伏安特性为

$$u_L = L \frac{\mathrm{d}i_L}{\mathrm{d}t}$$

因而在任意时刻 t 有

$$\psi(t) = \int_{-\infty}^{t} u_L(\xi)\mathrm{d}\xi = \int_{-\infty}^{t_0} u_L(\xi)\mathrm{d}\xi + \int_{t_0}^{t} u_L(\xi)\mathrm{d}\xi = \psi(t_0) + \int_{t_0}^{t} u_L(\xi)\mathrm{d}\xi \tag{8-7}$$

$$i_L(t) = \frac{1}{L} \int_{-\infty}^{t} u_L(\xi) \mathrm{d}\xi = \frac{1}{L} \int_{-\infty}^{t_0} u_L(\xi) \mathrm{d}\xi + \frac{1}{L} \int_{t_0}^{t} u_L(\xi) \mathrm{d}\xi = i_L(t_0) + \frac{1}{L} \int_{t_0}^{t} u_L(\xi) \mathrm{d}\xi \quad (8\text{-}8)$$

假设电路在 $t=0$ 时刻发生换路，则有 $t_0 = 0_-$，$t = 0_+$，有

$$\psi(0_+) = \psi(0_-) + \int_{0_-}^{0_+} u_L \mathrm{d}t \quad (8\text{-}9)$$

$$i_L(0_+) = i_L(0_-) + \frac{1}{L} \int_{0_-}^{0_+} u_L \mathrm{d}t \quad (8\text{-}10)$$

如果在换路瞬间电感两端电压 $u_L(t)$ 为有限值，则式（8-9）和式（8-10）中的积分项为零，电感的磁通链和电流不会发生跃变，即

$$\psi(0_+) = \psi(0_-) \quad (8\text{-}11)$$

$$i_L(0_+) = i_L(0_-) \quad (8\text{-}12)$$

式（8-6）和式（8-12）就是动态电路独立变量初始条件的求解方法，即独立变量的初始值等于换路前的原始值（电路在 $t=0$ 时刻发生换路，则变量在 0_- 的取值可以认为是换路前的原始值），又称为换路定则。只有独立变量 u_C 和 i_L 初始条件的求解满足换路定则，非独立变量的初始条件即 $i_C(0_+)$、$u_L(0_+)$、$i_R(0_+)$、$u_R(0_+)$ 则需要由 0_+ 等效电路来求解，可按照下面的步骤：

（1）先求出换路前稳定状态下独立变量的响应，也即 $u_C(0_-)$ 或 $i_L(0_-)$ 的值。求解过程中，直流源作用下电路处于稳态，电容元件可视作开路，电感元件可视作短路。

（2）由换路定则，求出 $u_C(0_+)$、$i_L(0_+)$。

（3）画出 $t=0_+$ 时刻的等效电路：电路结构为换路后的结构。电容用电压为 $u_C(0_+)$ 的独立电压源替代，电感用电流为 $i_L(0_+)$ 的独立电流源替代，注意独立源的参考方向和独立变量初始值的参考方向相同。当 $u_C(0_+)=0$、$i_L(0_+)=0$ 时，电容可用短路替代，电感可用开路替代。而其余元件，电源取 0_+ 时的值，电阻保持不变。

（4）根据 0_+ 等效电路，选择电路分析方法，求出所需非独立变量的初始值 $i_C(0_+)$、$u_L(0_+)$、$i_R(0_+)$、$u_R(0_+)$。

【例 8-1】电路如图 8-2（a）所示，开关 S 闭合已经较长时间，在 $t=0$ 时开关 S 打开，试求换路后的 $u_C(0_+)$、$i_L(0_+)$、$i_C(0_+)$、$u_{R2}(0_+)$、$u_L(0_+)$。

解 首先求独立变量的初始值 $u_C(0_+)$、$i_L(0_+)$，在换路前，开关 S 闭合已经较长时间，电容视为开路，电感视为短路，有

$$u_C(0_-) = \frac{U_S}{R + R_1} \times R_1 , \quad i_L(0_-) = \frac{U_S}{R + R_1}$$

根据换路定则 $\quad\quad u_C(0_+) = u_C(0_-) = \frac{U_S}{R + R_1} \times R_1$

$$i_L(0_+) = i_L(0_-) = \frac{U_S}{R + R_1}$$

画出 $t = 0_+$ 时的等效电路，如图 8-2（b）所示，具有初始电压的电容等效成一个电压源，其电压大小为 $u_C(0_+)$。将具有初始电流的电感等效成一个电流源，其电流大小为 $i_L(0_+)$。

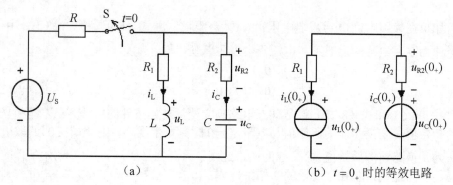

（a）

（b）$t = 0_+$ 时的等效电路

图 8-2　例 8-1 的图

则
$$i_C(0_+) = -i_L(0_+) = -\frac{U_S}{R + R_1}$$

根据电阻元件的 VCR，得

$$u_{R2}(0_+) = R_2 i_C(0_+) = R_2 \times (-\frac{U_S}{R + R_1}) = -\frac{R_2 U_S}{R + R_1}$$

对闭合回路按照顺时针绕行方向列写 KVL 方程，得
$$u_{R2}(0_+) + u_C(0_+) - u_L(0_+) - R_1 i_L(0_+) = 0$$
$$u_L(0_+) = u_{R2}(0_+) + u_C(0_+) - R_1 i_L(0_+)$$

$$= R_2 \times (-\frac{U_S}{R + R_1}) + \frac{U_S}{R + R_1} \times R_1 - R_1 \times \frac{U_S}{R + R_1}$$

$$= -\frac{R_2}{R + R_1} \times U_S$$

8.2　一阶电路的零输入响应

【微课视频】

一阶电路的零输入响应

动态电路中没有外施激励，仅由动态元件的初始储能产生的响应称为动态电路的零输入响应。一阶动态电路的零输入响应分为 RC 和 RL 电路的零输入响应，下面将分别介绍这两种电路。

8.2.1　RC 电路的零输入响应

在图 8-3 所示 RC 电路中，开关 S 在 $t=0$ 时刻发生换路，换路前开关 S 闭合在位置 1 上已久，电压源对电容元件的充电已经完成，电容两端的电压 $u_C(0_-)=U$。换路发生后，电路无外加激励作用输入电能为零，根据换路定则，电容元件两端电压的初始值 $u_C(0_+)=u_C(0_-)=U$，电容元件通过电阻开始将储存的电场能量释放出来（简称放电），在电路中产生响应。

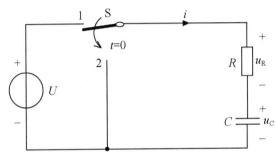

图 8-3　RC 电路的零输入响应

根据 KVL 列出 $t \geqslant 0$ 时的电路方程

$$u_R + u_C = 0$$

将电容元件的伏安特性 $i = C\dfrac{\mathrm{d}u_C}{\mathrm{d}t}$ 和欧姆定律 $u_R = Ri$ 代入上式，有

$$RC\frac{\mathrm{d}u_C}{\mathrm{d}t} + u_C = 0$$

针对该一阶线性常系数齐次微分方程，初始条件 $u_C(0_+)=u_C(0_-)=U$，设此方程的通解为 $u_C = A\mathrm{e}^{pt}$，代入上式后得特征方程为

$$RCp + 1 = 0$$

特征根为

$$p = -\frac{1}{RC}$$

将初始条件代入方程的通解，则可求得积分常数 $A = u_C(0_+) = U$。这样我们就得到满足初始条件的一阶微分方程的解

$$u_C = A\mathrm{e}^{pt} = U\mathrm{e}^{-\frac{1}{RC}t}$$

这就是储能元件电容在放电过程中的两端电压 u_C 随时间变化的规律。从式中可以看出 u_C 是按指数规律进行衰减的，衰减的快慢取决于指数中的 $\dfrac{1}{RC}$，定义参数

$$\tau = RC \tag{8-13}$$

τ 称为一阶动态 RC 电路的时间常数，R 用欧姆（Ω）做单位，C 用法拉（F）做单位，τ 的单位为秒（s）。这样，电路的各变量可表示为

$$u_C = U\mathrm{e}^{-\frac{t}{\tau}} \tag{8-14}$$

$$i = C\frac{\mathrm{d}u_C}{\mathrm{d}t} = C\frac{\mathrm{d}}{\mathrm{d}t}(U\mathrm{e}^{-\frac{t}{\tau}}) = -\frac{U}{R}\mathrm{e}^{-\frac{t}{\tau}} \tag{8-15}$$

$$u_R = Ri = -U\mathrm{e}^{-\frac{t}{\tau}} = -u_C \tag{8-16}$$

式中的负号表示结果与图中的参考方向相反。

时间常数 τ 的大小反映了一阶动态电路过渡过程的快慢。表 8-1 给出了不同衰减时间（τ 的整数倍）情况下，电容两端电压随时间的变化规律。

表 8-1　u_C 大小与衰减时间的关系

t	0	τ	2τ	3τ	4τ	5τ	…	∞
$u_C(t)$	U	0.368U	0.135U	0.05U	0.018U	0.007U	…	0

从表 8-1 可以看出，理论上讲电容两端的电压 u_C 经过无限长时间才能衰减至零。但在工程上一般认为换路后，经过 $4\tau \sim 5\tau$ 时间过渡过程即结束。图 8-4 所示曲线分别为 u_C、u_R、i 随时间变化的曲线。

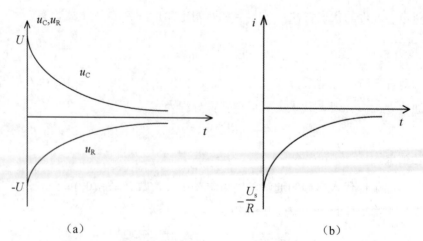

（a）　　　　　　　　　　（b）

图 8-4　RC 电路零输入响应 u_C、u_R、i 随时间变化的曲线

在一阶 RC 电路零输入响应中，电容储存的电场能量经电路释放出来，最终都被电阻转变成热量消耗掉，这可以从电阻消耗能量的公式反映出来。

$$W_R = \int_0^\infty R i^2 \mathrm{d}t = \int_0^\infty R(\frac{U}{R}\mathrm{e}^{-\frac{t}{\tau}})^2 \mathrm{d}t = \frac{U^2}{R}\int_0^\infty \mathrm{e}^{-\frac{2t}{RC}}\mathrm{d}t = \frac{1}{2}CU^2$$

【**例 8-2**】在图 8-5 中，已知 $R_1 = 1\mathrm{k}\Omega$，$R_2 = 2\mathrm{k}\Omega$，$R_3 = 5\mathrm{k}\Omega$，$C = 1\mu\mathrm{F}$，电流源 $I = 3\mathrm{mA}$。开关长期合在位置 1 上，当 $t = 0$ 时把它合到位置 2 上，试求 $t \geqslant 0$ 后电容元件上电压 u_C 和放电电流 i。

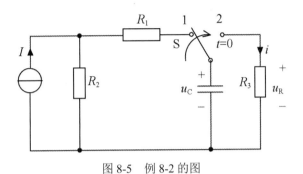

图 8-5　例 8-2 的图

解　在 $t = 0_-$ 时，$u_C(0_-) = R_2 I = 2\times10^3 \times 3\times10^{-3} = 6\mathrm{V}$

根据换路定则，有 $u_C(0_+) = u_C(0_-) = 6\mathrm{V}$

当 $t \geqslant 0$ 时，列回路的 KVL 方程有

$$u_R - u_C = 0$$

将电阻 R_3 和电容元件的伏安特性 $u_R = R_3 i$，$i = -C\dfrac{\mathrm{d}u_C}{\mathrm{d}t}$ 代入上式中，得

$$R_3 C\frac{\mathrm{d}u_C}{\mathrm{d}t} + u_C = 0$$

由前面的 RC 电路的零输入响应有

$$\tau = R_3 C = 5\times10^3 \times 1\times10^{-6} = 5\times10^{-3}\mathrm{s}$$

$$u_C = u_C(0_+)\mathrm{e}^{-\frac{t}{\tau}} = 6\mathrm{e}^{-200t}\mathrm{V}$$

$$i = -C\frac{\mathrm{d}u_C}{\mathrm{d}t} = 1.2\mathrm{e}^{-200t}\mathrm{mA}$$

8.2.2　RL 电路的零输入响应

在图 8-6（a）所示 RL 电路中，开关在位置 1 很长时间，电路中的电压和电流已经恒定不变，电感中的电流 $i_L(0_-) = \dfrac{U_S}{R_0} = I_0$。在 $t=0$ 时，将开关从位置 1 合到位置 2，电

路无外加激励，输入电能为零。此时电感中电流的初始值 $i_L(0_+) = i_L(0_-) = \dfrac{U_S}{R_0} = I_0$，电感元件通过电阻开始将储存的磁场能量释放出来。$t \geq 0$ 时的电路如图 8-6（b）所示，根据 KVL，列出电路方程为

$$u_L + u_R = 0$$

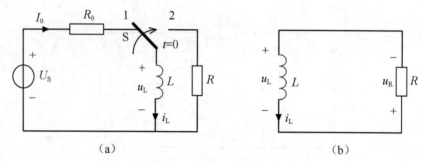

图 8-6   *RL* 电路的零输入响应

将电感元件的伏安特性 $u_R = L\dfrac{di_L}{dt}$ 和欧姆定律 $u_R = Ri_L$ 代入上式，有

$$L\frac{di_L}{dt} + Ri_L = 0$$

对于此一阶线性常系数齐次微分方程，初始条件 $i_L(0_+) = i_L(0_-) = \dfrac{U_S}{R} = I_0$，设此方程的通解为 $i_L = Ae^{pt}$，代入上式后得特征方程为

$$Lp + R = 0$$

特征根为

$$p = -\frac{R}{L}$$

将初始条件代入方程的通解，可求得积分常数 $A = i_L(0_+) = I_0$。这样就得到了满足初始条件的一阶微分方程的解

$$i_L = Ae^{pt} = I_0 e^{-\frac{R}{L}t}$$

这就是电感元件在放电过程中其放电电流随时间变化的规律。从公式中可以看出，电感中的电流是按指数规律进行衰减的，衰减的快慢取决于指数中的 $\dfrac{R}{L}$，定义参数

$$\tau = \frac{L}{R} \tag{8-17}$$

τ 称为一阶动态 *RL* 电路的时间常数，R 用欧姆（Ω）做单位，L 用亨利（H）做单位，τ 的单位为秒（s）。这样，电路的各变量可表示为

$$i_L = I_0 e^{-\frac{t}{\tau}} \tag{8-18}$$

$$u_L = L\frac{di_L}{dt} = L\frac{d}{dt}(I_0 e^{-\frac{t}{\tau}}) = -RI_0 e^{-\frac{t}{\tau}} \tag{8-19}$$

$$u_R = Ri_L = RI_0 e^{-\frac{t}{\tau}} = -u_L \tag{8-20}$$

u_L、u_R 的波形分别如图 8-7（a）（b）所示。

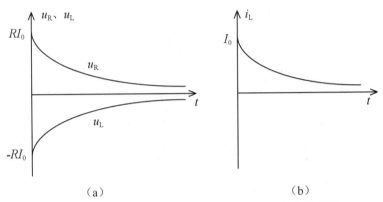

（a）　　　　　　　　　　　　（b）

图 8-7　RL 电路零输入响应 u_L、u_R、i_L 随时间的变化曲线

在一阶 RL 电路零输入响应中，电感储存的磁场能量经电路释放出来，最终都被电阻转变成热量消耗掉，这可以从电阻消耗能量的公式反映出来

$$W_R = \int_0^\infty Ri^2 dt = \int_0^\infty R(I_0 e^{-\frac{t}{\tau}})^2 dt = RI_0^2 \int_0^\infty e^{-\frac{2t}{RC}} dt = \frac{1}{2}LI_0^2$$

【例 8-3】图 8-8 所示 RL 电路是发电机的励磁线圈电路。已知线圈的电阻 $R = 0.2\Omega$，电感 $L = 0.5\text{H}$，直流电压源的电压 $U = 30\text{V}$，在线圈两端加一直流电压表，测量线圈电压，电压表的量程为 50V，其内阻 $R_V = 5\text{k}\Omega$，电路此时处于稳定状态。在 $t = 0$ 时打开开关 S，求开关打开后电路中的电流 i_L 和电压表两端的电压 u_V。

解　　　　　　　$i_L(0_-) = \dfrac{U}{R} = \dfrac{30}{0.2} = 150\text{A}$

根据换路定则　　　$i_L(0_+) = i_L(0_-) = 150\text{A}$

开关 S 断开瞬间，电路的时间常数为

$$\tau = \frac{L}{R + R_V} = \frac{0.5}{0.2 + 5000} = 100\mu s$$

按照 RL 电路零输入响应的结果有

$$i_L = i_L(0_+)e^{-\frac{t}{\tau}} = 150e^{-10000t}\,A$$

根据电压表的电压参考方向和电流的实际流向，得电压表两端的电压为

$$u_V = -R_V i_L = -5000 \times 150e^{-10000t}\,V = -7.5 \times 10^5 e^{-10000t}\,V$$

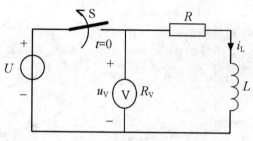

图 8-8　例 8-3 的图

从本例的计算结果可以看出，当开关断开时，直流电压表与电感构成了零输入回路，电压表两端的反向电压瞬间高达 75 万伏，直流电压表将被击穿。在此电路中，如果没有直流电压表，当电感从电源断开的瞬间，电感产生的高感应电压加在开关两端，使其间空气被击穿，在开关处产生电弧，电感储存的磁场能量通过开关释放出来，巨大的能量很容易使开关烧毁，因此，将大电感或通有大电流的电感从电路中断开时，应设有放电回路，便于电感的能量释放出来，以延长开关的寿命。而在 RC 电路中，电容的电荷在连接电容的电路断开后仍能长时间保存在电容上，这也是 RL 电路与 RC 电路的不同之处。

8.3　一阶电路的零状态响应

一阶电路的零状态响应是指电路中的动态元件在换路前没有原始储能，换路后由外接激励作用产生响应。同样，下面将分别介绍 RC 和 RL 电路在直流电压激励下的零状态响应。

8.3.1　RC 电路的零状态响应

在图 8-9 所示的 RC 电路中，在开关 S 闭合之前，电容元件两端的电压为零，没有原始储能，即 $u_C(0_-) = 0$，在 $t=0$ 时刻，开关 S 闭合，列出 $t \geq 0$ 后的 KVL 方程为

$$u_R + u_C = U_S$$

将电容元件的伏安特性 $i_C = C\dfrac{\mathrm{d}u_C}{\mathrm{d}t}$ 和欧姆定律 $u_R = Ri$ 代入上式，有

$$RC\frac{\mathrm{d}u_C}{\mathrm{d}t} + u_C = U_S$$

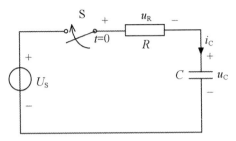

图 8-9　RC 电路的零状态响应

方程为一阶常系数非齐次微分方程，且根据换路定则，方程的初始条件为 $u_C(0_+) = u_C(0_-) = 0$。方程的解由两部分组成，即由该非齐次方程的特解 u_C' 和对应齐次方程的通解 u_C'' 组成，即

$$u_C = u_C' + u_C''$$

对应齐次方程 $RC\dfrac{\mathrm{d}u_C''}{\mathrm{d}t} + u_C'' = 0$ 的通解 u_C''，我们前面已得出

$$u_C'' = A\mathrm{e}^{-\frac{t}{\tau}}$$

式中，$\tau = RC$。

由该非齐次方程不难求出其特解 $u_C' = U_S$，因此

$$u_C = U_S + A\mathrm{e}^{-\frac{t}{\tau}}$$

将初始条件 $u_C(0_+) = u_C(0_-) = 0$ 代入上式，得

$$A = -U_S$$

因而

$$u_C = U_S - U_S\mathrm{e}^{-\frac{t}{\tau}} = U_S(1 - \mathrm{e}^{-\frac{t}{\tau}}) \tag{8-21}$$

$$i_C = C\frac{\mathrm{d}u_C}{\mathrm{d}t} = \frac{U_S}{R}\mathrm{e}^{-\frac{t}{\tau}} \tag{8-22}$$

$$u_R = Ri_C = U_S\mathrm{e}^{-\frac{t}{\tau}} \tag{8-23}$$

u_C、u_R、i_C 的波形分别如图 8-10 所示。

电容电压 u_C 在过渡过程结束后最终趋于恒定值 U_S，达到新的稳定后电路中的电压和电流不再变化，电容相当于开路，电路中电流为零，且电阻电压也为零。不

难看出，方程的特解正好是电路达到新的稳态后电容电压的大小，故而特解 u_C' 称为稳态分量，又因 u_C' 与外施激励的变化规律有关，故又称为强制分量。齐次方程的通解 u_C'' 随指数规律衰减最终趋于零，因此称为暂态分量，同时因为此分量的变化规律与外施激励无关，故又称为自由分量。

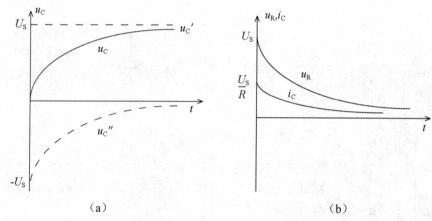

图 8-10 RC 电路零状态响应 u_C、u_R、i_C 随时间的变化曲线

从电路的响应过程分析可知，RC 电路零状态响应的过程实际上是直流电压源通过电阻向电容充电，电容元件储存电场能量的过程。电源提供的能量一部分以电场能的形式储存在电容中，另一部分通过电阻以热能的形式消耗掉。

$$W_\mathrm{R} = \int_0^\infty Ri^2 \mathrm{d}t = \int_0^\infty R(\frac{U_\mathrm{S}}{R}\mathrm{e}^{-\frac{t}{\tau}})^2 \mathrm{d}t = \frac{U_\mathrm{S}^2}{R}\int_0^\infty \mathrm{e}^{-\frac{2t}{RC}}\mathrm{d}t$$
$$= \frac{1}{2}CU_\mathrm{S}^2$$

从计算结果可知，不论电容和电阻为何值，电源提供给电路的能量，一半被电阻消耗掉，另一半被电容储存起来，对电容的充电效率最大也只有 50%。

8.3.2 *RL* 电路的零状态响应

在图 8-11 所示 RL 电路中，开关 S 闭合前，电感元件中通过的电流为零，没有原始储能，即 $i_\mathrm{L}(0_-) = 0$，在 $t=0$ 时刻，开关 S 合向电路，列出 $t \geqslant 0$ 时的 KVL 方程

$$u_\mathrm{R} + u_\mathrm{L} = U_\mathrm{S}$$

将电感元件的伏安特性 $u_\mathrm{L} = L\dfrac{\mathrm{d}i_\mathrm{L}}{\mathrm{d}t}$ 和欧姆定律 $u_\mathrm{R} = Ri_\mathrm{L}$ 代入上式，有

$$L\frac{\mathrm{d}i_\mathrm{L}}{\mathrm{d}t} + Ri_\mathrm{L} = U_\mathrm{S}$$

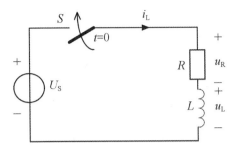

图 8-11 RL 电路的零状态响应

方程为一阶常系数非齐次微分方程。同样方程的解由两部分组成，即非齐次方程的特解 i_L' 和对应齐次方程的通解 i_L'' 组成，即

$$i_L = i_L' + i_L''$$

对应齐次方程 $L\dfrac{di_L''}{dt} + Ri_L'' = 0$ 的通解 i_L'' 即暂态分量（或自由分量），我们前面已得到

$$i_L'' = Ae^{-\frac{t}{\tau}}$$

式中，$\tau = \dfrac{L}{R}$。

特解 i_L' 即稳态分量（或强制分量），也就是过渡过程结束后，电感中电流的稳态值，此时电感相当于短路，所以

$$i_L' = \frac{U_S}{R}$$

因而有
$$i_L = \frac{U_S}{R} + Ae^{-\frac{t}{\tau}}$$

将初始条件 $i_L(0_+) = i_L(0_-) = 0$ 代入上式有

$$A = -\frac{U_S}{R}$$

因此
$$i_L = -\frac{U_S}{R}e^{-\frac{t}{\tau}} + \frac{U_S}{R} = \frac{U_S}{R}(1 - e^{-\frac{t}{\tau}}) \qquad (8\text{-}24)$$

$$u_L = L\frac{di_L}{dt} = U_S e^{-\frac{t}{\tau}} \qquad (8\text{-}25)$$

$$u_R = Ri_L = U_S(1 - e^{-\frac{t}{\tau}}) \qquad (8\text{-}26)$$

i_L、u_L、u_R 的波形如图 8-12 所示。

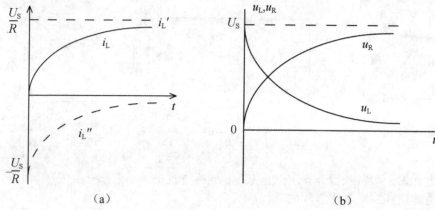

图 8-12 RL 电路零状态响应 i_L、u_L、u_R 的变化曲线

【例 8-4】 在图 8-13（a）所示电路中，$U = 6V$，$R_1 = 1k\Omega$，$R_2 = 5k\Omega$，$C = 1000pF$，$u_C(0_-) = 0$，试求 $t \geq 0$ 时的电压 u_C。

解   首先，根据戴维宁定理，将除电容以外的电路用戴维宁等效电路代替，如图 8-13（b）所示。

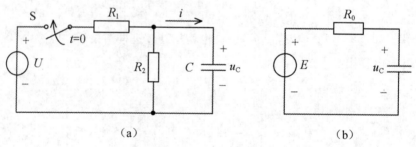

图 8-13   例 8-4 的图

戴维宁等效电压源为

$$E = \frac{R_2 U}{R_1 + R_2} = \frac{5 \times 10^3 \times 6}{(1+5) \times 10^3} = 5V$$

戴维宁等效电阻

$$R_0 = \frac{R_1 R_2}{R_1 + R_2} = \frac{5}{6} k\Omega$$

电路的时间常数为

$$\tau = R_0 C = \frac{5}{6} \times 10^3 \times 600 \times 10^{-12} = 5 \times 10^{-7} s$$

由 RC 电路零状态响应的公式有

$$u_C = E(1 - e^{-\frac{t}{\tau}}) = 5(1 - e^{-\frac{t}{5 \times 10^{-7}}}) = 5(1 - e^{-2 \times 10^6 t})\text{V}$$

8.4　一阶电路的全响应

一阶电路的全响应是指具有初始储能的动态元件和外接激励共同作用于电路而产生的响应。下面我们以 RC 电路为例加以说明。

在图 8-14 所示电路中，电容元件已具有原始储能 $u_C(0_-) = U_0 < U_S$，当开关 S 在 $t = 0$ 时闭合，根据 KVL 列出 $t \geqslant 0$ 时的电路方程

$$u_R + u_C = U_S$$

将电容元件的伏安特性关系式 $i_C = C\dfrac{du_C}{dt}$ 和欧姆定律 $u_R = Ri_C$ 代入上式，有

$$RC\frac{du_C}{dt} + u_C = U_S$$

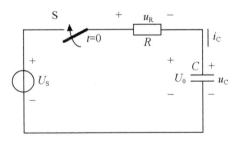

图 8-14　RC 电路的全响应

方程为一阶常系数非齐次微分方程。通常方程的解由两部分（对应齐次方程的特解 u_C' 和通解 u_C''）组成

$$u_C = u_C' + u_C''$$

对应齐次方程 $RC\dfrac{du_C''}{dt} + u_C'' = 0$ 的通解

$$u_C'' = Ae^{-\frac{t}{\tau}}$$

式中，$\tau = RC$。

特解 u_C' 是过渡过程结束后，电容两端电压的稳态值，即 $u_C' = U_S$

因此
$$u_C = u_C' + u_C'' = U_S + Ae^{-\frac{t}{\tau}}$$

将初始条件 $u_C(0_+) = u_C(0_-) = U_0$ 代入上式有

$$A = U_0 - U_S$$

所以 　　　　　　　　$u_C = (U_0 - U_S)e^{-\frac{t}{\tau}} + U_S$ 　　　　　　　　（8-27）

经过整理，上式还可以写成

$$u_C = U_0 e^{-\frac{t}{\tau}} + U_S(1 - e^{-\frac{t}{\tau}})$$ 　　　　　　　　（8-28）

式（8-27）和式（8-28）都是电容电压在换路后的全响应，但在理解上有不同的含义。对于式（8-27），第一项是暂态分量，它随着过渡过程的结束而趋于零，第二项是稳态分量，其值等于外施激励的电压。所以

　　　　　　　　全响应=暂态分量+稳态分量　　　　　　　　（8-29）

但从式（8-28）中又看到，第一项是零输入响应，第二项是零状态响应，二者根据线性叠加定理就构成了 RC 电路的全响应，即

　　　　　　　　全响应=零输入响应+零状态响应　　　　　　　　（8-30）

图 8-15 是全响应两种表达式的波形图，其中图（a）波形的叠加表示式（8-29），图（b）波形的叠加表示式（8-30）。

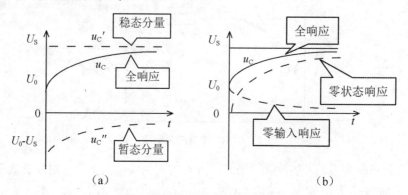

图 8-15　RC 电路全响应的波形

无论是把全响应分解为暂态分量和稳态分量，还是分解为零输入响应和零状态响应，都不过是从不同的角度去分析全响应。而全响应总是由初始值、特解（稳态值）和时间常数三个要素决定的。若初始值为 $f(0_+)$，特解（稳态值）为 $f(\infty)$，时间常数为 τ，则直流电源激励下，一阶动态电路的全响应 $f(t)$ 可表示为

$$f(t) = f'(t) + f''(t)$$

$$= f'(t) + Ae^{-\frac{t}{\tau}}$$ 　　　　　　　　（8-31）

$$= f(\infty) + [f(0_+) - f(\infty)]e^{-\frac{t}{\tau}}$$

式中，$f'(t)$ 和 $f''(t)$ 分别表示全响应中对应齐次方程的特解和通解，A 为积分常数。

从式（8-31）可以看出，只要我们确定了所求变量的初始值、特解（稳态值）、时间常数这三个要素，就可以直接写出直流激励下一阶电路的全响应，这种方法称为三要素法。和经典法相比，三要素法更加直观、方便。

一阶电路三要素法的求解步骤如下：

（1）求初始值 $f(0_+)$。

1）首先求独立变量的初始值 $u_C(0_+)$、$i_L(0_+)$。可以先画出 $t<0$ 时的等效电路，直流激励下，此时电容看作开路，电感看作短路，求出 $u_C(0_-)$、$i_L(0_-)$。根据换路定则 $u_C(0_+) = u_C(0_-)$，$i_L(0_+) = i_L(0_-)$，求得 $u_C(0_+)$、$i_L(0_+)$。

2）非独立变量的初始值如 $u_R(0_+)$、$i_R(0_+)$ 等，需要画出 $t = 0_+$ 时刻的等效电路，电容用电压为 $u_C(0_+)$ 的电压源替代，电感用电流为 $i_L(0_+)$ 的电流源替代。而当 $u_C(0_+) = 0$、$i_L(0_+) = 0$ 时，电容可用短路替代，电感可用开路替代。根据 $t = 0_+$ 时刻的等效电路求取非独立的初始值。

（2）求稳态值 $f(\infty)$。换路后，$t \to \infty$ 时各电压、电流均趋于稳定并不再变化。可以画出 $t \to \infty$ 时的等效电路，电容看作开路，电感看作短路，根据等效电路求取稳态值 $f(\infty)$。

（3）时间常数 τ。RC 电路的时间常数为 $\tau = R_{eq}C$，RL 电路的时间常数为 $\tau = \dfrac{L}{R_{eq}}$，式中的 R_{eq} 是等效电阻，其值等于换路后的电路把动态元件去掉后，其有源二端网络中的独立源置零后的等效电阻，即戴维宁定理中等效电阻的求解方法。

（4）根据一阶电路三要素法公式写出电路响应

$$f(t) = f(\infty) + [f(0_+) - f(\infty)]e^{-\frac{t}{\tau}}$$

电容电流 i_C 可以根据电容元件的伏安特性 $i_C = C\dfrac{du_C}{dt}$ 求得。

电感电压 u_L 可以根据电感元件的伏安特性 $u_L = L\dfrac{di_L}{dt}$ 求得。

【例 8-5】在图 8-16 所示电路中，已知 $R_1 = 2k\Omega$，$R_2 = 4k\Omega$，$C = 3\mu F$，$U_1 = 6V$，$U_2 = 5V$，开关合在位置 1 时电路已处于稳定状态，如在 $t=0$ 时将开关合向位置 2，试用一阶电路的三要素法求电容元件上的电压 u_C 和电流 i_C。

解　（1）求初始值 $u_C(0_+)$。开关在位置 1 时，电路已处于稳态，电容看作断路，其两端的电压为

$$u_C(0_-) = \frac{R_2}{R_1 + R_2}U_1 = \frac{4 \times 10^3}{(2+4) \times 10^3} \times 6 = 4V$$

根据换路定则，初始值 $u_C(0_+) = u_C(0_-) = 4V$

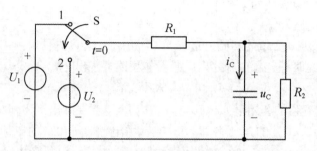

图 8-16   例 8-5 的图

（2）求稳态值 $u_C(\infty)$。$t \to \infty$ 时，电容看作断路，所以

$$u_C(\infty) = \frac{R_2}{R_1 + R_2}U_2 = \frac{4 \times 10^3}{(2+4) \times 10^3} \times 5 = \frac{10}{3}V$$

（3）确定时间常数 τ。RC 电路的时间常数为 $\tau = R_{eq}C$，利用戴维宁定理中等效电阻的求解方法，电压源 U_2 置零后从电容两端看进去的等效电路如图 8-17 所示。

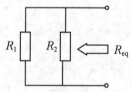

图 8-17   例 8-5 求 R_{eq} 的电路

所以 $\tau = R_{eq}C = \dfrac{2 \times 10^3 \times 4 \times 10^3}{(2+4) \times 10^3} \times 3 \times 10^{-6} = 4 \times 10^{-3}S$

（4）根据一阶电路三要素法公式 $f(t) = f(\infty) + [f(0_+) - f(\infty)]e^{-\frac{t}{\tau}}$

得 $u_C = u_C(\infty) + [u_C(0+) - u_C(\infty)]e^{-\frac{t}{\tau}} = \dfrac{10}{3} + \left(4 - \dfrac{10}{3}\right)e^{-250t} = \dfrac{10}{3} + \dfrac{2}{3}e^{-250t}V$

根据电容元件的伏安特性得

$$i_C = C\frac{du_C}{dt} = 3 \times 10^{-6} \times \frac{2}{3} \times (-250) \times e^{-250t} = -5 \times 10^{-4}e^{-250t}A$$

【例8-6】电路如图8-18（a）所示，已知 $u_{S1}=3\text{V}$ ， $u_{S2}=6\text{V}$ ， $R_1=1\Omega$ ， $R_2=3\Omega$ ， $R_3=6\Omega$ ， $L=2\text{H}$ ，在换路前电路处于稳定状态。当 $t=0$ 时将开关从位置 1 合向位置 2，试用一阶电路的三要素法求 $t\geqslant 0$ 后的 i_L 、 i 和 u_L 。

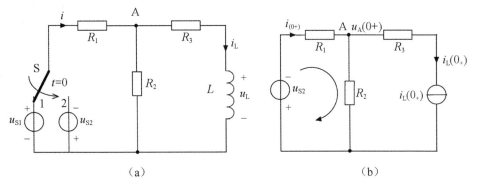

（a）　　　　　　　　　（b）

图 8-18　例 8-6 的图

解　（1）求初始值 $i_L(0_+)$ 、 $i(0_+)$ 。换路前电路处于稳态，电感看作短路，根据换路前的电路以及换路定则，有

$$i_L(0_+)=i_L(0_-)=\frac{3}{R_1+\dfrac{R_2R_3}{R_2+R_3}}\times\frac{R_2}{R_2+R_3}=\frac{3}{1+\dfrac{3\times 6}{3+6}}\times\frac{3}{3+6}=\frac{1}{3}\text{A}$$

要求非独立变量的初始值 $i(0_+)$ ，需要画出 0_+ 时刻的等效电路如图8-18（b）所示（电感可等效为一个电流源，电流源的电流是 $i_L(0_+)$ ），运用结点电压法，A结点的结点电压为

$$u_A(0_+)=\frac{-\dfrac{u_{S2}}{R_1}-i_L(0_+)}{\dfrac{1}{R_1}+\dfrac{1}{R_2}}=\frac{-\dfrac{6}{1}-\dfrac{1}{3}}{1+\dfrac{1}{3}}=-\frac{19}{4}\text{V}$$

图8-18（b）中列指定回路的 KVL 方程 $i(0_+)R_1+u_A(0_+)+u_{S2}=0$

所以　　　　　　　$i(0_+)=\dfrac{-u_{S2}-u_A(0_+)}{R_1}=\dfrac{-6+\dfrac{19}{4}}{1}=-\dfrac{5}{4}\text{A}$

（2）求稳态值 $i_L(\infty)$ 、 $i(\infty)$ 。 $t\to\infty$ 时，电感看作短路，其等效电路如图8-19（a）所示，所以

$$i_L(\infty)=\frac{-6}{R_1+\dfrac{R_2R_3}{R_2+R_3}}\times\frac{R_2}{R_2+R_3}=\frac{-6}{1+\dfrac{3\times 6}{3+6}}\times\frac{3}{3+6}=-\frac{2}{3}\text{A}$$

$$i(\infty) = \frac{-6}{R_1 + \dfrac{R_2 R_3}{R_2 + R_3}} = \frac{-6}{1 + \dfrac{3 \times 6}{3 + 6}} = -2\text{A}$$

（3）求电路的时间常数 τ 。RL 电路的时间常数为 $\tau = \dfrac{L}{R_{eq}}$，利用戴维宁定理求等效电阻的方法，电压源 u_{S2} 置零后从电感两端看进去的等效电路如图 8-19（b）所示，所以

$$R_{eq} = \frac{R_1 R_2}{R_1 + R_2} + R_3 = \frac{1 \times 3}{1 + 3} + 6 = \frac{27}{4}\Omega$$

$$\tau = \frac{L}{R_{eq}} = \frac{2}{\dfrac{27}{4}} = \frac{8}{27}\text{s}$$

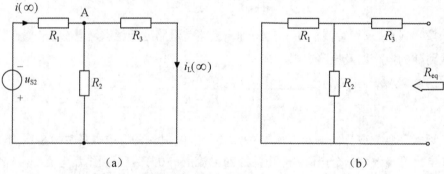

（a）   （b）

图 8-19 例 8-6 求稳态值 $i_L(\infty)$、$i(\infty)$ 和 R_{eq} 的电路

（4）根据一阶电路三要素法公式，即

$$i_L = i_L(\infty) + [i_L(0_+) - i_L(\infty)]e^{-\frac{t}{\tau}} = -\frac{2}{3} + [\frac{1}{3} + \frac{2}{3}]e^{-\frac{27}{8}t} = -\frac{2}{3} + e^{-\frac{27}{8}t}\text{A}$$

$$i = i(\infty) + [i(0_+) - i(\infty)]e^{-\frac{t}{\tau}} = -2 + [-\frac{5}{4} + 2]e^{-\frac{27}{8}t} = -2 + 0.75e^{-\frac{27}{8}t}\text{A}$$

根据电感元件的伏安特性得

$$u_L = L\frac{di_L}{dt} = -\frac{27}{4}e^{-\frac{27}{8}t}\text{V}$$

【例 8-7】电路如图 8-20 所示，开关合在位置 1 时已达稳定状态，$t=0$ 时开关由位置 1 合向位置 2，求 $t \geqslant 0$ 时后的响应 $i_L(t)$、$u_L(t)$。

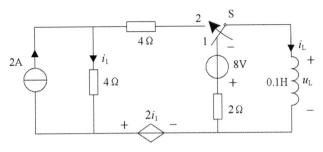

图 8-20 例 8-7 的电路

解：（1）求初始值 $i_L(0_+)$。开关置于"1"时电路处于稳态，电感看作短路，根据换路前的电路以及换路定则可得

$$i_L(0_+) = i_L(0_-) = \frac{-8}{2} = -4\text{A}$$

（2）求稳态值 $i_L(\infty)$。开关置于"2"时，$t \to \infty$ 电路处于稳态，电路中含有 CCVS 受控源，将电感元件去掉后的有源二端网络如图 8-21（a）所示，此有源二端网络的戴维宁等效电路如图 8-21（b）所示。其中

$$u_{oc} = 4i_1 + 2i_1 = 6i_1 = 6 \times 2 = 12\text{V}$$

等效电阻 R_{eq} 的求取用加压求流法，将图 8-21（a）电路中独立电流源置零并在端口加电压源 u_s 后的电路如图 8-21（c）所示，列指定回路的 KVL 方程：

$$u_s = 4i_1 + 4i_1 + 2i_1 = 10i_1$$

则

$$R_{eq} = \frac{u_s}{i_1} = 10\Omega$$

在图 8-21（d）所示电路中

$$i_L(\infty) = \frac{u_{oc}}{R_{eq}} = \frac{12}{10} = 1.2\text{A}$$

（3）求电路的时间常数

$$\tau = \frac{L}{R_{eq}} = \frac{0.1}{10} = 0.01\text{s}$$

（4）根据一阶电路三要素法公式，即

$$i_L(t) = i_L(\infty) + [i_L(0_+) - i_L(\infty)]\text{e}^{-\frac{t}{\tau}} = 1.2 + (-4 - 1.2)\text{e}^{-100t} = 1.2 - 5.2\text{e}^{-100t}\text{A}$$

$$u_L(t) = L\frac{\text{d}i_L(t)}{\text{d}t} = 0.1 \times (-5.2) \times (-100)\text{e}^{-100t} = 52\text{e}^{-100t}\text{V}$$

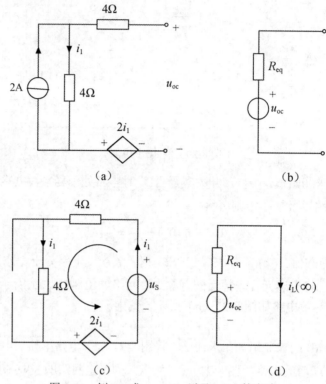

图 8-21   例 8-7 求 u_{oc}、R_{eq} 以及 $i_L(\infty)$ 的电路

8.5   一阶电路的阶跃响应和冲激响应

8.5.1   一阶电路的阶跃响应

1. 单位阶跃函数

单位阶跃函数是一个奇异函数，一般用 $\varepsilon(t)$ 表示，其定义为

$$\varepsilon(t)=\begin{cases} 0 & t<0 \\ 1 & t>0 \end{cases} \tag{8-32}$$

其波形如图 8-22（a）所示，它在 $t<0$ 时恒为零，$t>0$ 时恒为 1。$t=0$ 时由 0 阶跃到 1，这是一个跃变过程。

如果单位阶跃函数 $\varepsilon(t)$ 乘以任意常量 A，则所得结果称为 $A\varepsilon(t)$ 阶跃函数，其表达式为

$$A\varepsilon(t) = \begin{cases} 0 & t < 0 \\ A & t > 0 \end{cases} \qquad (8-33)$$

其波形如图 8-22（b）所示。

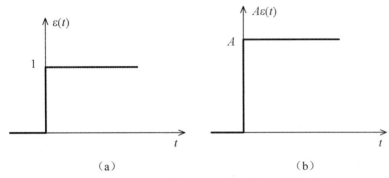

（a）　　　　　　　　　　　（b）

图 8-22　单位阶跃函数 $\varepsilon(t)$ 和 $A\varepsilon(t)$ 阶跃函数的波形

　　阶跃函数在电路理论中的应用之一是描述电路中的某些开关动作。例如图 8-23（a）所示电路中，此开关的动作可以用单位阶跃函数来描述，它表示在 $t = 0$ 时将单位直流电压源接入到电路中。图 8-23（b）所示电路中，此开关的动作可以用 $10\varepsilon(t)A$ 阶跃函数来描述，它表示在 $t = 0$ 时将 10A 直流电流源接入到电路中。因此，阶跃函数可以作为开关的数学模型，所以有时也称为开关函数。

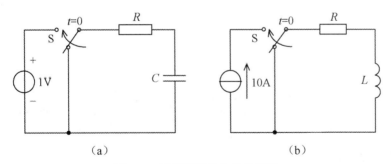

（a）　　　　　　　　　　　（b）

图 8-23　阶跃函数作为开关模型

　　定义任何时刻 t_0 开始的单位阶跃函数的表达式为

$$\varepsilon(t - t_0) = \begin{cases} 0 & t < t_0 \\ 1 & t > t_0 \end{cases} \qquad (8-34)$$

$\varepsilon(t - t_0)$ 可以看作 $\varepsilon(t)$ 在时间轴上移动 t_0 后的结果，所以它是延迟的单位阶跃函数，如图 8-24（a）所示。$A\varepsilon(t - t_0)$ 是 $A\varepsilon(t)$ 在时间轴上移动 t_0 后的结果，如图 8-24（b）所示。

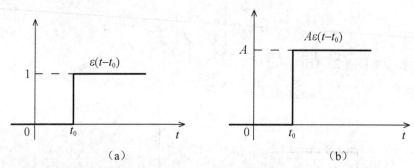

图 8-24 延迟的单位阶跃函数 $\varepsilon(t-t_0)$ 和延迟的阶跃函数 $A\varepsilon(t-t_0)$ 的波形

单位阶跃函数还可用来起始和终止任意一个函数 $f(t)$。如图 8-25 所示，设 $f(t)$ 是对所有时间都有定义的函数，则

$$f(t)\varepsilon(t-t_0)=\begin{cases} f(t), & t>t_0 \\ 0, & t<t_0 \end{cases} \qquad (8\text{-}35)$$

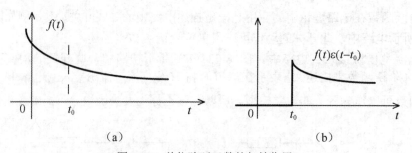

图 8-25 单位阶跃函数的起始作用

阶跃函数在电路理论中的应用之二是可以很方便地表示某些信号。例如，利用二个阶跃函数的线性叠加可以表示一个矩形脉冲，图 8-26（a）所示单位矩形脉冲信号 $f(t)$ 可看成图 8-26（b）和图 8-26（c）二个阶跃函数的合成，其数学表达式为 $f(t)=\varepsilon(t)-\varepsilon(t-t_0)$。图 8-27（a）所示延迟的单位矩形脉冲信号 $f(t)$ 可看成图 8-27（b）和图 8-27（c）二个阶跃函数的合成，其数学表达式为 $f(t)=\varepsilon(t-t_1)-\varepsilon(t-t_2)$。

2. 单位阶跃响应

一阶电路在单位阶跃函数的激励下产生的零状态响应称为单位阶跃响应，通常用 $s(t)$ 表示。

单位阶跃函数 $\varepsilon(t)$ 作用于电路相当于单位直流电源（1V 电压源或 1A 电流源）在 $t=0$ 时接入电路，因此对于一阶电路，单位阶跃响应 $s(t)$ 可用一阶电路的三要素法求解。

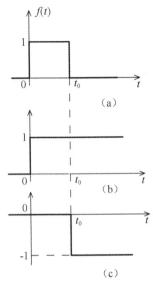
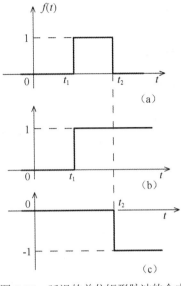

图 8-26　单位矩形脉冲的合成　　　　　图 8-27　延迟的单位矩形脉冲的合成

若电路在单位阶跃函数 $\varepsilon(t)$ 激励下的零状态响应（即单位阶跃响应）是 $s(t)$，则在阶跃函数 $A\varepsilon(t)$ 激励下的零状态响应是 $As(t)$，而在延迟阶跃函数 $A\varepsilon(t-\tau)$ 激励下的零状态响应是 $As(t-\tau)$。如果有若干个阶跃激励共同作用于电路，根据线性叠加定理，则其零状态响应等于各个激励分别单独作用于电路时产生的零状态响应的线性叠加。需要注意的是，这些不同的激励可以施加在电路的同一输入端口，也可分别施加于不同的输入端口，但响应只能位于同一输出端口。

【例 8-8】图 8-28（a）所示电路，已知 $R_1 = 6\Omega$，$R_2 = 4\Omega$，$C = 0.2\text{F}$，$u_C(0_-) = 0$。电流源 $i_S(t)$ 的波形如图 8-28（b）所示，试求电路的零状态响应 $u_C(t)$。

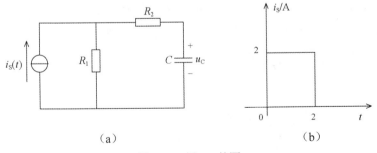

图 8-28　例 8-8 的图

解　此题可用两种求解方法求解：

（1）用阶跃函数表示激励，求阶跃响应。根据电流源的波形，可以写出它的

数学表达式为

$$i_S(t) = 2\varepsilon(t) - 2\varepsilon(t-2)\ \text{A}$$

根据线性叠加定理，零状态响应

$$u_C(t) = 2s(t) - 2s(t-2)\ \text{V}$$

式中，$s(t)$ 是单位阶跃响应。利用一阶电路的三要素法，电容在电流源 $i_S = \varepsilon(t)$ 作用下的响应

$$u_C(0_+) = u_C(0_-) = 0\ , \quad u_C(\infty) = R_1 \times i_S = 6 \times 1 = 6\text{V}$$

$$\tau = R_0 C = (R_1 + R_2)C = 10 \times 0.2 = 2\text{s}$$

故单位阶跃响应 $s(t)$ 为

$$s(t) = u_C(\infty) + \left[u_C(0+) - u_C(\infty)\right]\mathrm{e}^{-\frac{t}{\tau}} = 6(1 - \mathrm{e}^{-0.5t})\varepsilon(t)\ \text{V}$$

将此式代入 $u_C(t)$ 有

$$u_C(t) = 12(1 - \mathrm{e}^{-0.5t})\varepsilon(t) - 12(1 - \mathrm{e}^{-0.5(t-2)})\varepsilon(t-2)\ \text{V}$$

（2）用分段函数的方法来求解。在 $0 \leqslant t \leqslant 2$ 区间内为电路的零状态响应

$$u_C(t) = U_S(1 - \mathrm{e}^{-\frac{t}{\tau}}) = 12(1 - \mathrm{e}^{-0.5t})\ \text{V}$$

然后求电路在 $t > 2$ 时的零输入响应，当 $t=2$ 时，电容两端的电压为

$$u_C(2) = 12(1 - \mathrm{e}^{-0.5t}) = 7.59\ \text{V}$$

所以零输入响应为

$$u_C(t) = 7.59\mathrm{e}^{-0.5(t-2)}\ \text{V}$$

故在电流源的矩形脉冲激励下有

$$u_C(t) = \begin{cases} 12(1 - \mathrm{e}^{-0.5t}) & \text{V} \quad 0 \leqslant t \leqslant 2 \\ 7.59\mathrm{e}^{-0.5(t-2)} & \text{V} \qquad t > 2 \end{cases}$$

$u_C(t)$ 波形如图 8-29 所示，从图中可以看出，在电流源矩形脉冲的激励下，电容首先被充电，在电流源停止作用后，电容再通过电阻回路放电。

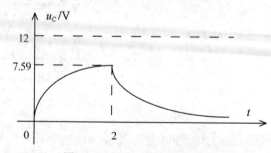

图 8-29　例 8-8 的 $u_C(t)$ 波形图

8.5.2   一阶电路的冲激响应

1. 单位冲激函数

单位冲激函数一般用 $\delta(t)$ 表示，其定义为

$$\begin{cases} \int_{-\infty}^{\infty} \delta(t)\mathrm{d}t = 1 & t = 0 \\ \delta(t) = 0 & t \neq 0 \end{cases} \tag{8-36}$$

其波形如图 8-30（b）所示。单位冲激函数又称为 δ 函数，也是一个奇异函数。

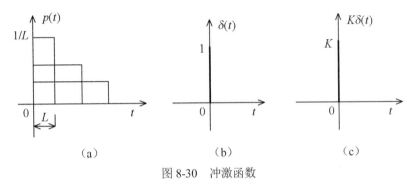

图 8-30   冲激函数

单位冲激函数 $\delta(t)$ 可以看作单位脉冲函数的极限情况。图 8-30（a）是一个单位矩形脉冲函数 $p(t)$ 的波形。它的宽是 L，高为 $\dfrac{1}{L}$，在保持矩形面积 $L \times \dfrac{1}{L} = 1$ 不变的情况下，宽度逐渐减小，高度逐渐增大，当脉冲宽度 $L \to 0$ 时，脉冲高度 $\dfrac{1}{L} \to \infty$，在此极限情况下，可以得到一个宽度趋于零、幅度趋于无限大但是面积仍为 1 的脉冲，这就是单位冲激函数 $\delta(t)$，其波形如图 8-30（b）所示。强度为 K 的冲激函数 $K\delta(t)$ 的波形如图 8-30（c）所示。

和延迟的单位阶跃函数一样，可以把发生在 $t = t_0$ 时的单位冲激函数写成 $\delta(t - t_0)$，还可以用 $K\delta(t - t_0)$ 表示强度为 K、发生在 t_0 时刻的冲激函数。

单位冲激函数具有两个重要性质：

（1）单位冲激函数与单位阶跃函数之间具有关联性

$$\varepsilon(t) = \int_{-\infty}^{t} \delta(\xi)\mathrm{d}\xi \tag{8-37}$$

$$\delta(t) = \frac{\mathrm{d}\varepsilon(t)}{\mathrm{d}t} \tag{8-38}$$

即单位冲激函数 $\delta(t)$ 对时间的积分等于单位阶跃函数 $\varepsilon(t)$，反之，单位阶跃函数 $\varepsilon(t)$ 对时间的一阶导数等于单位冲激函数 $\delta(t)$。

（2）单位冲激函数具有"筛分"性质。由于 $t \neq 0$ 时，$\delta(t) = 0$，所以对于任意在 $t = 0$ 的连续函数 $f(t)$ 有

$$f(t)\delta(t) = f(0)\delta(t) \qquad t = 0$$

因此

$$\int_{-\infty}^{\infty} f(t)\delta(t)\mathrm{d}t = f(0)\int_{-\infty}^{\infty} \delta(t)\mathrm{d}t = f(0) \tag{8-39}$$

同样，对于任意在 $t = t_0$ 的连续函数 $f(t)$ 有

$$\int_{-\infty}^{\infty} f(t)\delta(t - t_0)\mathrm{d}t = f(t_0) \tag{8-40}$$

这表明，冲激函数具有把一个函数在任何时刻的值"取"出来的性质，我们将其称为"筛分"性质，又称为"取样"性质。

2. 单位冲激响应

一阶电路在单位冲激函数的激励下产生的零状态响应称为单位冲激响应，通常用 $h(t)$ 表示。

图 8-31（a）是单位冲激电流源激励下的一阶 RC 电路，下面用分段分析法讨论它的单位冲激响应 u_C 和 i_C。

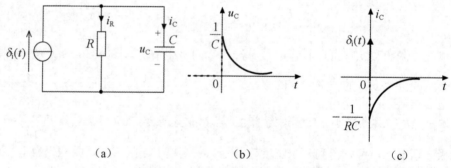

（a）   （b）   （c）

图 8-31   一阶 RC 电路的单位冲激响应

（1）当 $t < 0$ 时，电流源 $\delta_i(t) = 0$，电流源相当于开路，则 $u_C(0_-) = 0$，电路处于零状态。

（2）当 $0_- < t < 0_+$ 这一瞬间，冲激电流源对电容充电，电容储存能量。由于电路激励是冲激函数，冲激函数是奇异函数，所以换路定则不再成立，即 $u_C(0_+) \neq u_C(0_-)$。为求取 $u_C(0_+)$，建立电路在 $t = 0$ 时的 KCL 方程为

$$i_R + i_C = \delta_i(t)$$

将 $i_R = \dfrac{u_C}{R}$ 和 $i_C = C\dfrac{\mathrm{d}u_C}{\mathrm{d}t}$ 代入上式，得

$$C\frac{\mathrm{d}u_C}{\mathrm{d}t} + \frac{u_C}{R} = \delta_i(t) \tag{8-41}$$

对上式两边同时积分得

$$\int_{0_-}^{0+} C\frac{\mathrm{d}u_C}{\mathrm{d}t}\mathrm{d}t + \int_{0_-}^{0+} \frac{u_C}{R}\mathrm{d}t = \int_{0_-}^{0+} \delta_i(t)\mathrm{d}t \qquad (8\text{-}42)$$

式（8-41）中，若 u_C 为冲激函数，则 $\dfrac{u_C}{R}$ 也为冲激函数，那么 $C\dfrac{\mathrm{d}u_C}{\mathrm{d}t}$ 则为冲激函数的导数，显然这两项相加不会等于冲激函数，所以 u_C 不是冲激函数，而是有限值。这样式（8-42）中第二项的积分为零，u_C 跃变，则 $C\dfrac{\mathrm{d}u_C}{\mathrm{d}t}$ 为冲激函数，所以式（8-42）的积分结果为

$$C\left[u_C(0+) - u_C(0-)\right] = 1$$

根据 $u_C(0_-) = 0$，可得

$$u_C(0+) = \frac{1}{C}$$

（3）当 $t \geq 0_+$ 以后，电流源 $\delta_i(t) = 0$，电流源又相当于开路，电容通过电阻回路放电，电容的储能 $u_C(0+) = \dfrac{1}{C}$，此时电路中的响应是零输入响应。所以

$$u_C = \frac{1}{C}\mathrm{e}^{-\frac{t}{RC}}\varepsilon(t)\ \mathrm{V} \qquad (8\text{-}43)$$

u_C 的波形如图 8-31（b）所示，注意到电容电压在 $t = 0$ 时从 0 跃变到 $\dfrac{1}{C}$。

电容电流

$$i = C\frac{\mathrm{d}u_C}{\mathrm{d}t} = \mathrm{e}^{-\frac{t}{RC}}\delta(t) - \frac{1}{RC}\mathrm{e}^{-\frac{t}{RC}}\varepsilon(t) = \delta(t) - \frac{1}{RC}\mathrm{e}^{-\frac{t}{RC}}\varepsilon(t)\ \mathrm{A} \qquad (8\text{-}44)$$

i_C 的波形如图 8-31（c）所示，注意在 $t = 0$ 时电容上有冲激电流 $\delta_i(t)$。

本例中 u_C 和 i_C 的求解方法还可以利用单位冲激响应和单位阶跃响应的关系求得

$$h(t) = \frac{\mathrm{d}s(t)}{\mathrm{d}t} \qquad (8\text{-}45)$$

$$s(t) = \int_0^t h(\xi)\mathrm{d}\xi \qquad (8\text{-}46)$$

即单位阶跃响应对时间的导数就是单位冲激响应。反过来，单位冲激响应对时间的积分就是单位阶跃响应。下面利用这一关系求解图 8-31（a）中的冲激响应 u_C 和 i_C。

首先求出电容电压的单位阶跃响应（即 u_C 的零状态响应）

$$s(t) = R(1 - \mathrm{e}^{-\frac{t}{RC}})\varepsilon(t)$$

于是单位冲激响应

$$h(t)=\frac{\mathrm{d}s(t)}{\mathrm{d}t}=\frac{\mathrm{d}\left[R(1-\mathrm{e}^{-\frac{t}{RC}})\varepsilon(t)\right]}{\mathrm{d}t}=\frac{1}{C}\mathrm{e}^{-\frac{t}{RC}}\varepsilon(t)+R(1-\mathrm{e}^{-\frac{t}{RC}})\delta(t) \qquad (8\text{-}47)$$

式（8-47）中，因为 $\delta(t)$ 只在 $t=0$ 时存在，而 $R(1-\mathrm{e}^{-\frac{t}{RC}})$ 在 $t=0$ 时为零，所以式中第二项为零，可得

$$u_C=\frac{1}{C}\mathrm{e}^{-\frac{t}{RC}}\varepsilon(t)$$

电容电流

$$i=C\frac{\mathrm{d}u_C}{\mathrm{d}t}=\mathrm{e}^{-\frac{t}{RC}}\delta(t)-\frac{1}{RC}\mathrm{e}^{-\frac{t}{RC}}\varepsilon(t)=\delta(t)-\frac{1}{RC}\mathrm{e}^{-\frac{t}{RC}}\varepsilon(t)$$

可见 u_C 和 i_C 的响应结果和上面分段分析的响应结果相同，这种分析方法也更加简洁方便。

同理，图 8-32（a）是单位冲激电压源激励下的一阶 RL 电路，当 $t<0$ 时，电压源 $\delta_u(t)=0$，电压源相当于短路，则 $i_L(0_-)=0$，电路处于零状态。当 $0_-<t<0_+$ 这一瞬间，冲激电压源对电感充电，电感储存能量。由于电路激励是冲激函数，所以换路定则不再成立，$i_L(0_+)\neq i_L(0_-)$。当 $t\geqslant 0_+$ 以后，电压源 $\delta_u(t)=0$，电压源又相当于短路，电感通过电阻回路放电，此时电路中的响应是零输入响应。

为求取 $i_L(0_+)$，建立电路 $t=0$ 时的 KVL 方程为

$$L\frac{\mathrm{d}i_L}{\mathrm{d}t}+Ri_L=\delta_u(t) \qquad (8\text{-}48)$$

对上式两边同时积分得

$$\int_{0_-}^{0_+}L\frac{\mathrm{d}i_L}{\mathrm{d}t}\mathrm{d}t+\int_{0_-}^{0_+}Ri_L\mathrm{d}t=\int_{0_-}^{0_+}\delta_u(t)\mathrm{d}t \qquad (8\text{-}49)$$

式（8-48）中，显然 i_L 是有限值，而 $L\frac{\mathrm{d}i_L}{\mathrm{d}t}$ 为冲激函数。这样式（8-49）中第二项的积分为零，所以积分的结果为

$$L[i_L(0+)-i_L(0-)]=1$$

根据 $i_L(0_-)=0$，可得

$$i_L(0+)=\frac{1}{L}$$

所以 $t\geqslant 0_+$ 以后，电压源又相当于短路，电感通过电阻回路放电，此时电路中的响应是在初始值为 $i_L(0+)=\frac{1}{L}$ 下的零输入响应。所以电感电流

$$i_{L} = \frac{1}{L} e^{-\frac{Rt}{L}} \varepsilon(t) \mathrm{A} \tag{8-50}$$

电感电压

$$u_{L} = L \frac{\mathrm{d}i_{L}}{\mathrm{d}t} = e^{-\frac{Rt}{L}} \delta(t) - \frac{R}{L} e^{-\frac{Rt}{L}} \varepsilon(t) = \delta(t) - \frac{R}{L} e^{-\frac{Rt}{L}} \varepsilon(t) \mathrm{V} \tag{8-51}$$

i_{L} 和 u_{L} 的波形如图 8-32（b）和（c）所示，注意 $t=0$ 时的冲激和跃变情况。

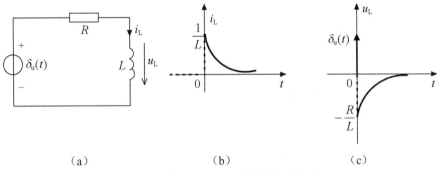

$$(a) \qquad\qquad (b) \qquad\qquad (c)$$

图 8-32　一阶 RL 电路的单位冲激响应

同理也可以利用单位冲激响应和单位阶跃响应的关系求得 i_{L} 和 u_{L}，这里不再重复。

由此可见，当动态电路中加入冲激激励时，电容上可能会有冲激电流，电感两端会有冲击电压，因而导致电容电压和电感电流的跃变，此时换路定则不再适用。这也证明了在本章第一节推导换路定则时强调电容电流和电感电压必须是有限值，电容电压和电感电流才不会跃变，换路定则成立。

本章重点小结

1. 一个 n 阶线性动态电路列写出的是 n 阶常系数微分方程，本章讨论的是一阶线性动态电路。求解一阶常系数微分方程需要知道变量的初始值。对动态电路而言，变量分为独立变量（u_{C} 和 i_{L}）和非独立变量（除独立变量之外的所有变量）。当电路在换路瞬间无冲激时，独立变量满足换路定则，即初始值等于原始值，而原始值可以通过换路前电路所处的稳定状态来求解。对于非独立变量初始值的求解，可以利用零正等效电路。

2. 一阶电路的零输入响应是指输入信号为零，仅由储能元件的初始储能所激发的响应；零状态响应是指电路的原始储能为零，仅由输入信号产生的响应。当激励为单位阶跃函数 $\varepsilon(t)$ 时，电路的零状态响应称为单位阶跃响应；当激励为单位冲

激函数 $\delta(t)$ 时，电路的零状态响应称为单位冲激响应。

3. 由电路的原始储能和输入激励共同产生的响应称为全响应，它等于零输入响应和零状态响应之和，因为电路的激励有两种：一是输入信号，二是电路的原始储能。根据线性电路的叠加性，电路的全响应是两种激励各自产生响应的叠加。于是全响应也可分解为暂态响应（自由响应）与稳态响应（强迫响应）之和。暂态响应随着时间 t 的增加按指数规律衰减到零，稳态响应与激励具有相同的函数形式，当激励为直流电源时，稳态响应为一常数。

4. 求解一阶电路响应的三要素公式为：

$$f(t) = f(\infty) + [f(0_+) - f(\infty)]e^{-\frac{t}{\tau}} \quad t \geq 0$$

三要素是指初始值 $f(0_+)$、特解（稳态值）$f(\infty)$、时间常数 τ。RC 电路的时间常数为 $\tau = R_{eq}C$，RL 电路的时间常数为 $\tau = \dfrac{L}{R_{eq}}$，式中的 R_{eq} 是换路后除动态元件以外的戴维宁等效电阻。

利用该公式可以方便地求解一阶电路在直流电源或阶跃信号激励下的电路响应。三要素公式不仅适用于全响应，对零输入、零状态响应均适用，具有普遍适用性。

实例拓展——RC 电路的应用

在电子电路中，常用电阻 R 和电容 C 构成 RC 电路。RC 电路在许多电子设备中都很常用，例如数字通信中的微分电路、积分电路、延时电路、继电器电路、振荡电路以及直流电源中的滤波器等。下面就微分电路进行讨论。

如图 T8-1（a）所示为 RC 微分电路，其输入信号 u_i 是周期性方波信号，u_i 的波形如图 T8-1（b）所示，输出信号是电阻 R 两端的电压 u_o。电路的工作过程分为充电过程和放电过程。

1. 电容的充电过程

设电容电压的初始值 $u_C(0_+) = u_C(0_-) = 0$，当 $t = 0$ 时，输入信号 u_i 从 0 跳变到 U_m，由于电容两端的电压不能突变，根据 KVL，此时输出电压 $u_o = U_m$。在 $0 < t < \dfrac{T}{2}$ 时间内，根据零状态响应的公式，电容两端的电压按照指数规律上升，而电阻两端的电压按照指数规律下降，大约经过 3τ（$\tau = RC$）的时间，电容器充电结束，电容两端的电压达到最大值 U_m，而输出电压 u_o 降为 0，输出电压 u_o 的波形如图 T8-1（b）所示的正脉冲。RC 电路的时间常数 τ 的值越小，则输出的正脉冲越窄。

2. 电容的放电过程

当 $t = \dfrac{T}{2}$ 时，输入信号 u_i 从 U_m 跳变到 0，输入信号相当于短路，此时输出电压 $u_o = -U_m$。此后 $\dfrac{T}{2} < t < T$ 时间内，电容器 C 开始通过电路放电，根据零输入响应的公式，电容两端的电压按照指数规律下降，而电阻两端的电压按照指数规律上升，大约经过 3τ（$\tau = RC$）的时间，电容器放电结束，输出 u_o 是负脉冲，u_o 的波形如图 T8-1（b）所示。

输入信号 u_i 的一个周期 T 结束后，电路将重复上述过程，即每输入一个方波信号，在微分电路的输出端就能得到一对正、负尖脉冲。在数学上，这种尖脉冲近似等于输入信号的微分形式，通过图 T8-1（a）电路可以得出 $u_o = Ri = RC\dfrac{\mathrm{d}u_C}{\mathrm{d}t} \approx RC\dfrac{\mathrm{d}u_i}{\mathrm{d}t}$，即输出是输入的微分，所以称为微分电路。

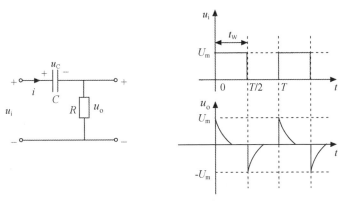

（a）微分电路　　　　（b）输入 u_i、输出波形 u_o 的波形图

图 T8-1　微分电路及其输入、输出波形

由以上分析可以看出，利用微分电路可以实现从方波（或者是矩形波）到尖脉冲波形的转换，改变 τ 的大小可以改变脉冲的宽度。但是微分电路必须满足一定的条件才能实现这样的波形转换，其条件是 $t_W > (5 \sim 10)\tau$，在 t_W 时间内，电容已经完成了充电或放电（电容充放电的时间大约是 3τ），输出端也就可以输出正负尖脉冲了。所以在设计微分电路时要注意时间常数 τ 必须满足 $\tau < (\dfrac{1}{5} \sim \dfrac{1}{10})t_W$。

微分电路主要用于单稳态触发电路、脉冲倍频电路、模拟计算机和测量仪器中。

在微分电路的基础上，通过查阅资料试对 RC 积分电路进行讨论。电路输入信号仍是周期性方波信号，讨论的内容包括：

（1）电路的构成。

（2）电路的工作原理以及输出波形的绘制。

（3）对 RC 积分电路时间常数的要求。

在线测试

习题八

8-1　题 8-1 图所示电路已处于稳定状态，在 $t=0$ 时打开开关 S，试求初始值 $u_C(0_+)$、$i_C(0_+)$。

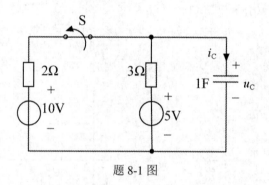

题 8-1 图

8-2　题 8-2 图所示电路已处于稳定状态，在 $t=0$ 时开关 S 由位置 1 合向位置 2，试求初始值 $i_L(0_+)$、$u_L(0_+)$、$u_R(0_+)$。

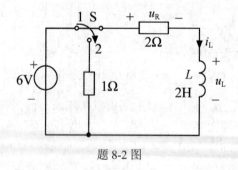

题 8-2 图

8-3　题 8-3 图所示电路已处于稳定状态，在 $t=0$ 时开关 S 闭合，试求初始值 $u_C(0_+)$、$i_L(0_+)$、$u_R(0_+)$、$i_C(0_+)$、$u_L(0_+)$。

8-4　题 8-4 图所示电路已处于稳定状态，在 $t=0$ 时开关 S 由位置 1 合向位置 2，试求初始值 $u_C(0_+)$、$i_C(0_+)$、$u_R(0_+)$。

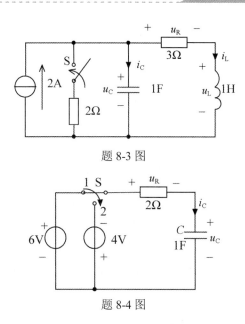

题 8-3 图

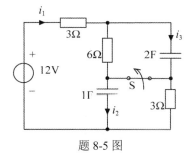

题 8-4 图

8-5　题 8-5 图所示电路已处于稳定状态，在 $t=0$ 时开关 S 打开，试求电流 i_1、i_2、i_3 的初始值。

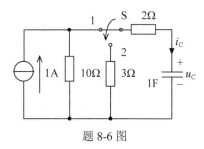

题 8-5 图

8-6　题 8-6 图所示电路已处于稳定状态，在 $t=0$ 时开关 S 由位置 1 合向位置 2，试求 $t \geqslant 0$ 时的响应 $u_C(t)$、$i_C(t)$。

题 8-6 图

8-7　题 8-7 图所示电路已处于稳定状态,在 $t=0$ 时开关 S 由位置 1 合向位置 2,试求 $t \geq 0$ 时的响应 $i_L(t)$、$u_L(t)$。

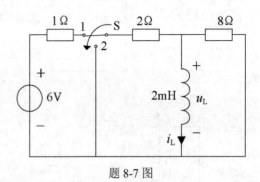

题 8-7 图

8-8　题 8-8 图所示电路中,开关 S 在位置 1 已久,$t=0$ 时由位置 1 合向位置 2,求 $t \geq 0$ 时的响应 $u_C(t)$、$i(t)$。

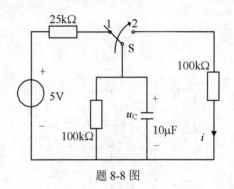

题 8-8 图

8-9　题 8-9 图所示电路中,设电容的初始电压为零,在 $t=0$ 时开关 S 闭合,试求开关闭合后的响应 $u_C(t)$、$i_C(t)$、$u_R(t)$。

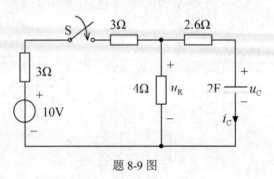

题 8-9 图

8-10　题 8-10 图所示电路中，设电感的初始储能为零，在 $t=0$ 时开关 S 闭合，试求开关闭合后的响应 $i_L(t)$、$u_L(t)$、$u_R(t)$。

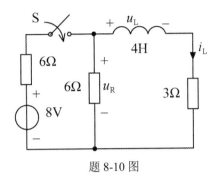

题 8-10 图

8-11　题 8-11 图所示电路中，设电容的初始储能为零，在 $t=0$ 时开关 S 闭合，试求开关闭合后的电压 $u_C(t)$、$i(t)$。

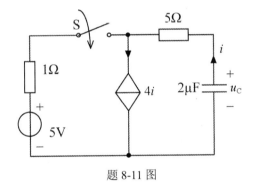

题 8-11 图

8-12　题 8-12 图所示电路中，设电感的初始储能为零，在 $t=0$ 时开关 S 闭合，试求开关闭合后的电流 $i_L(t)$。

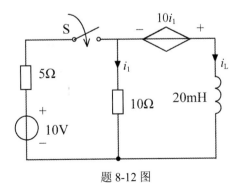

题 8-12 图

8-13　题 8-13 图所示电路中，已知 $i_S = 2\text{mA}$，$R=6\text{k}\Omega$，$C=10\mu\text{F}$，若 $t=0$ 时开关 S 打开，求 $t \geq 0$ 时的 $u_C(t)$ 和电流源发出的功率。

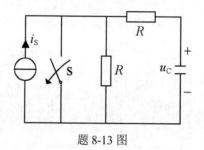

题 8-13 图

8-14　题 8-14 图所示电路中，开关 S 在位置 a 时电路处于稳定状态，在 $t=0$ 时开关 S 合向位置 b，试求 $t \geq 0$ 时的 $u_C(t)$、$i(t)$。

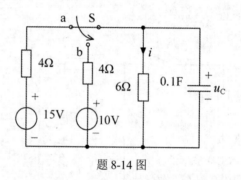

题 8-14 图

8-15　题 8-15 图所示电路中，开关 S 在位置 a 时电路处于稳定状态，在 $t=0$ 时开关 S 合向位置 b，试求 $t \geq 0$ 时的 $i_L(t)$、$u_L(t)$、$u(t)$。

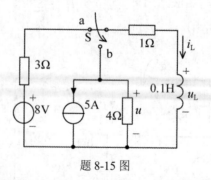

题 8-15 图

8-16　题 8-16 图所示电路中，已知 $i_L(0_-)=0$，$t=0$ 时开关 S 闭合，求开关闭合后的电流 $i_L(t)$ 和电压 $u_L(t)$。

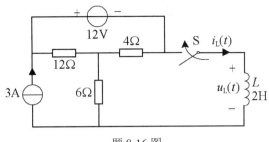

题 8-16 图

8-17　题 8-17 图所示电路，开关 S 打开前处于稳定状态，在 $t=0$ 时打开开关 S，试用一阶电路的三要素法求开关打开后的 $u_C(t)$、$i_C(t)$。

8-18　题 8-18 图所示电路，开关 S 合上前电路处于稳定状态，在 $t=0$ 时开关 S 合上，试用一阶电路的三要素法求 $t \geqslant 0$ 时的 $i_1(t)$、$i_2(t)$、$i_L(t)$。

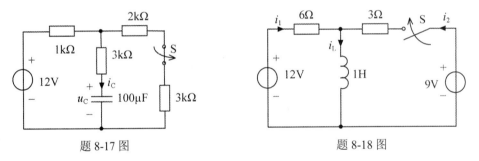

题 8-17 图　　　　　　　　　　　题 8-18 图

8-19　已知电压 $u(t)$ 的波形如题 8-19 图（a）和（b）所示，试画出下列电压的波形：

（a）$u(t)\varepsilon(t)$　　　　（b）$u(t)\varepsilon(t-1)$

（c）$u(t)\varepsilon(t+1)$　　　（d）$u(t)[\varepsilon(t+1)-\varepsilon(t-1)]$

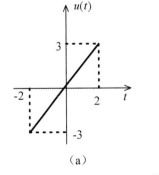

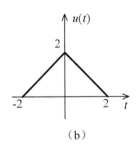

（a）　　　　　　　　　　　（b）

题 8-19 图

8-20   已知电压 $u(t)$ 的波形如题 8-20 图（a）和（b）所示，试分别写出 $u(t)$ 的阶跃函数表达式。

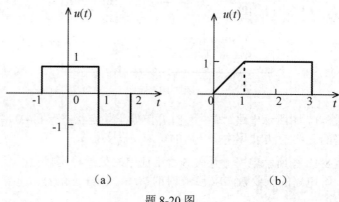

（a）   （b）

题 8-20 图

8-21   题 8-21 图（a）所示电路中，电压 u 的波形如题 8-21 图（b）所示，试求电流 $i_L(t)$。

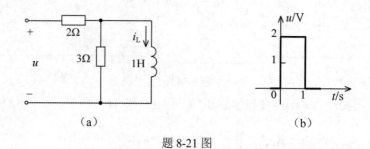

（a）   （b）

题 8-21 图

8-22 题 8-22 图（a）所示电路中，电压 u 的波形如题 8-22 图（b）所示，已知 $R=1000\Omega$，$C=10\mu F$，试求电容电压 $u_C(t)$。

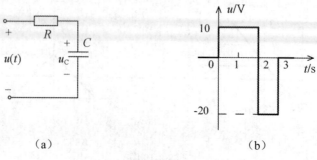

（a）   （b）

题 8-22 图

8-23　题 8-23 图所示电路中，已知 $i_S(t) = \varepsilon(t)\mathrm{A}$，电感的初始储能为零，即 $i_L(0_-) = 0$，试求阶跃响应 $i_L(t)$ 和 $i(t)$。

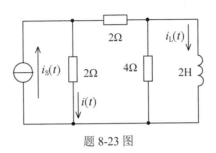

题 8-23 图

8-24　题 8-24 图所示电路中，已知 $R_1 = 6\Omega$，$R_2 = 4\Omega$，$L = 100\,\mathrm{mH}$，电感的初始储能为零，即 $i_L(0_-) = 0$，试求电路的冲激响应 $i_L(t)$、$u_L(t)$。

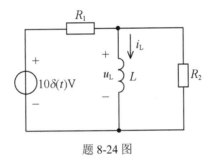

题 8-24 图

第 9 章　线性动态电路的复频域分析

本章课程目标

　　理解拉氏变换和拉氏反变换的定义和基本运算；掌握电路元件 VCR 关系的运算形式；掌握运算电路的转换方法；能够用运算法分析高阶线性动态电路。理解网络函数的基本概念以及网络函数零极点对频率特性的影响。

　　本章介绍拉普拉斯变换的定义及其在求解线性动态电路中的应用。对照利用相量法求解正弦交流电路，提出了运算参数和运算电路的概念，为求解线性高阶动态电路提供了一种有效的数学工具。本章还初步介绍网络函数的概念及其在电路分析中的应用。

9.1　拉普拉斯变换

【微课视频】

拉普拉斯变换
及基本性质

　　一些常用的变换会给运算分析带来便利，例如：

对数变换：乘法运算变换为加法运算。

$$A \times B = AB$$
$$\downarrow \quad\quad \downarrow \quad\quad \downarrow$$
$$\lg A + \lg B = \lg AB$$

相量法：时域的正弦运算变换为复数运算。

$$弦量 \quad i_1 + i_2 = i$$
$$\downarrow \quad\quad \downarrow \quad\quad \downarrow$$
$$相量 \quad \dot{I}_1 + \dot{I}_2 = \dot{I}$$

　　本章要介绍的拉氏变换法是一种数学积分变换，其核心是把时间函数 $f(t)$ 与复变函数 $F(s)$ 联系起来，把时域问题通过数学变换为复频域问题，把时域的高阶微分方程变换为频域的代数方程以便求解。应用拉氏变换进行电路分析称为电路的复频域分析法，又称运算法。

　　拉普拉斯变换的定义：对于一个定义在 $[0,\infty)$ 区间的函数 $f(t)$，它的拉普拉斯变

换 $F(s)$ 定义为

$$F(s) = \int_{0_-}^{\infty} f(t)\mathrm{e}^{-st}\mathrm{d}t \tag{9-1}$$

式中，$s = \sigma + \mathrm{j}\omega$ 为复函数，$F(s)$ 称为 $f(t)$ 的象函数，$f(t)$ 称为 $F(s)$ 的原函数。通常将拉普拉斯变换简称为拉氏变换。

如果 $F(s)$ 已知，需求它的原函数 $f(t)$，则这种变换称为拉氏反变换，定义为

$$f(t) = \frac{1}{2\pi\mathrm{j}} \int_{c-\mathrm{j}\infty}^{c+\mathrm{j}\infty} F(s)\mathrm{e}^{st}\mathrm{d}s \tag{9-2}$$

式中，c 为正的有限常数。

从式（9-1）的定义可知，变量 s 是一个复变量，通常称为复频率，因此函数 $f(t)$ 的拉氏变换 $F(s)$ 不再是时间 t 的函数，而是复变量 s 的函数，拉氏变换实质上是将时间函数变换成复变函数。通常用 $\mathscr{L}$ 表示对时域中的函数作拉氏变换，用 $\mathscr{L}^{-1}$ 表示对复频域函数作拉氏反变换，即

$$F(s) = \mathscr{L}\,[f(t)]$$
$$f(t) = \mathscr{L}^{-1}\,[F(s)]$$

对拉氏变换做以下几点说明：

（1）象函数存在的条件。

式（9-1）表明，拉氏变换是积分变换，$F(s)$ 存在的条件是该式右边积分为有限值。对于一个函数 $f(t)$，如果存在正的有限值常数 M 和 c，使得对于所有 t 满足条件：

$$|f(t)| \leqslant M\mathrm{e}^{ct}$$

则式（9-1）右边积分项

$$\int_{0_-}^{0_+} |f(t)|\mathrm{e}^{-st}\mathrm{d}t \leqslant \int_{0_-}^{\infty} M\mathrm{e}^{-(s-c)t}\mathrm{d}t = \frac{M}{s-c}$$

总可以找到一个合适的 s 值而成为有限项。假设本书涉及的 $f(t)$ 都满足此条件。

（2）积分域。

定义中，拉氏变换的积分从 $t = 0_-$ 开始，可以包含 $t = 0$ 时的冲激，给存在冲激函数的电路计算带来方便。

【例 9-1】　求单位阶跃函数 $f(t) = \varepsilon(t)$ 的象函数。

解：$F(s) = \mathscr{L}\,[f(t)] = \int_{0_-}^{\infty} \varepsilon(t)\mathrm{e}^{-st}\mathrm{d}t = \int_{0_-}^{\infty} \mathrm{e}^{-st}\mathrm{d}t = -\frac{1}{s}\mathrm{e}^{-st}\Big|_{0_-}^{\infty} = \frac{1}{s}$

【例 9-2】　求单位冲击函数 $f(t) = \delta(t)$ 的象函数。

解：$F(s) = \mathscr{L}\,[f(t)] = \int_{0_-}^{\infty} \delta(t)\mathrm{e}^{-st}\mathrm{d}t = \int_{0_-}^{0_+} \delta(t)\mathrm{e}^{-st}\mathrm{d}t = \mathrm{e}^0 = 1$

【例 9-3】　求指数函数 $f(t) = \mathrm{e}^{\alpha t}$（$\alpha$ 为实数）的象函数。

$$\mathbf{解：} F(s) = \mathscr{L}\left[f(t)\right] = \int_{0_-}^{\infty} e^{\alpha t} e^{-st}\mathrm{d}t = -\frac{1}{s-\alpha}e^{-(s-\alpha)t}\Big|_{0_-}^{\infty} = \frac{1}{s-\alpha}$$

9.2　拉普拉斯变换的基本性质

拉普拉斯变换有许多重要性质，在拉普拉斯实际应用中都起到了重要作用，本节仅介绍其中与线性电路分析有关的一些基本性质。

9.2.1　线性性质

若 $f_1(t)$ 和 $f_2(t)$ 是两个任意的时间函数，$F_1(s)$ 和 $F_2(s)$ 分别是它们的象函数，a_1 和 a_2 是两个任意实常数，则有

$$\begin{aligned}\mathscr{L}\left[a_1 f_1(t)+a_2 f_2(t)\right] &= a_1\mathscr{L}\left[f_1(t)\right]+a_2\mathscr{L}\left[f_2(t)\right]\\ &= a_1 F_1(s)+a_2 F_2(s)\end{aligned} \tag{9-3}$$

证明：

$$\begin{aligned}\mathscr{L}\left[a_1 f_1(t)+a_2 f_2(t)\right] &= \int_{0_-}^{\infty}\left[a_1 f_1(t)+a_2 f_2(t)\right]e^{-st}\mathrm{d}t\\ &= a_1\int_{0_-}^{\infty}f_1(t)e^{-st}\mathrm{d}t+a_2\int_{0_-}^{\infty}f_2(t)e^{-st}\mathrm{d}t\\ &= a_1 F_1(s)+a_2 F_2(s)\end{aligned}$$

【例 9-4】求函数 $f(t)=k_1+k_2 e^{-\alpha t}$ 的象函数。

解：应用线性性质可得

$$\begin{aligned}\mathscr{L}\left[k_1+k_2 e^{-\alpha t}\right] &= \mathscr{L}\left[k_1\right]+\mathscr{L}\left[k_2 e^{-\alpha t}\right]\\ &= \frac{k_1}{s}+\frac{k_1}{s+\alpha}\\ &= \frac{\alpha k_1+s(k_1+k_2)}{s(s+\alpha)}\end{aligned}$$

【例 9-5】求函数 $f(t)=\cos\omega t$ 的象函数。

解：根据欧拉公式

$$\cos\omega t=\frac{e^{j\omega t}+e^{-j\omega t}}{2}$$

应用线性性质可得

$$\begin{aligned}\mathscr{L}\left[\cos\omega t\right] &= \mathscr{L}\left[\frac{1}{2}(e^{j\omega t}+e^{-j\omega t})\right]\\ &= \frac{1}{2}\left(\frac{1}{s-j\omega}+\frac{1}{s+j\omega}\right)=\frac{s}{s^2+\omega^2}\end{aligned}$$

9.2.2　微分性质

函数 $f(t)$ 的象函数与其导数 $f'(t) = \dfrac{\mathrm{d}f(t)}{\mathrm{d}t}$ 的象函数之间有如下关系：

若 $$\mathscr{L}[f(t)] = F(s)$$

则 $$\mathscr{L}[f'(t)] = sF(s) - f(0_-)$$ （9-4）

证明： $$\mathscr{L}[\frac{\mathrm{d}f(t)}{\mathrm{d}t}] = \int_{0_-}^{\infty} \frac{\mathrm{d}f(t)}{\mathrm{d}t} \mathrm{e}^{-st} \mathrm{d}t$$

设 $\mathrm{e}^{-st} = u$，$f'(t) = \mathrm{d}v$，则 $\mathrm{d}u = -s\mathrm{e}^{-st}\mathrm{d}t$，$v = f(t)$。

由分部积分法 $\int u\mathrm{d}v = uv - \int v\mathrm{d}u$

可得 $$\int_{0_-}^{\infty} f'(t)\mathrm{e}^{-st}\mathrm{d}t = f(t)\mathrm{e}^{-st}\Big|_{0_-}^{\infty} - \int_{0_-}^{\infty} f(t)\mathrm{d}\mathrm{e}^{-st}$$

$$= f(t)\mathrm{e}^{-st}\Big|_{0_-}^{\infty} + s\int_{0_-}^{\infty} f(t)\mathrm{e}^{-st}\mathrm{d}t$$

由于 $F(s)$ 存在，所以 $\lim\limits_{t\to\infty}\mathrm{e}^{-st}f(t) = 0$ 成立，于是得

$$\mathscr{L}[f'(t)] = sF(s) - f(0_-)$$

微分性质可以推广至求原函数的二阶及二阶以上导数的拉普拉斯变换，即

$$\mathscr{L}[\frac{\mathrm{d}^2}{\mathrm{d}t^2}f(t)] = s\{s\,\mathscr{L}[f(t)] - f(0_-)\} - f'(0_-)$$

$$= s^2\,\mathscr{L}[f(t)] - sf(0_-) - f'(0_-)$$

$$\mathscr{L}[\frac{\mathrm{d}^n}{\mathrm{d}t^n}f(t)] = s^n\,\mathscr{L}[f(t)] - s^{n-1}f(0_-) - s^{n-2}f'(0_-) \qquad f^{(n-1)}(0_-)$$

式中，$f^{(n-1)}(0_-) = \dfrac{\mathrm{d}^{(n-1)}}{\mathrm{d}t^{(n-1)}}f(0_-)$ （n 为正整数）。

【例 9-6】利用微分性质求函数 $f(t) = \sin\omega t$ 的象函数。

解　因 $$\sin\omega t = -\frac{1}{\omega}\frac{\mathrm{d}}{\mathrm{d}t}\cos\omega t$$

而 $$\mathscr{L}[\cos\omega t] = \frac{s}{s^2 + \omega^2}$$

所以 $$\mathscr{L}[\sin\omega t] = \mathscr{L}[-\frac{1}{\omega}\frac{\mathrm{d}}{\mathrm{d}t}\cos\omega t] = -\frac{1}{\omega}(s\frac{s}{s^2+\omega^2} - 1) = \frac{\omega}{s^2+\omega^2}$$

9.2.3　积分性质

函数 $f(t)$ 的象函数与其积分 $\int_{0_-}^{t} f(\xi)\mathrm{d}\xi$ 的象函数之间有如下关系：

若 $$\mathscr{L}[f(t)] = F(s)$$

则 $$\mathscr{L}[\int_{0_-}^{t} f(\xi)\mathrm{d}\xi] = \frac{F(s)}{s} \tag{9-5}$$

证明：$\mathscr{L}[\int_{0_-}^{t} f(\xi)\mathrm{d}\xi] = \int_{0_-}^{\infty} [(\int_{0_-}^{t} f(\xi)\mathrm{d}\xi)\mathrm{e}^{-st}]\mathrm{d}t$

设　$u = \int f(t)\mathrm{d}t$ ，　$\mathrm{d}v = \mathrm{e}^{-st}\mathrm{d}t$

则　$\mathrm{d}u = f(t)\mathrm{d}t$ ，　$v = -\dfrac{\mathrm{e}^{-st}}{s}$

由分部积分法 $\int u\mathrm{d}v = uv - \int v\mathrm{d}u$

可得　$\int_{0_-}^{\infty} [(\int_{0_-}^{t} f(\xi)\mathrm{d}\xi)\mathrm{e}^{-st}]\mathrm{d}t$

$$= (\int_{0_-}^{t} f(\xi)\mathrm{d}\xi)\frac{\mathrm{e}^{-st}}{-s}\Big|_{0_-}^{\infty} - \int_{0_-}^{\infty} f(t)(-\frac{\mathrm{e}^{-st}}{s})\mathrm{d}t$$

$$= (\int_{0_-}^{\infty} f(\xi)\mathrm{d}\xi)\frac{\mathrm{e}^{-st}}{-s}\Big|_{0_-}^{\infty} + \frac{1}{s}\int_{0_-}^{\infty} f(t)\mathrm{e}^{-st}\mathrm{d}t$$

当 $s = \sigma + \mathrm{j}\omega$ 中实部 σ 足够大，在 $t \to \infty$ 和 $t = 0_-$ 时，等式右边第一项都为 0。

所以　$\mathscr{L}[\int_{0_-}^{t} f(\xi)\mathrm{d}\xi] = \dfrac{F(s)}{s}$

【例 9-7】利用积分性质求函数 $f(t) = t$ 的象函数。

解：因为 $$f(t) = t = \int_{0}^{t} \varepsilon(\xi)\mathrm{d}\xi$$

所以 $$\mathscr{L}[f(t)] = \frac{1/s}{s} = \frac{1}{s^2}$$

9.2.4　延迟性质

函数 $f(t)$ 的象函数与其延迟函数 $f(t-t_0)\varepsilon(t-t_0)$ 的象函数之间有如下关系：

若 $$\mathscr{L}[f(t)] = F(s)$$

则 $$\mathscr{L}[f(t-t_0)\varepsilon(t-t_0)] = \mathrm{e}^{-st_0}F(s) \tag{9-6}$$

证明：$\mathscr{L}[f(t-t_0)\varepsilon(t-t_0)] = \int_{0_-}^{\infty} f(t-t_0)\varepsilon(t-t_0)\mathrm{e}^{-st}\mathrm{d}t$

$$= \int_{t_0}^{\infty} f(t-t_0)\mathrm{e}^{-st}\mathrm{d}t$$

令 $\tau = t - t_0$ ，则上式为

$$\mathcal{L}[f(t-t_0)\varepsilon(t-t_0)] = \int_{0_-}^{\infty} f(\tau)e^{-s(\tau+t_0)}d\tau$$

$$= e^{-st_0}\int_{0_-}^{\infty} f(\tau)e^{-s\tau}d\tau$$

$$= e^{-st_0}F(s)$$

【**例 9-8**】求图 9-1 所示电压波形的象函数。

解： 根据图 9-1 可得

$$u(t) = U_0\varepsilon(t) - 2U_0\varepsilon(t-\tau) + U_0\varepsilon(t-2\tau)$$

对上式拉氏变换，并应用线性性质和延迟性质，可得

$$\mathcal{L}[u(t)] = U_0\mathcal{L}[\varepsilon(t)] - 2U_0\mathcal{L}[\varepsilon(t-\tau)]e^{-s\tau} + U_0\mathcal{L}[\varepsilon(t-2\tau)]e^{-s2\tau}$$

因而

$$U(s) = U_0\frac{1}{s} - 2U_0e^{-s\tau}\frac{1}{s} + U_0e^{-2s\tau}\frac{1}{s} = \frac{U_0}{s}(1 - 2e^{-s\tau} + e^{-2s\tau})$$

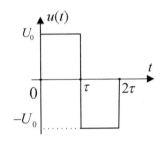

图 9-1　例 9-8 图

9.2.5　时域卷积定理

函数 $f_1(t)$ 和 $f_2(t)$ 的象函数与 $f_1(t)$ 和 $f_2(t)$ 的卷积的象函数之间有如下关系：

若　　　　　　$\mathcal{L}[f_1(t)] = F_1(s)$，$\mathcal{L}[f_2(t)] = F_2(s)$

则　　　　　　$\mathcal{L}[f_1(t) * f_2(t)] = F_1(s)F_2(s)$　　　　　　　　　　（9-7）

其中 $f_1(t)$ 和 $f_2(t)$ 的卷积定义为　　$f_1(t) * f_2(t) = \int_0^t f_1(t-\xi)f_2(\xi)d\xi$

证明：　$\mathcal{L}[f_1(t) * f_2(t)] = \int_0^{\infty} e^{-st}[\int_0^t f_1(t-\xi)f_2(\xi)d\xi]dt$

$$= \int_{0_-}^{\infty} f_2(\xi)[\int_0^{\infty} f_1(t-\xi)e^{-st}dt]d\xi$$

$$= \int_{0_-}^{\infty} f_2(\xi)e^{-s\xi}F_1(s)d\xi$$

$$= F_1(s)F_2(s)$$

时域卷积定理表明，时域中两原函数的卷积对应于复频域中两象函数的乘积。时域卷积定理在线性动态电路分析中具有重要意义，因为线性电路对任意激励 $e(t)$ 的零状态响应 $r(t)$ 等于激励函数 $e(t)$ 与电路冲激响应 $h(t)$ 的卷积，即

$$r(t) = e(t) * h(t)$$

应用时域卷积定理可得

$$R(s) = E(s)H(s)$$

从而电路在任意激励 $e(t)$ 下的零状态响应

$$r(t) = \mathscr{L}^{-1}[E(s)H(s)]$$

表 9-1 是一些常用的时间函数的象函数，在后面的计算中经常用到。

表 9-1   常用的时间函数的象函数

原函数	象函数	原函数	象函数
$\delta(t)$	1	t	$\dfrac{1}{s^2}$
$\varepsilon(t)$	$\dfrac{1}{s}$	$\dfrac{1}{n!}t^n$	$\dfrac{1}{s^{n+1}}$
$e^{-\alpha t}$	$\dfrac{1}{s+\alpha}$	$te^{-\alpha t}$	$\dfrac{1}{(s+\alpha)^2}$
$\sin \omega t$	$\dfrac{\omega}{s^2+\omega^2}$	$\sinh(\omega t)$	$\dfrac{\omega}{s^2-\omega^2}$
$\cos \omega t$	$\dfrac{s}{s^2+\omega^2}$	$\cosh(\omega t)$	$\dfrac{s}{s^2-\omega^2}$

9.3   拉普拉斯反变换的部分分式展开

【微课视频】

拉普拉斯反变换的部分分式展开

当我们已知复频域函数 $F(s)$，需要通过拉普拉斯反变换求其在时间域中的函数 $f(t)$ 时，可利用式（9-2）求得，但这是一个复变函数的积分，计算比较繁琐。实际情况是，如果 $F(s)$ 比较简单，则可通过查表 9-1 得到原函数 $f(t)$，当 $F(s)$ 比较复杂时，可用部分分式展开的方法，将象函数展开成简单分式之和，再通过查表的方法得到各分式对应的原函数，它们之和即为所求的原函数。

一般电路响应的象函数为一有理分式，即

$$F(s) = \frac{N(s)}{D(s)} = \frac{a_0 s^m + a_1 s^{m-1} + \cdots + a_m}{b_0 s^n + b_1 s^{n-1} + \cdots + b_n} \tag{9-8}$$

式中，m 和 n 为正整数，且 $m \leq n$。

  把 $F(s)$ 分解成若干个简单项之和，而这些简单项可以在拉氏变换表中找到，这种方法称为部分分式展开法，或称为分解定理。

  由于 $m \leqslant n$，用部分分式展开 $F(s)$，得

$$F(s) = A + \frac{N_0(s)}{D(s)}$$

式中，$\dfrac{N_0(s)}{D(s)}$ 为真分式，A 是一个常数项，仅在 $m = n$ 时出现，其对应的时间函数为 $A\delta(t)$。

  利用部分分式展开真分式时，需对分母多项式进行因式分解，求出 $D(s) = 0$ 的根。下面分析几种情况。

1. $D(s) = 0$ 有 n 个单根

  设 n 个单根分别为 $p_1, p_2, \cdots, p_n$，则 $F(s)$ 可展开为

$$F(s) = \frac{K_1}{s - p_1} + \frac{K_2}{s - p_2} + \cdots + \frac{K_n}{s - p_n} \tag{9-9}$$

式中，$K_1, K_2, \cdots, K_n$ 为待定系数。

  确定 $K_1, K_2, \cdots, K_n$ 的方法一：

$$K_1 = [(s - p_i)F(s)]_{s=p_i} \qquad i = 1, 2, \cdots, n \tag{9-10}$$

  例如求 K_1，则将式（9-9）两边同乘以 $(s - p_1)$ 得

$$(s - p_1)F(s) = K_1 + (s - p_1)\left(\frac{K_2}{s - p_2} + \cdots + \frac{K_n}{s - p_n}\right)$$

  令 $s = p_1$，则等式右边除第一项外都等于零，这样就得到

$$K_1 = [(s - p_i)F(s)]_{s=p_i}$$

  确定 $K_1, K_2, \cdots, K_n$ 的方法二：

  由求极限的方式，可得

$$K_i = \lim_{s \to p_i} \frac{(s - p_i)N_0(s)}{D(s)} = \lim_{s \to p_i} \frac{(s - p_i)N_0'(s) + N_0(s)}{D'(s)} = \frac{N_0(p_i)}{D'(p_i)}$$

  所以，确定 $K_1, K_2, \cdots, K_n$ 的另一公式为

$$K_i = \left. \frac{N_0(s)}{D'(s)} \right|_{s=p_i} \qquad i = 1, 2, \cdots, n$$

  在确定了各个待定系数后，通过查表的方法得到各分式对应原函数，即可求得

$$f(t) = \mathcal{L}^{-1}[F(s)] = \sum_{i=1}^{n} K_i \mathrm{e}^{p_i t} \tag{9-11}$$

  【例 9-9】求 $F(s) = \dfrac{4s + 5}{s^2 + 5s + 6}$ 的原函数 $f(t)$。

解 因 $F(s) = \dfrac{4s+5}{s^2+5s+6} = \dfrac{4s+5}{(s+2)(s+3)} = \dfrac{K_1}{s+2} + \dfrac{K_2}{s+3}$

分母多项式 $D(s)=0$ 的根为 $p_1=-2$，$p_2=-3$

可根据式（9-10）确定各系数

$$K_1 = (s+2)F(s)\big|_{s=-2} = \dfrac{4s+5}{s+3}\bigg|_{s=-2} = -3$$

$$K_1 = (s+2)F(s)\big|_{s=-2} = \dfrac{4s+5}{s+3}\bigg|_{s=-2} = -3$$

所以 $\qquad\qquad\qquad f(t) = -3\mathrm{e}^{-2t} + 7\mathrm{e}^{-3t}$

2. $D(s)=0$ 有共轭复根

共轭复根为单根中的一种形式，设共轭复根为 $p_1 = \alpha + \mathrm{j}\omega$、$p_1 = \alpha - \mathrm{j}\omega$，则

$$F(s) = \dfrac{K_1}{s-p_1} + \dfrac{K_2}{s-p_2} = \dfrac{K_1}{s-\alpha-\mathrm{j}\omega} + \dfrac{K_2}{s-\alpha+\mathrm{j}\omega}$$

待定系数为

$$K_1 = [(s-\alpha-\mathrm{j}\omega)F(s)]_{s=\alpha+\mathrm{j}\omega}$$

$$K_1 = [(s-\alpha+\mathrm{j}\omega)F(s)]_{s=\alpha-\mathrm{j}\omega}$$

由于 $F(s)$ 是实系数多项式之比，故 K_1、K_2 为共轭复数，并有

$$K_1 = |K_1|\mathrm{e}^{\mathrm{j}\theta}、\quad K_2 = |K_1|\mathrm{e}^{-\mathrm{j}\theta}$$

则 $F(s)$ 的原函数 $f(t)$ 为

$$\begin{aligned}
f(t) &= K_1\mathrm{e}^{(\alpha+\mathrm{j}\omega)t} + K_2\mathrm{e}^{(\alpha-\mathrm{j}\omega)t} \\
&= |K_1|\mathrm{e}^{\mathrm{j}\theta}\mathrm{e}^{(\alpha+\mathrm{j}\omega)t} + |K_1|\mathrm{e}^{-\mathrm{j}\theta}\mathrm{e}^{(\alpha-\mathrm{j}\omega)t} \\
&= |K_1|\mathrm{e}^{\alpha t}[\mathrm{e}^{\mathrm{j}(\omega t+\theta)} + \mathrm{e}^{-\mathrm{j}(\omega t+\theta)}] \\
&= 2|K_1|\mathrm{e}^{\alpha t}\cos(\omega t+\theta)
\end{aligned} \qquad (9\text{-}12)$$

【例 9-10】求 $F(s) = \dfrac{s+3}{s^2+2s+5}$ 的原函数 $f(t)$。

解 $D(s)=0$ 的根 $p_1=-1+\mathrm{j}2$、$p_2=-1-\mathrm{j}2$ 为共轭复根，有

$$K_1 = \dfrac{s+3}{s+1+\mathrm{j}2}\bigg|_{s=-1+\mathrm{j}2} = 0.5 - \mathrm{j}0.5 = 0.5\sqrt{2}\,\mathrm{e}^{-\mathrm{j}\frac{\pi}{4}}$$

由式（9-12）有

$$f(t) = 2|K_1|\mathrm{e}^{\alpha t}\cos(\omega t+\theta) = \sqrt{2}\,\mathrm{e}^{-t}\cos(2t-\dfrac{\pi}{4})$$

3. $D(s) = 0$ 有重根

有重根表示 $D(s) = 0$ 的式子中含有 $(s - p_i)^n$ 的因式。现设 $D(s)$ 中含有 $(s - p_i)^3$ 的因式，即 p_i 为 $D(s) = 0$ 的三重根，其余为单根，则 $F(s)$ 可分解为

$$F(s) = \frac{K_{13}}{s - p_1} + \frac{K_{12}}{(s - p_1)^2} + \frac{K_{11}}{(s - p_1)^3} + \frac{K_2}{s - p_2} + \cdots + \frac{K_n}{s - p_n}$$

对于单根的待定系数 K_i 可以采用前面的方法计算，而对于重根的待定系数 K_{13}、K_{12}、K_{11} 可采用下面的方法计算，首先将上式两边分别乘以 $(s - p_i)^3$，再令 $s = p_1$ 即可求得 K_{11}。

$$(s - p_1)^3 F(s) = (s - p_1)^2 K_{13} + (s - p_1) K_{12} + K_{11} + (s - p_1)^3 \left(\frac{K_2}{s - p_2} + \cdots + \frac{K_n}{s - p_n} \right)$$

得
$$K_{11} = (s - p_1)^3 F(s) \Big|_{s = p_1}$$

但其余的系数却不能用同一公式算出。

为了求 K_{12}，将上式两边对 s 分别求导一次，再令 $s = p_1$ 即可求得

$$\frac{\mathrm{d}}{\mathrm{d}s} [(s - p_1)^3 F(s)] = 2(s - p_1) K_{13} + K_{12} + \frac{\mathrm{d}}{\mathrm{d}s} \left[(s - p_1)^3 \left(\frac{K_2}{s - p_2} + \cdots + \frac{K_n}{s - p_n} \right) \right]$$

得
$$K_{12} = \frac{\mathrm{d}}{\mathrm{d}s} [(s - p_1)^3 F(s)]_{s = p_1}$$

同理可得
$$K_{13} = \frac{1}{2} \frac{\mathrm{d}^2}{\mathrm{d}s^2} [(s - p_1)^3 F(s)]_{s = p_1}$$

若 $s = p_1$ 是 q 重根，可依法继续求系数，直至

$$K_{1q} = \frac{1}{(q - 1)!} \frac{\mathrm{d}^{q-1}}{\mathrm{d}s^{q-1}} [(s - p_1)^q F(s)]_{s = p_1}$$

如果 $D(s) = 0$ 有多个重根，可采用上面的方法分别对每个重根进行待定系数的计算。

【例 9-11】求 $F(s) = \dfrac{5(s + 3)}{(s + 1)^3 (s + 2)}$ 的原函数 $f(t)$。

解
$$F(s) = \frac{K_{13}}{s + 1} + \frac{K_{12}}{(s + 1)^2} + \frac{K_{11}}{(s + 1)^3} + \frac{K_2}{s + 2}$$

$$K_{11} = (s + 1)^3 F(s) \Big|_{s = -1} = \frac{5(s + 3)}{s + 2} \Big|_{s = -1} = 10$$

$$K_{12} = \frac{\mathrm{d}}{\mathrm{d}s} \left[\frac{5(s + 3)}{s + 2} \right] \Big|_{s = -1} = -5$$

$$K_{13} = \frac{\mathrm{d}^2}{\mathrm{d}s^2} \left[\frac{1}{2} \frac{5(s+3)}{s+2} \right] \bigg|_{s=-1} = 5$$

$$K_2 = (s+2)F(s)\big|_{s=-2} = \frac{5(s+3)}{(s+1)^3} \bigg|_{s=-2} = -5$$

查表得

$$f(t) = 5\mathrm{e}^{-t} - 5t\mathrm{e}^{-t} + 5t^2\mathrm{e}^{-t} - 5\mathrm{e}^{-2t}$$

【微课视频】

运算电路和运算法

9.4　运算电路

分析和计算电路的基本依据是基尔霍夫定律及元件的 VCR 关系。在分析正弦稳态电路时，基尔霍夫定律及元件关系均采用了相量形式，与之类似，在电路的复频域分析中，将采用基尔霍夫定律及元件关系的运算形式。

1. 基尔霍夫定律

时域中的基尔霍夫定律：

（1）对任一节点，有 $\sum i(t) = 0$。

（2）对任一回路，有 $\sum u(t) = 0$。

根据拉氏变换的线性性质，可直接推得运算形式的基尔霍夫定律：

（1）对任一节点，有 $\sum I(s) = 0$。

（2）对任一回路，有 $\sum U(s) = 0$。

2. 电阻元件

如图 9-2（a）所示，电阻的电压和电流取关联参考方向时，其电压和电流的时域关系为

$$u_R(t) = Ri_R(t)$$

两边取拉氏变换得

$$U_R(s) = RI_R(s) \tag{9-13}$$

式（9-13）为电阻 VCR 关系运算形式，图 9-2（b）为电阻的运算电路。

$$
\begin{array}{cc}
\overset{i_R(t)\quad R}{\underset{u_R(t)\ \ -}{\xrightarrow{\quad\quad}}} & \overset{I_R(s)\quad R}{\underset{U_R(s)\ \ -}{\xrightarrow{\quad\quad}}} \\
\text{(a)} & \text{(b)}
\end{array}
$$

图 9-2　电阻元件的运算电路

3. 电感元件

如图 9-3（a）所示，电感的电压与电流取关联参考方向时，其电压、电流的时域关系为

$$u_L(t) = L\frac{di_L(t)}{dt}$$

对上式进行拉氏变换并应用微分定理，可得其频域关系

$$\mathscr{L}[u_L(t)] = \mathscr{L}[L\frac{di_L(t)}{dt}]$$

$$U_L(s) = sLI_L(s) - Li_L(0_-) \tag{9-14}$$

式中，sL 称为电感的运算阻抗，$i_L(0_-)$ 表示电感中的初始储能，图 9-3（b）为电感的运算电路。其中电压源 $Li_L(0_-)$ 称为附加电压源，它体现了初始储能的作用，在计算中，附加电源完全可以像实际电源一样看待。当 $i_L(0_-) = 0$ 时，频域中电压 $U_L(s)$ 和电流 $I_L(s)$ 之比为 sL，相当于将相量分析中感抗 $j\omega L$ 的 $j\omega$ 换为 s。

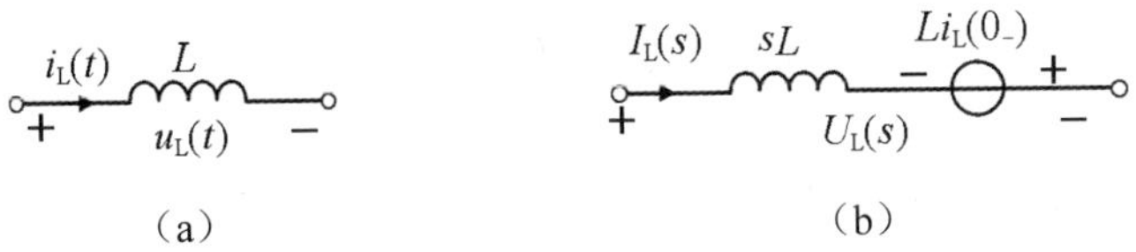

图 9-3　电感元件的运算电路

对两个耦合电感，运算电路中应包括由于互感引起的附加电源。对于图 9-4（a），其电压、电流的时域关系为

$$u_1(t) = L_1\frac{di_1(t)}{dt} + M\frac{di_2(t)}{dt}$$

$$u_2(t) = L_2\frac{di_2(t)}{dt} + M\frac{di_1(t)}{dt}$$

对上式进行拉氏变换并应用微分定理，可得其频域关系

$$U_1(s) = sL_1I_1(s) - L_1i_1(0_-) + sMI_2(s) - Mi_2(0_-)$$

$$U_2(s) = sL_2I_2(s) - L_2i_2(0_-) + sMI_1(s) - Mi_1(0_-)$$

式中，sM 称为互感运算电抗，$Mi_1(0_-)$ 和 $Mi_2(0_-)$ 都是附加的电压源，附加电压源的方向与电流 i_1、i_2 的参考方向有关，图 9-4（b）为具有耦合电感的运算电路。

4. 电容元件

如图 9-5（a）所示，电容的电压和电流取关联的参考方向，时域中电流、电压的关系为

$$i_C(t) = C\frac{du_C(t)}{dt}$$

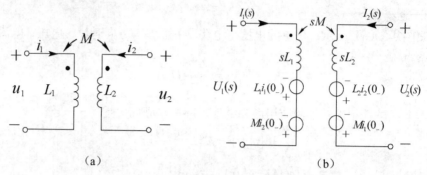

图 9-4   耦合电感元件的运算电路

图 9-5   电容元件的运算电路

对上式进行拉氏变换并应用微分定理，得其频域关系为

$$I_C(s) = sCU_C(s) - Cu_C(0_-) \qquad\qquad (9\text{-}15)$$

或
$$U_C(s) = \frac{1}{sC}I_C(s) + \frac{u_C(0_-)}{s}$$

式中，$\dfrac{1}{sC}$ 称为电容的运算阻抗，$u_C(0_-)$ 表示电容中的初始储能，图 9-5（b）为电容的运算电路。其中 $\dfrac{u_C(0_-)}{s}$ 称为附加电压源，它体现了初始储能的作用，在计算中，附加电源完全可以像实际电源一样看待。当 $u_C(0_-)=0$ 时，频域中电压 $U_C(s)$ 和电流 $I_C(s)$ 之比为 $\dfrac{1}{sC}$，相当于将相量分析中容抗 $\dfrac{1}{\mathrm{j}\omega C}$ 的 $\mathrm{j}\omega$ 换为 s。

5. 独立电源

直流电压源 $u_s(t) = E \cdot \varepsilon(t)$，其拉氏变换为 $U_s(s) = \dfrac{E}{s}$。

正弦电流源 $i_s(t) = I_m \sin(\omega t + \phi_i) \cdot \varepsilon(t)$，其拉氏变换为 $I_s(s) = I_m \dfrac{s \cdot \sin\phi_i + \omega \cdot \cos\phi_i}{s^2 + \omega^2}$。

指数电压源 $u_s(t) = U_s \mathrm{e}^{-\alpha t} \cdot \varepsilon(t)$，其拉氏变换为 $U_s(s) = \dfrac{U_s}{s + \alpha}$。

对于受控源，将电压电流变换成相量形式即可。CCCS 运算电路模型如图 9-6 所示。

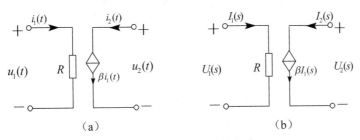

（a）　　　　　　　　　　　　（b）

图 9-6　受控电源的运算电路

当电路做如下变换：

（1）电压、电流用象函数形式。

（2）元件用运算阻抗或运算导纳表示。

（3）电容电压和电感电流初始值用附加电源表示。

所获得电路称为运算电路。在采用运算形式的电路表示后，在直流电路中的各种求解电路的方法和电路定律也都适用于运算电路的计算。

对于如图 9-7（a）所示的 RLC 串联电路，若初始条件为 $i_L(0_-)$ 和 $u_C(0_-)$，按前述原则可获得其运算电路，如图 9-7（b）所示。据 $\sum U(s) = 0$ 得

$$RI(s) + sLI(s) - Li(0_-) + \frac{u_C(0_-)}{s} + \frac{1}{sC}I(s) = U(s)$$

整理得

$$I(s) = \frac{U(s) + Li(0_-) - \dfrac{u_C(0_-)}{s}}{R + sL + \dfrac{1}{sC}}$$

这是运算形式的欧姆定律，其中 $Z(s) = R + sL + \dfrac{1}{sC}$ 称为运算阻抗。

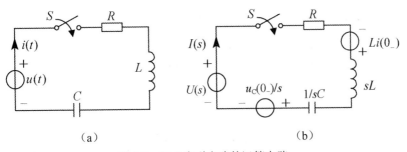

（a）　　　　　　　　　　　　（b）

图 9-7　RLC 串联电路的运算电路

9.5　线性动态电路的拉普拉斯变换求解

相量法分析正弦稳态电路时，把正弦量变换为相量，引入了复阻抗的概念，从而可以绘出电路的相量模型，直接写出电路以相量为变量的代数方程。同时由于相量形式表示的基尔霍夫定律及元件的 VCR 关系，与直流电阻电路中的表达形式完全相同，因此，线性电阻电路的分析方法可推广至线性电路的正弦稳态分析。

运算法和相量法的基本思想类似。把时间函数变换为对应的象函数，引进运算阻抗的概念，组成 s 域的等效运算电路模型，从而可以直接列写电路方程，把问题归结为求解以象函数为变量的线性代数方程，其分析计算和直流、正弦稳态计算的方法形式上相同。

应用拉氏变换分析线性电路暂态过程的具体步骤可概括如下：

（1）由换路前的电路计算 $i_L(0_-)$ 和 $u_C(0_-)$。

（2）画运算电路模型，注意运算阻抗的表示和附加电源的作用。

（3）应用前面各章介绍的各种计算方法求象函数。

（4）反变换求原函数。

【例 9-12】图 9-7（a）中，$U = 25\text{V}$，$R = 65\Omega$，$L = 1\text{H}$，$C = 1000\mu\text{F}$，$u_C(0_-) = 5\text{V}$，$i(0_-) = 0\text{A}$，求电流 $i(t)$ 和电感电压 $u_L(t)$。

解： 该电路的运算电路模型如图 9-7（b）所示，则有

$$
\begin{aligned}
I(s) &= \frac{U(s) + Li(0_-) - \dfrac{u_C(0_-)}{s}}{R + sL + \dfrac{1}{sC}} \\[2mm]
&= \frac{\dfrac{25}{s} + \dfrac{5}{s}}{65 + s + \dfrac{1}{s \times 1000 \times 10^{-6}}} \\[2mm]
&= \frac{30}{(s+25)(s+40)} \\[2mm]
&= \frac{2}{s+25} - \frac{2}{s+40}
\end{aligned}
$$

拉氏逆变换后得

$$
i(t) = 2\mathrm{e}^{-25t} - 2\mathrm{e}^{-40t}\ \text{A} \qquad (t \geq 0)
$$

又　　　$U_L(s) = sLI(s) - Li(0_-) = \dfrac{30s}{(s+25)(s+40)} = \dfrac{-50}{s+25} + \dfrac{80}{s+40}$

于是 $\qquad u_L(t) = -50e^{-25t} + 80e^{-40t} \, \text{V} \qquad (t \geqslant 0)$

【例 9-13】如图 9-8（a）所示电路中，$R_1 = 30\Omega$，$R_2 = 10\Omega$，$L = 0.1\text{H}$，$C = 1000\mu\text{F}$，$U_S = 200\text{V}$，开关闭合前电路处于稳定状态，$u_C(0_-) = 100\text{V}$。$t = 0$ 时开关闭合，求 $i_L(t)$ 和 $u_L(t)$。

解：开关闭合前，有

$$i_L(0_-) = \frac{U_S}{R_1 + R_2} = \frac{200}{30 + 10} = 5\text{A} \, , \quad u_C(0_-) = 100\text{V}$$

则开关闭合后，其运算电路模型如图 9-8（b）所示，根据回路电流法列方程

$$\begin{cases} (R_1 + R_2 + sL)I_1(s) - R_2 I_2(s) = \dfrac{U_S}{s} + Li_L(0_-) \\ -R_2 I_1(s) + (R_2 + \dfrac{1}{sC})I_2(s) = \dfrac{U_C(0_-)}{s} \end{cases}$$

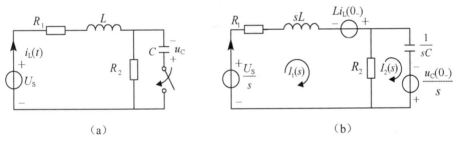

图 9-8 例 9-13 图

代入已知数据，整理后得

$$I_1(s) = \frac{5(s^2 + 700s + 40000)}{s(s + 200)^2} = \frac{5}{s} + \frac{0}{s + 200} + \frac{1500}{(s+ + 200)^2}$$

$$i_L(t) = 5 + 1500te^{-200t} \, \text{A} \qquad (t \geqslant 0)$$

故 $\qquad U_L(s) = sLI(s) - Li(0_-) = \dfrac{150}{s + 200} - \dfrac{30000}{(s + 200)^2}$

$$u_L(t) = 150e^{-200t} - 30000te^{-200t} \, \text{V} \qquad (t \geqslant 0)$$

【例 9-14】如图 9-9（a）所示电路，开关闭合前处于零状态，试求开关闭合后的 $i_C(t)$。

解：该电路的等效运算电路如图 9-9（b）所示，采用戴维南定理，其开路电压

$$U_0(s) = \frac{0.002s \cdot 480/s}{20 + 0.002s} = \frac{480}{s + 10^4} \, \text{V}$$

内阻抗 $\quad Z_0(s) = 60 + \dfrac{0.002s \cdot 20}{20 + 0.002s} = \dfrac{80(s+7500)}{s+10^4}$

得其戴维南等效电路如图 9-9（c）所示。故电容电流为

$$I_C(s) = \dfrac{\dfrac{480}{s+10^4}}{\dfrac{80(s+7500)}{s+10^4} + \dfrac{2 \times 10^5}{s}} = \dfrac{6s}{(s+5000)^2} = \dfrac{6}{s+5000} - \dfrac{30000}{(s+5000)^2}$$

最后得

$$i_C(t) = 6e^{-5000t} - 30000te^{-5000t} \ \text{A} \qquad (t \geqslant 0)$$

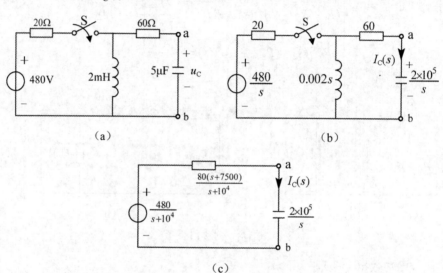

图 9-9　例 9-14 图

【例 9-15】如图 9-10（a）所示电路，开关 S 在位置 1 处已久，在 $t=0$ 时，开关 S 打到位置 2。已知 $L_1 = 0.25\text{H}$，$L_2 = 0.5\text{H}$，$R_1 = 0.25\Omega$，$R_2 = R_3 = 0.75\Omega$，电压源的电压分别为 $U_S = 4\,\text{V}$，$u_S(t) = e^{-t}\,\text{V}$。要求用拉普拉斯变换法求开关 S 动作后的 $u_1(t)$。

解： 开关打到 2 前，有

$$i_{L1}(0_-) = \dfrac{U_S}{R_1} = 2\text{A}, \quad i_{L2}(0_-) = 0\text{A}$$

开关 S 打到 2 后，运算电路图如图 9-10（b）所示，其中：

$$L_1 i_{L1}(0_-) = 0.5, \quad U_S(s) = \dfrac{1}{1+s}$$

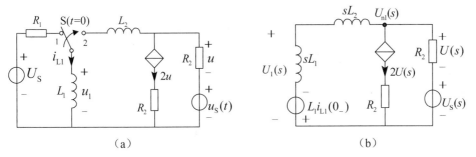

图 9-10　例 9-15 图

列结点电压方程
$$
\begin{cases}
\left(\dfrac{1}{0.5s+0.25s}+\dfrac{1}{0.75}\right)U_{n1}(s)=\dfrac{1}{0.75(1+s)}-2U(s)-\dfrac{0.5}{0.5s+0.25s} \\[3mm]
U(s)=U_{n1}(s)-\dfrac{1}{1+s}
\end{cases}
$$

解得
$$
U_{n1}(s)=\frac{4s-1}{(s+1)(5s+2)}
$$

$$
U_1(s)=(U_{n1}(s)+0.5)\frac{0.25s}{0.25s+0.5s}-0.5=\frac{-0.25s-1.5-4s^2}{3(1+s)(1+4s)}
$$

$$
=-0.333+\frac{5}{9(1+s)}-\frac{13}{45(s+0.4)}
$$

拉氏反变换后得　　$u_1(t)=-0.333\delta(t)+0.556\mathrm{e}^{-t}-0.289\mathrm{e}^{-0.4t}\ \mathrm{V}$

【例 9-16】RL 串联电路如图 9-11（a）所示，换路前处于零状态。激励为单位冲激函数 $\delta(t)$ 的电压源，试求 $u_{\mathrm{L}}(t)$ 和 $i_{\mathrm{L}}(t)$。

解： 该电路的等效运算电路如图 9-11（b）所示。

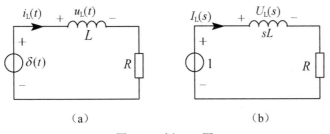

图 9-11　例 9-16 图

$$
I_{\mathrm{L}}(s)=\frac{U(s)}{Z(s)}=\frac{1}{R+sL}=\frac{1}{L\left(s+\dfrac{R}{L}\right)}
$$

故 $i_L(t) = \dfrac{1}{L} e^{-\frac{R}{L}t} \cdot \varepsilon(t)$，$U_L(s) = I_L(s) \cdot sL = \dfrac{s}{s+R/L} = 1 - \dfrac{R/L}{s+R/L}$

得 $u_L(t) = \delta(t) - \dfrac{R}{L} e^{-\frac{R}{L}t} \cdot \varepsilon(t)$

9.6　网络函数

网络函数

9.6.1　网络函数的定义及类型

线性时不变网络在单一电源激励下，其零状态响应 $r(t)$ 的象函数 $R(s)$ 与激励 $e(t)$ 的象函数 $E(s)$ 之比定义为该电路的网络函数 $H(s)$。

$$H(s) \overset{\text{def}}{=} \dfrac{R(s)}{E(s)}$$

激励 $E(s)$ 可以是电压源或电流源，响应 $R(s)$ 可以是电压或电流。当电路中只有一个激励源作用时，激励源所连接的端口称为驱动点，如果响应也在驱动点上，则网络函数可以是驱动点阻抗（激励为电流，响应为电压）或驱动点导纳（激励为电压，响应为电流）。如果响应不在驱动点上，则网络函数可以是转移阻抗（导纳）、电压转移函数或电流转移函数。

根据网络函数的定义，由网络函数可求取任意激励的零状态响应。

$$R(s) = H(s)E(s)$$

若激励 $e(t) = \delta(t)$ 为冲激函数，$E(s)=1$，则响应 $R(s)=H(s)$，即网络函数是该响应的象函数，网络函数的原函数是电路的冲激响应 $h(t)$。

$$h(t) = \mathcal{L}^{-1}[H(s)]$$

【例 9-17】如图 9-12（a）所示电路，$i(t) = e(t)$，求阶跃响应 $u_1(t)$、$u_2(t)$。

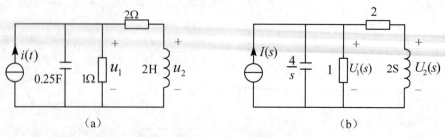

图 9-12　例 9-17 图

解： 运算电路如图 9-12（b）所示，可得

$$H_1(s) = \frac{R(s)}{E(s)} = \frac{U_1(s)}{I(s)} = \frac{1}{\frac{4}{s} + 1 + \frac{1}{2+2s}} = \frac{4s+4}{s^2+5s+6}$$

$$H_2(s) = \frac{R(s)}{E(s)} = \frac{U_2(s)}{I(s)} = \frac{2s}{2s+2} U_1(s) = \frac{4s}{s^2+5s+6}$$

求得

$$U_1(s) = H_1(s)I(s) = \frac{1}{\frac{4}{s} + 1 + \frac{1}{2+2s}} \cdot \frac{1}{s} = \frac{4s+4}{s(s^2+5s+6)}$$

$$U_2(s) = H_2(s)I(s) = \frac{4}{s^2+5s+6}$$

由拉氏反变换得

$$u_1(t) = \frac{2}{3} + 2e^{-2t} - \frac{8}{3}e^{-3t} \ \text{V}$$

$$u_1(t) = 4e^{-2t} - 4e^{-3t} \ \text{V}$$

【例 9-18】 求图 9-13（a）所示电流源 $i(t) = \delta(t)$ 激励下的冲激响应 $u_C(t)$。

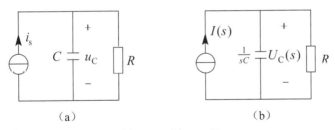

图 9-13 例 9-18 图

解： 运算电路如图 9-13（b）所示，可得

$$H(s) = \frac{R(s)}{E(s)} = \frac{U_C(s)}{I(s)} = Z(s) = \frac{1}{sC + \frac{1}{R}} = \frac{1}{C} \cdot \frac{1}{s + \frac{1}{RC}}$$

$$u_C(t) = h(t) = \mathscr{L}^{-1}[H(s)] = \mathscr{L}^{-1}\left[\frac{1}{C} \cdot \frac{1}{s + \frac{1}{RC}}\right] = \frac{1}{C}e^{-\frac{t}{RC}}\varepsilon(t)$$

9.6.2　网络函数的零极点

由于网络函数 $H(s)$ 的分子分母均为 s 的多项式，可以表示为

$$H(s) = \frac{N(s)}{D(s)} = \frac{b_m s^m + b_{m-1} s^{m-1} + \cdots + b_0}{a_n s^n + a_{n-1} s^{n-1} + \cdots + a_0}$$

$$= H_0 \frac{(s-z_1)(s-z_2)\cdots(s-z_i)\cdots(s-z_n)}{(s-p_1)(s-p_2)\cdots(s-p_i)\cdots(s-p_n)}$$

$$= H_0 \frac{\prod_{i=1}^{m}(s-z_i)}{\prod_{j=1}^{n}(s-p_j)}$$

其中，H_0 为常数，当 $s = z_i$ 时 $N(s) = 0$，此时 $H(s) = 0$，故 z_1、z_2、$\cdots$、z_i、$\cdots$、z_m 称为网络函数的零点，如 z_i 为重根，则称为重零点。当 $s = p_i$ 时 $D(s) = 0$，此时 $H(s) \to \infty$，故 p_1、p_2、$\cdots$、p_j、$\cdots$、p_n 称为网络函数的极点，如 p_j 为重根，则称为重极点。

网络函数的零极点都是复常数（实数和虚数均为复数的特例）。以复数 s 的实部 σ 为横轴，虚部 $j\omega$ 为纵轴，即可构造一个复频率平面（简称复平面或 s 平面），则网络函数的每一个零点和极点都可在复平面上用对应的点表示。一般用 "∘" 表示零点，用 "×" 表示极点，由此得到网络函数零极点分布图。

例如，已知网络函数为

$$H(s) = \frac{s+2}{(s+3)(s+1-j3)(s+1+j3)}$$

其零点为 $z_1 = -2$，极点为 $p_1 = -3$，$p_2 = -1 + j3$，$p_3 = -1 - j3$，则可绘出图 9-14 所示零极点分布图。

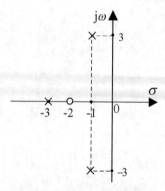

图 9-14　零极点分布图

9.6.3　网络函数与冲激响应间的关系

根据网络函数的定义，电路零状态响应的象函数为

$$R(s) = H(s)E(s)$$

式中，$H(s) = \dfrac{N(s)}{D(s)}$ 为网络函数，$E(s) = \dfrac{P(s)}{Q(s)}$ 为激励。若网络函数为真分式且分母具有单根，在 $e(t) = \delta(t)$ 时（$E(s)=1$）时，网络的冲激响应为

$$h(t) = \mathcal{L}^{-1}[H(s)] = \mathcal{L}^{-1}\Big[\sum_{j=1}^{n}\frac{K_j}{s - p_j}\Big] = \sum_{j=1}^{n}K_j e^{p_j t} \qquad (9\text{-}16)$$

式中，p_j 为 $H(s)$ 的极点。分析式（9-16）可知，当 p_j 为负实根时，$e^{p_j t}$ 为衰减指数函数，$|p_j|$ 越大，衰减的速度越快；当 p_j 为正实根时，$e^{p_j t}$ 为增长指数函数，$|p_j|$ 越大，增长的速度越快。当 p_j 为共轭复数时，$h(t)$ 是以指数曲线为包络线的正弦函数，p_j 实部的正负决定正弦项是增长或衰减，如图 9-15 所示。当 p_j 为虚根时，$h(t)$ 是纯正弦函数。

总结图 9-15 所示的网络函数极点与对应的时域响应波形关系可得，只要极点位于复平面左半平面，则 $h(t)$ 必是随时间衰减的，故电路是稳定的。因此，一个实际的线性电路，其网络函数的极点一定位于复平面左半平面。

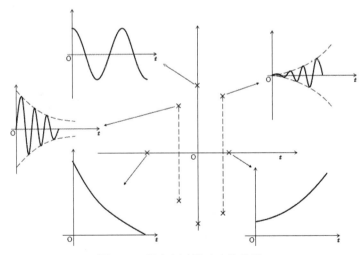

图 9-15　极点与冲激响应的关系

由于 p_j 是网络函数的极点，其只由电路的结构及元件值确定，故 p_j 被称为该电路的一个固有频率，是该电路所有变量的固有频率。

另外，由部分分式展开法

$$H(s) = \frac{\prod_{i=1}^{m}(s - z_i)}{\prod_{j=1}^{n}(s - p_j)} = \sum_{j=1}^{n}\frac{K_j}{s - p_j}$$

可以看出，式（9-16）中 K_j 的确定与全部零点及极点有关。可见，极点确定了冲激响应的波形，而零点与极点一起，共同决定冲激响应中每一项的量值。

在一般情况下，由于 $R(s) = H(s)E(s)$，时域响应的全部特点由两部分构成，$h(t)$ 的特性就是时域响应中自由分量的特性，激励的变换规律决定了时域响应中强制分量的特点。

【**例 9-19**】*RLC* 并联电路如图 9-16 所示，根据网络函数 $H(s) = \dfrac{U(s)}{I_S(s)}$，分析在恒定电流源 I_S 激励下，电压 $u(t)$ 的变化规律。

解：$H(s) = Z(s) = \dfrac{1}{sC + G + \dfrac{1}{sL}} = \dfrac{1}{C}\cdot\dfrac{s}{s^2 + \dfrac{G}{C}s + \dfrac{1}{LC}} = \dfrac{1}{C}\cdot\dfrac{s}{(s - p_1)(s - p_2)}$

其中 $\begin{cases} p_1 = \dfrac{-G}{2C} + \sqrt{\left(\dfrac{G}{2C}\right)^2 - \dfrac{1}{LC}} = -\beta + \sqrt{\beta^2 - {\omega_0}^2} \\[3mm] p_2 = \dfrac{-G}{2C} - \sqrt{\left(\dfrac{G}{2C}\right)^2 - \dfrac{1}{LC}} = -\beta - \sqrt{\beta^2 - {\omega_0}^2} \end{cases}$ （$\beta = \dfrac{G}{2C}$，$\omega_0 = \dfrac{1}{\sqrt{LC}}$）

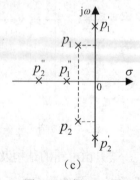

图 9-16 例 9-19 图

可见，极点完全由电路结构和元件参数决定。

（1）当 $0 < G < 2\sqrt{\dfrac{C}{L}}$ 时，$p_{1,2} = -\beta \pm \mathrm{j}\omega_d$，$(\omega_d = \sqrt{\omega_0^2 - \beta^2})$ 极点为一对实部为负的共轭复根，因此 $u(t)$ 中自由分量是衰减的正弦振荡。

（2）当 $G = 0$ 时，$p'_{1,2} = \pm \mathrm{j}\omega_0$，极点位于虚轴上，因此 $u(t)$ 中自由分量是等幅的正弦振荡。

（3）当 $G > 2\sqrt{\dfrac{C}{L}}$ 时，极点位于负实轴上，是两个不相等的负实根，因此 $u(t)$ 中自由分量是由两个衰减速度不同的指数函数组成的。

$$
\begin{cases}
p''_1 = \dfrac{-G}{2C} + \sqrt{\left(\dfrac{G}{2C}\right)^2 - \dfrac{1}{LC}} \\[3mm]
p''_2 = \dfrac{-G}{2C} - \sqrt{\left(\dfrac{G}{2C}\right)^2 - \dfrac{1}{LC}}
\end{cases}
$$

$u(t)$ 中的强制分量取决于激励的情况，本例中为 I_S。

本章重点小结

1. 本章学习了拉普拉斯变换，对于一些简单时域函数要求记住它们对应的象函数。采用部分分式展开的方法求一个象函数的原函数，分成三种类型：象函数分母有 n 重单根；象函数分母有共轭复根；象函数分母有重根。

2. 利用拉普拉斯变换的线性性质可以得出电阻元件 VCR 方程的运算形式以及 KCL、KVL 的运算形式；利用拉普拉斯变换的微分或积分性质，可以得出电感元件和电容元件 VCR 方程的运算形式。这是用于拉普拉斯变换分析高阶动态电路的基础，必须掌握。

3. 运用拉普拉斯变换分析高阶动态电路的方法称为运算法。其主要步骤为：首先计算换路前电感电流和电容电压的原始值即 $i_L(0_-)$、$u_C(0_-)$；其次正确画出电路的运算模型；再次利用线性直流电阻电路介绍的分析方法列方程，并求解出响应的象函数形式；最后将响应的象函数做拉普拉斯反变换。

习题九

在线测试

9-1　求下列各函数的象函数：

（1）$f(t) = 1 + 2t + 3\mathrm{e}^{-4t}$

（2）$f(t) = 3te^{-5t}$

（3）$f(t) = t\cos(\alpha t)$

9-2 求下列函数的原函数：

（1）$\dfrac{s+1}{(s+2)(s+3)}$

（2）$\dfrac{s+2}{s(s+1)^2}$

（3）$\dfrac{2+3e^{-s}}{s+1}$

（4）$\dfrac{5s^3 + 20s^2 + 25s + 40}{(s^2+4)(s^2+2s+5)}$

9-3 求题 9-3 图所示函数 $f(t)$ 的拉普拉斯变换式。

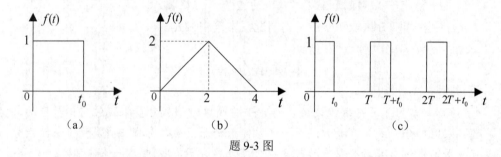

题 9-3 图

9-4 如题 9-4 图所示 RC 并联电路，若：

（1）$i_s(t) = \varepsilon(t)$ A

（2）$i_s(t) = \delta(t)$ A

用运算法求电路 $t \geqslant 0$ 时的响应 $u(t)$。

9-5 题 9-5 图所示电路已处于稳定状态，已知 $L = 1\text{H}$，$C = 1\text{F}$，$R_1 = 1\Omega$，$R_2 = 1\Omega$，$u_C(0_-) = 1\text{V}$，$t = 0$ 时开关闭合，试用运算法求开关闭合后的 $i(t)$。

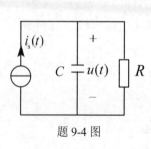

题 9-4 图

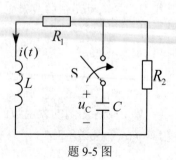

题 9-5 图

9-6 题 9-6 图所示电路中，开关在 1 位置电路已处于稳定状态，$t = 0$ 时开关由 1 合向 2，试用运算法求换路后的电容电压 $u_C(t)$。

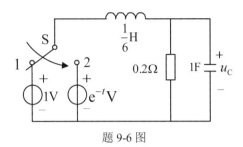

题 9-6 图

9-7 题 9-7 图所示电路已处于稳定状态，当 $t = 0$ 时，开关打开，已知 $u_S = 2V$，$L_1 = L_2 = 1H$，$R_1 = R_2 = 1\Omega$，试用运算法求换路后的 $i_1(t)$ 和 $u_{L2}(t)$。

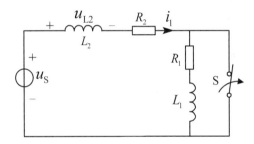

题 9-7 图

9-8 题 9-8 图所示电路中，电容上原有电压 $u_C(0_-) = 100V$，电源电压 $U_S = 200V$，$R_1 = 30\Omega$，$R_2 = 10\Omega$，$L = 0.1H$，$C = 1000\mu F$，当 $t = 0$ 时，开关合上，试用运算法求开关合上后的电流 $i_L(t)$。

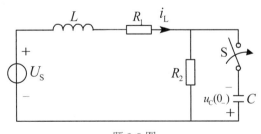

题 9-8 图

9-9 题 9-9 图所示电路已处于稳定状态，$t = 0$ 时开关由 1 合向 2，试用运算法求换路后的电阻电压 $u_2(t)$。

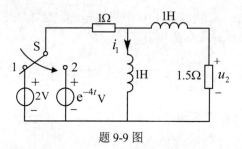

题 9-9 图

9-10　题 9-10 图所示电路中，开关在位置 1 时电路处于稳定状态，试用运算法求开关由 1 合向 2 后的 $i_1(t)$。

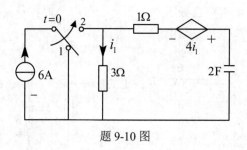

题 9-10 图

9-11　如题 9-11 图所示电路，已知 $i_L(0_-)=0$，试用运算法求 $t=0$ 时开关闭合后的 $u_L(t)$。

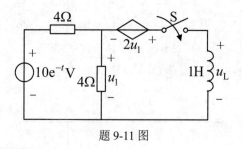

题 9-11 图

9-12　绘出 $H(s)=\dfrac{2s^2-12s+16}{s^3+4s^2+6s+3}$ 的零、极点图。

9-13　已知某电路含有一个零点 1 和两个极点-1、-4，且其网络函数 $|H(0)|=1$，试确定网络函数 $H(s)$。

9-14　已知网络函数如下，试定性作出单位冲激响应波形。

（1）　$H(s)=\dfrac{3}{s-4}$

（2）$H(s) = \dfrac{s-3}{s^2+6s+25}$

（3）$H(s) = \dfrac{s+5}{s^2-10s+125}$

9-15 如题 9-15 图所示电路，求转移函数 $H(s) = \dfrac{U_0(s)}{U_1(s)}$。

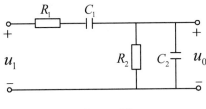

题 9-15 图

第10章 二端口网络

本章课程目标

    理解二端口网络的概念；能够计算二端口网络的 Z、Y、H、T 四种参数；理解二端口网络的等效电路，能够根据参数得出二端口网络的等效电路；理解二端口网络的三种连接方式。

    前面章节已介绍过等效电阻和戴维宁等效电路、诺顿等效电路，它们分别是对无源一端口网络和有源一端口网络进行等效的电路。一端口网络都有两个端子与外电路相连接，在满足端口条件的情况下，即电流从一个端子流入、从另一个端子流出，且两个端子间电压是单值量，那么这两个端子就可以构成一端口。如果一个网络具有三个或三个以上的端子与外电路连接，则称为多端子网络，这样的网络在电工技术和电子线路中很多，如传输线、变压器、晶体管、运放、滤波器等，如图 10-1 所示。

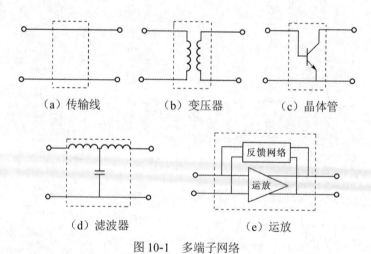

    (a) 传输线   (b) 变压器   (c) 晶体管

    (d) 滤波器   (e) 运放

图 10-1 多端子网络

    对于任何一个具有四个端子与外电路相连的网络，可用图 10-2 表示。两对端子分别是 1-1′ 和 2-2′，通常 1-1′ 端子称为输入端子，2-2′ 端子称为输出端子。在任意时

刻从端子 1 流入的电流等于从端子 1′流出的电流，从端子 2 流入的电流等于从端子
2′流出的电流，且 1-1′之间和 2-2′之间的电压各自为单值量，则满足端口条件的四端
子网络称为二端口网络或双口网络，否则只能称为四端子网络。

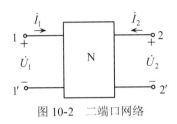

图 10-2　二端口网络

10.1　二端口网络的方程与参数

与一端口网络相似，首先要研究二端口网络两个端口电流、两个端口电压四个
物理量之间的关系。这对于研究那些内部元件和电路全部被封闭起来的、仅有输入
端口和输出端口引出的电路（如集成电路之类的器件），具有重要的实际意义。

本章研究的是无独立源（包括无附加电源）的，由线性元件组成的二端口网络
的四个物理量之间的关系。它们有六种不同参数表示的方程，下面按照正弦稳态情
况考虑，用相量法讨论常用的四种参数和方程。

10.1.1　二端口网络的 Z 方程和 Z 参数

Z 方程是一组以二端口网络的电流 $\dot{I}_1$ 和 $\dot{I}_2$ 表征电压 $\dot{U}_1$ 和 $\dot{U}_2$ 的方程。二端口网
络以电流 $\dot{I}_1$ 和 $\dot{I}_2$ 作为独立变量，电压 $\dot{U}_1$ 和 $\dot{U}_2$ 作为待求量，根据替代定理，二端口
网络端口的外部电路总是可以用电流源替代，如图 10-3（a）所示，替代后网络是
线性的，可按照叠加定理，将图 10-3（a）所示的网络分解成仅含单个电流源的网
络，如图 10-3（b）和图 10-3（c）所示，端口电压 $\dot{U}_1$ 和 $\dot{U}_2$ 是电流 $\dot{I}_1$、$\dot{I}_2$ 单独作用
时所产生的电压之和，即

$$\dot{U}_1 = Z_{11}\dot{I}_1 + Z_{12}\dot{I}_2$$
$$\dot{U}_2 = Z_{21}\dot{I}_1 + Z_{22}\dot{I}_2$$

（10-1）

式中，Z_{11}、Z_{12}、Z_{21}、Z_{22} 具有阻抗的性质，量纲为欧姆（Ω），故称为 Z 参数，
式（10-1）称为 Z 参数方程。

Z 参数的确定可通过输入端口、输出端口开路测量或计算确定：

（1）$Z_{11} = \dfrac{\dot{U}_1}{\dot{I}_1}\bigg|_{\dot{I}_2=0}$，$Z_{11}$ 是输出端开路时输入端的入端阻抗。

（2）$Z_{21} = \dfrac{\dot{U}_2}{\dot{I}_1}\bigg|_{\dot{I}_2=0}$，$Z_{21}$ 是输出端开路时输出端对输入端的转移阻抗。

（3）$Z_{12} = \dfrac{\dot{U}_1}{\dot{I}_2}\bigg|_{\dot{I}_1=0}$，$Z_{12}$ 是输入端开路时输入端对输出端的转移阻抗。

（4）$Z_{22} = \dfrac{\dot{U}_2}{\dot{I}_2}\bigg|_{\dot{I}_1=0}$，$Z_{22}$ 是输入端开路时输出端的入端阻抗。

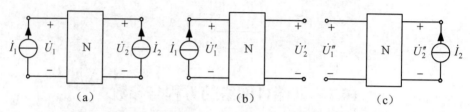

图 10-3　二端口网络的 Z 参数

因为 Z 参数均与一个端口开路相联系，所以 Z 参数又称为开路阻抗参数。Z 参数也可由其他参数（随后讲到）转换确定。

当二端口网络中的电流 $\dot{I}_2$ 和 $\dot{I}_1$ 相等，所产生的开路电压 $\dot{U}_1''$ 和 $\dot{U}_2'$ 也相等时，$Z_{12} = Z_{21}$，该网络具有互易性，则网络称为互易网络。如果该网络还具有 $Z_{11} = Z_{22}$ 的特点，则网络称为对称的二端口网络。

式（10-1）还可以写成如下的矩阵形式

$$\begin{bmatrix} \dot{U}_1 \\ \dot{U}_2 \end{bmatrix} = \begin{bmatrix} Z_{11} & Z_{12} \\ Z_{21} & Z_{22} \end{bmatrix} \begin{bmatrix} \dot{I}_1 \\ \dot{I}_2 \end{bmatrix} = Z \begin{bmatrix} \dot{I}_1 \\ \dot{I}_2 \end{bmatrix}$$

其中

$$Z = \begin{bmatrix} Z_{11} & Z_{12} \\ Z_{21} & Z_{22} \end{bmatrix}$$

称为 Z 参数矩阵。

【例 10-1】试求图 10-4 所示二端口网络的开路阻抗矩阵 Z。

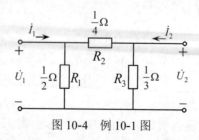

图 10-4　例 10-1 图

解　令二端口网络的输出端口开路，则 $\dot{I}_2 = 0$，由图 10-4 可得

$$\dot{I}_1 = \frac{\dot{U}_1}{R_1} + \frac{\dot{U}_1}{R_2 + R_3} = \frac{\dot{U}_1}{\dfrac{1}{2}} + \frac{\dot{U}_1}{\dfrac{1}{4} + \dfrac{1}{3}} = \frac{26}{7}\dot{U}_1$$

$$\dot{U}_2 = \frac{\dot{U}_1}{R_2 + R_3}R_3 = \frac{\dot{U}_1}{\dfrac{1}{4} + \dfrac{1}{3}} \times \frac{1}{3} = \frac{4}{7}\dot{U}_1$$

所以

$$Z_{11} = \frac{\dot{U}_1}{\dot{I}_1}\bigg|_{\dot{I}_2=0} = \frac{7}{26}\,\Omega$$

$$Z_{21} = \frac{\dot{U}_2}{\dot{I}_1}\bigg|_{\dot{I}_2=0} = \frac{4}{7} \times \frac{7}{26} = \frac{2}{13}\,\Omega$$

令二端口网络的输入端口开路，则 $\dot{I}_1 = 0$，由图 10-4 可知

$$\dot{I}_2 = \frac{\dot{U}_2}{R_3} + \frac{\dot{U}_2}{R_1 + R_2} = \frac{\dot{U}_2}{\dfrac{1}{3}} + \frac{\dot{U}_2}{\dfrac{1}{2} + \dfrac{1}{4}} = \frac{13}{3}\dot{U}_2$$

$$\dot{U}_1 = \frac{\dot{U}_2}{R_1 + R_2}R_1 = \frac{\dot{U}_2}{\dfrac{1}{2} + \dfrac{1}{4}} \times \frac{1}{2} = \frac{2}{3}\dot{U}_2$$

所以

$$Z_{12} = \frac{\dot{U}_1}{\dot{I}_2}\bigg|_{\dot{I}_1=0} = \frac{2}{3} \times \frac{3}{13} = \frac{2}{13}\,\Omega$$

$$Z_{22} = \frac{\dot{U}_2}{\dot{I}_2}\bigg|_{\dot{I}_1=0} = \frac{3}{13}\,\Omega$$

故二端口网络的开路阻抗矩阵 Z 为

$$Z = \begin{bmatrix} \dfrac{7}{26} & \dfrac{2}{13} \\ \dfrac{2}{13} & \dfrac{3}{13} \end{bmatrix}$$

10.1.2　二端口网络的 Y 方程和 Y 参数

Y 方程是一组以二端口网络的电压 $\dot{U}_1$ 和 $\dot{U}_2$ 表征电流 $\dot{I}_1$ 和 $\dot{I}_2$ 的方程。二端口网络以电压 $\dot{U}_1$ 和 $\dot{U}_2$ 作为独立变量，电流 $\dot{I}_1$ 和 $\dot{I}_2$ 为待求量，仍采用上节的分析方法，根据替代定理，将二端口网络端口的外部电路用电压源替代，如图 10-5（a）所示。按照叠加定理，将图 10-5（a）所示的网络分解成仅含单个电压源的网络，如图 10-5（b）和图 10-5（c）所示，端口电流 $\dot{I}_1$ 和 $\dot{I}_2$ 是电压 $\dot{U}_1$ 和 $\dot{U}_2$ 单独作用时所产生的电流之和，即

$$\dot{I}_1 = Y_{11}\dot{U}_1 + Y_{12}\dot{U}_2$$
$$\dot{I}_2 = Y_{21}\dot{U}_1 + Y_{22}\dot{U}_2$$

（10-2）

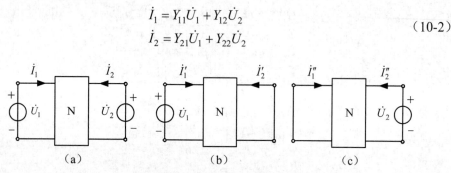

（a）   （b）   （c）

图 10-5   二端口网络的 Y 参数

式中，Y_{11}、Y_{12}、Y_{21}、Y_{22} 具有导纳的性质，量纲为西门子（S），故称为二端口网络的 Y 参数，式（10-2）称为 Y 参数方程，其矩阵形式为

$$\begin{bmatrix} \dot{I}_1 \\ \dot{I}_2 \end{bmatrix} = \begin{bmatrix} Y_{11} & Y_{12} \\ Y_{21} & Y_{22} \end{bmatrix} \begin{bmatrix} \dot{U}_1 \\ \dot{U}_2 \end{bmatrix} = Y \begin{bmatrix} \dot{U}_1 \\ \dot{U}_2 \end{bmatrix}$$

其中

$$Y = \begin{bmatrix} Y_{11} & Y_{12} \\ Y_{21} & Y_{22} \end{bmatrix}$$

称为 Y 参数矩阵。

Y 参数的确定可通过输入端口、输出端口短路测量或计算确定。

（1）$Y_{11} = \dfrac{\dot{I}_1}{\dot{U}_1}\bigg|_{\dot{U}_2=0}$，$Y_{11}$ 是输出端短路时输入端的入端导纳。

（2）$Y_{21} = \dfrac{\dot{I}_2}{\dot{U}_1}\bigg|_{\dot{U}_2=0}$，$Y_{21}$ 是输出端短路时输出端对输入端的转移导纳。

（3）$Y_{12} = \dfrac{\dot{I}_1}{\dot{U}_2}\bigg|_{\dot{U}_1=0}$，$Y_{12}$ 是输入端短路时输入端对输出端的转移导纳。

（4）$Y_{22} = \dfrac{\dot{I}_2}{\dot{U}_2}\bigg|_{\dot{U}_1=0}$，$Y_{22}$ 是输入端短路时输出端的入端导纳。

由于 Y 参数总是在一个端口短路的情况下确定，所以 Y 参数又称为短路导纳参数。Y 参数也可由其他参数转换而定。Y 参数矩阵和 Z 参数矩阵互为逆阵，即

$$Z = Y^{-1} \quad 或 \quad Y = Z^{-1}$$

当 $Y_{21} = Y_{12}$ 时，二端口网络具有互易性。如果该网络还具有 $Y_{11} = Y_{12}$ 的特点，则二端口网络是对称的。

【例 10-2】试求图 10-6 所示二端口网络的 Y 参数方程。

解   用计算法求 Y 参数。令二端口网络的输出端口短路，则 $\dot{U}_2 = 0$，由图 10-6 可得

$$\dot{I}_1 = \frac{\dot{U}_1}{R_1} + \frac{\dot{U}_1}{R_2} = \frac{\dot{U}_1}{\frac{1}{2}} + \frac{\dot{U}_1}{\frac{1}{4}} = 6\dot{U}_1$$

$$\dot{I}_2 = -\frac{\dot{U}_1}{R_2} = -\frac{\dot{U}_1}{\frac{1}{4}} = -4\dot{U}_1$$

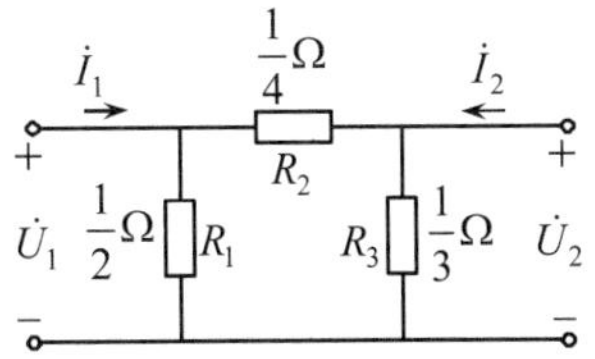

图 10-6　例 10-2 图

所以
$$Y_{11} = \left.\frac{\dot{I}_1}{\dot{U}_1}\right|_{\dot{U}_2=0} = 6\text{S}$$

$$Y_{21} = \left.\frac{\dot{I}_2}{\dot{U}_1}\right|_{\dot{U}_2=0} = -4\text{S}$$

令二端口网络的输入端口短路，则 $\dot{U}_1 = 0$，由图 10-6 可知

$$\dot{I}_2 = \frac{\dot{U}_2}{R_3} + \frac{\dot{U}_2}{R_2} = \frac{\dot{U}_2}{\frac{1}{3}} + \frac{\dot{U}_2}{\frac{1}{4}} = 7\dot{U}_2$$

$$\dot{I}_1 = -\frac{\dot{U}_2}{R_2} = -\frac{\dot{U}_2}{\frac{1}{4}} = -4\dot{U}_2$$

所以
$$Y_{12} = \left.\frac{\dot{I}_1}{\dot{U}_2}\right|_{\dot{U}_1=0} = -4\text{S}$$

$$Y_{22} = \left.\frac{\dot{I}_2}{\dot{U}_2}\right|_{\dot{U}_1=0} = 7\text{S}$$

也可先求出二端口的 Z 参数矩阵，再将 Z 参数矩阵求逆可得 Y 参数矩阵。
Y 参数方程为

$$\dot{I}_1 = 6\dot{U}_1 - 4\dot{U}_2$$
$$\dot{I}_2 = -4\dot{U}_1 + 7\dot{U}_2$$

10.1.3　二端口网络的 T 方程和 T 参数

T 方程是一组以二端口网络的输出端口电压 $\dot{U}_2$ 和电流 $\dot{I}_2$ 表征输入端口电压 $\dot{U}_1$

和电流 $\dot{I}_1$ 的方程，二端口网络以 $\dot{U}_2$ 和 $\dot{I}_2$ 作为独立变量，$\dot{U}_1$、$\dot{I}_1$ 为待求量。T 方程为

$$\dot{U}_1 = A\dot{U}_2 + B(-\dot{I}_2)$$

$$\dot{I}_1 = C\dot{U}_2 + D(-\dot{I}_2)$$

（10-3）

式中，A、B、C、D 称为二端口网络的 T 参数，其中 A、D 无量纲；B 具有阻抗性质，量纲为欧姆；C 具有导纳的性质，量纲为西门子。式（10-3）称为二端口网络的 T 参数方程。由于 $\dot{U}_2$、$\dot{I}_2$ 是二端口网络输出端口一侧的物理量，$\dot{U}_1$、$\dot{I}_1$ 是二端口网络输入端口一侧的物理量，所以又称为传输参数方程，也叫一般传输方程。T 参数方程的矩阵形式为

$$\begin{bmatrix} \dot{U}_1 \\ \dot{I}_1 \end{bmatrix} = \begin{bmatrix} A & B \\ C & D \end{bmatrix} \begin{bmatrix} \dot{U}_2 \\ -\dot{I}_2 \end{bmatrix} = T \begin{bmatrix} \dot{U}_2 \\ -\dot{I}_2 \end{bmatrix}$$

其中

$$[T] = \begin{bmatrix} A & B \\ C & D \end{bmatrix}$$

称为 T 参数矩阵。

T 参数可以通过两个端口的开路和短路两种状态分析计算或测量获得：

（1）$A = \dfrac{\dot{U}_1}{\dot{U}_2}\bigg|_{\dot{I}_2=0}$，$A$ 是输出端开路时输入电压与输出电压的比值。

（2）$C = \dfrac{\dot{I}_1}{\dot{U}_2}\bigg|_{\dot{I}_2=0}$，$C$ 是输出端开路时输入端对输出端的转移导纳。

（3）$B = \dfrac{\dot{U}_1}{-\dot{I}_2}\bigg|_{\dot{U}_2=0}$，$B$ 是输出端短路时输入端对输出端的转移阻抗。

（4）$D = \dfrac{\dot{I}_1}{-\dot{I}_2}\bigg|_{\dot{U}_2=0}$，$D$ 是输出端短路时输入电流与输出电流的比值。

T 参数也可以根据其他参数来确定，将 Z 方程或 Y 方程做数学运算，变换成 T 方程的表达形式，即可求出 T 参数。

对于互易二端口网络，$AD - BC = 1$；如果二端口网络是对称的，则还有 $A = D$。

【例 10-3】试求图 10-7 所示二端口网络的 T 参数，并验证关系式：$AD - BC = 1$。

解　当二端口网络输出端口开路时，$\dot{I}_2 = 0$，有

$$\dot{U}_2 = \frac{\dot{U}_1}{j\omega L + \dfrac{1}{j\omega C_2}} \frac{1}{j\omega C_2} = \frac{\dot{U}_1}{1 - \omega^2 L C_2}$$

$$\dot{I}_1 = j\omega C_1 \dot{U}_1 + \frac{\dot{U}_1}{j\omega L + \dfrac{1}{j\omega C_2}} = \left[j\omega(C_1 + C_2 - \omega^2 L C_1 C_2) \right] \dot{U}_2$$

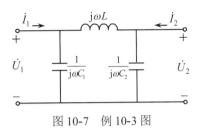

图 10-7　例 10-3 图

所以

$$A = \frac{\dot{U}_1}{\dot{U}_2}\bigg|_{\dot{I}_2=0} = 1 - \omega^2 LC_2$$

$$C = \frac{\dot{I}_1}{\dot{U}_2}\bigg|_{\dot{I}_2=0} = j\omega(C_1 + C_2 - \omega^2 LC_1C_2)$$

令二端口网络输出端口短路，$\dot{U}_2 = 0$，有

$$\dot{I}_2 = -\frac{\dot{U}_1}{j\omega L}$$

$$\dot{I}_1 = j\omega C_1 \dot{U}_1 + \frac{\dot{U}_1}{j\omega L} = \frac{(1 - \omega^2 LC_1)\dot{U}_1}{j\omega L}$$

所以

$$B = \frac{\dot{U}_1}{-\dot{I}_2}\bigg|_{\dot{U}_2=0} = j\omega L$$

$$D = \frac{\dot{I}_1}{-\dot{I}_2}\bigg|_{\dot{U}_2=0} = 1 - \omega^2 LC_1$$

$$AD = 1 - \omega^2 LC_2 - \omega^2 LC_1 + \omega^4 L^2 C_1 C_2$$

$$BC = -\omega^2 LC_1 - \omega^2 LC_2 + \omega^4 L^2 C_1 C_2$$

故

$$AD - BC = 1$$

10.1.4　二端口网络的 H 方程和 H 参数

H 方程是一组以二端口网络的端口电流 $\dot{I}_1$ 和电压 $\dot{U}_2$ 表征端口电压 $\dot{U}_1$ 和电流 $\dot{I}_2$ 的方程，即以 $\dot{I}_1$ 和另一端口的电压 $\dot{U}_2$ 为独立变量，$\dot{U}_1$ 和另一端口电流 $\dot{I}_2$ 作为待求量，方程为

$$\dot{U}_1 = H_{11}\dot{I}_1 + H_{12}\dot{U}_2$$
$$\dot{I}_2 = H_{21}\dot{I}_1 + H_{22}\dot{U}_2$$

（10-4）

式中，H_{11}、H_{12}、H_{21}、H_{22} 称为二端口网络的 H 参数，其中 H_{12}、H_{21} 无量纲；H_{11} 具有阻抗性质，量纲为欧姆；H_{22} 具有导纳的性质，量纲为西门子。式（10-4）

称为二端口网络的 H 参数方程。由于 H 参数的量纲不完全相同，物理量具有混合之意，故也称为混合参数方程。其矩阵形式为

$$\begin{bmatrix} \dot{U}_1 \\ \dot{I}_2 \end{bmatrix} = \begin{bmatrix} H_{11} & H_{12} \\ H_{21} & H_{22} \end{bmatrix} \begin{bmatrix} \dot{I}_1 \\ \dot{U}_2 \end{bmatrix} = H \begin{bmatrix} \dot{I}_1 \\ \dot{U}_2 \end{bmatrix}$$

其中
$$H = \begin{bmatrix} H_{11} & H_{12} \\ H_{21} & H_{22} \end{bmatrix}$$

称为 H 参数矩阵。

H 参数在晶体管电路的电路分析和设计中得到了广泛应用，低频电路中常用的是 H 参数。H 参数使用起来比较方便，且每个 H 参数都表征晶体管的一定特性。

H 参数可以通过二端口网络的出口短路和入口开路进行分析计算或测量来确定。

（1）$H_{11} = \dfrac{\dot{U}_1}{\dot{I}_1}\Big|_{\dot{U}_2=0}$，$H_{11}$ 是输出端短路时输入端的入端阻抗，在晶体管电路中称为晶体管的输入电阻。

（2）$H_{21} = \dfrac{\dot{I}_2}{\dot{I}_1}\Big|_{\dot{U}_2=0}$，$H_{21}$ 是输出端短路时输出端电流与输入端电流之比，在晶体管电路中称为晶体管的电流放大倍数或电流增益。

（3）$H_{12} = \dfrac{\dot{U}_1}{\dot{U}_2}\Big|_{\dot{I}_1=0}$，$H_{12}$ 是输入端开路时输入端电压与输出端电压之比，在晶体管电路中称为晶体管的内部电压反馈系数或反向电压传输比。

（4）$H_{22} = \dfrac{\dot{I}_2}{\dot{U}_2}\Big|_{\dot{I}_1=0}$，$H_{22}$ 是输入端开路时输出端的入端导纳，在晶体管电路中称为晶体管的输出电导。

H 参数也可用其他参数来描述（见本章小结中的表 10-1）。若二端口网络是互易的，则 $H_{12} = -H_{21}$。对于对称的二端口网络，则还有 $H_{11}H_{22} - H_{12}H_{21} = 1$。

注意，并不是所有给定的二端口网络都有以上四种参数方程，如图 10-8 所示二端口网络，图 10-8（a）没有 Y 参数方程，而图 10-8（b）没有 Z 参数方程。

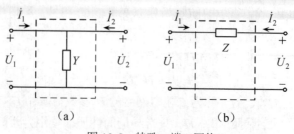

图 10-8　特殊二端口网络

10.2　二端口网络的等效电路

【微课视频】

二端口网络的
等效电路

对于一个复杂的无源线性二端口网络，可以通过描述端口特性的参数和方程，将其化简，化简后的二端口和原复杂二端口具有相同的外部特性，则这个简化的二端口网络即是原复杂二端口的等效电路。由于由线性 R、L（M）、C 构成的任何无源二端口网络具有互易性，即只用三个独立参数就可以表征它的性能，也就意味着简单的二端口网络等效电路可以由三个阻抗（或导纳）元件构成。由三个元件构成的二端口网络只有两种形式，一种是 Π 型二端口网络，另一种是 T 型二端口网络，如图 10-9 所示。

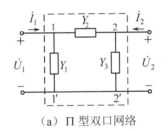
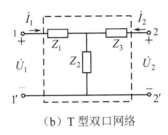

（a）Π 型双口网络　　　　　　　　（b）T 型双口网络

图 10-9　二端口网络的等效电路

观察两种形式电路的结构，不难发现，Π 型二端口网络可以通过列写结点电压方程，得出 Y 参数方程和 Y 参数矩阵；T 型二端口网络可以通过列写网孔电流方程，得出 Z 参数方程和 Z 参数矩阵。反之，若已知二端口网络的 Y 参数矩阵，便可以求出其对应给山的 Π 型等效电路；若已知二端口网络的 Z 参数矩阵，便可以求出其对应给出的 T 型等效电路。

如图 10-9（a）所示的 Π 型等效电路，1-1′端口和 2-2′端口以外的电路分别用等于 $\dot{I}_1$ 和 $\dot{I}_2$ 的电流源替代，以结点 1′（2′）为参考点，结点 1 和结点 2 的结点电压方程为

$$(Y_1 + Y_2)\dot{U}_1 - Y_2\dot{U}_2 = \dot{I}_1$$
$$-Y_2\dot{U}_1 + (Y_2 + Y_3)\dot{U}_2 = \dot{I}_2$$

而原二端口网络的 Y 参数方程为

$$\dot{I}_1 = Y_{11}\dot{U}_1 + Y_{12}\dot{U}_2$$
$$\dot{I}_2 = Y_{21}\dot{U}_1 + Y_{22}\dot{U}_2$$

比较以上两组方程，可知

$$Y_{11} = Y_1 + Y_2$$
$$Y_{12} = Y_{21} = -Y_2$$

$$Y_{22} = Y_2 + Y_3$$

对上述三方程求解，得

$$Y_1 = Y_{11} + Y_{12}$$
$$Y_2 = -Y_{12} = -Y_{21}$$
$$Y_3 = Y_{21} + Y_{22}$$

如图 10-9（b）的 T 型等效电路，1-1'端口和 2-2'端口以外的电路分别用等于 $\dot{U}_1$ 和 $\dot{U}_2$ 的电压源替代，针对左右两个网孔（网孔电流的方向分别和 $\dot{I}_1$、$\dot{I}_2$ 的方向相同），列写网孔电流方程，有

$$\dot{U}_1 = (Z_1 + Z_2)\dot{I}_1 + Z_2\dot{I}_2$$
$$\dot{U}_2 = Z_2\dot{I}_1 + (Z_2 + Z_3)\dot{I}_2$$

而原二端口网络的 Z 参数方程为

$$\dot{U}_1 = Z_{11}\dot{I}_1 + Z_{12}\dot{I}_2$$
$$\dot{U}_2 = Z_{21}\dot{I}_1 + Z_{22}\dot{I}_2$$

比较以上两组方程，可知

$$Z_{11} = Z_1 + Z_2$$
$$Z_{12} = Z_{21} = Z_2$$
$$Z_{22} = Z_2 + Z_3$$

可得参数

$$Z_1 = Z_{11} - Z_{12}$$
$$Z_2 = Z_{12} = Z_{21}$$
$$Z_3 = Z_{22} - Z_{12}$$

对于电气对称的二端口网络，应有 $Y_{11} = Y_{22}$、$Z_{11} = Z_{22}$，则它的 Π 型等效电路或 T 型等效电路也一定是对称的，故有 $Y_1 = Y_3$、$Z_1 = Z_3$。

如果给定二端口网络的其他参数，可以利用给定参数的方程做数学运算，变换成 Y 参数方程或 Z 参数方程的形式，即可方便求得等效电路。

【例 10-4】试求图 10-10 所示二端口网络的 T 型等效电路和 Π 型等效电路的参数。

解　（1）先求出图 10-10 所示二端口网络的 Z 参数。它是一个无源线性电阻网络且无受控源，$Z_{12} = Z_{21}$，因此只需求出三个 Z 参数即可。令二端口网络的输出端口开路，即 $\dot{I}_2 = 0$，则

$$\dot{I}_1 = \left(\frac{1}{6} + \frac{1}{6}\right)\dot{U}_1 = \frac{1}{3}\dot{U}_1$$

$$\dot{U}_2 = 4\frac{\dot{U}_1}{6} - 1\frac{\dot{U}_1}{6} = \frac{1}{2}\dot{U}_1$$

$$Z_{11} = \frac{\dot{U}_1}{\dot{I}_1}\bigg|_{\dot{I}_2=0} = 3\Omega$$

$$Z_{21} = \frac{\dot{U}_2}{\dot{I}_1}\bigg|_{\dot{I}_2=0} = 1.5\Omega$$

$$Z_{12} = Z_{21} = 1.5\Omega$$

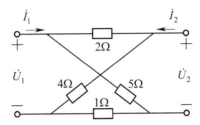

图 10-10　例 10-4 电路的二端口网络的等效电路

令二端口网络的输入端口开路，则

$$\dot{I}_2 = \left(\frac{1}{7} + \frac{1}{5}\right)\dot{U}_2 = \frac{12}{35}\dot{U}_2$$

$$Z_{22} = \frac{\dot{U}_2}{\dot{I}_2}\bigg|_{\dot{I}_1=0} = \frac{35}{12} = 2.92\Omega$$

T 型等效电路的参数

$$Z_1 = Z_{11} - Z_{12} = 3 - 1.5 = 1.5\Omega$$

$$Z_2 = Z_{12} = 1.5\Omega$$

$$Z_3 = Z_{22} - Z_{12} = 2.92 - 1.5 = 1.42\Omega$$

（2）先求出图 10-10 所示二端口网络的 Y 参数。它是一个无源线性的无受控源电阻网络，$Y_{12} = Y_{21}$，因此只需求出三个 Y 参数即可。令二端口网络的输出端口短路，即 $\dot{U}_2 = 0$，则

$$\dot{I}_1 = \frac{\dot{U}_1}{\dfrac{2 \times 5}{2 + 5} + \dfrac{4 \times 1}{4 + 1}} = \frac{35}{78}\dot{U}_1$$

$$\dot{I}_2 = \left(\frac{1}{5} - \frac{5}{7}\right)\dot{I}_1 = -\frac{18}{35}\dot{I}_1 = -\frac{18}{78}\dot{U}_1$$

$$Y_{11} = \frac{\dot{I}_1}{\dot{U}_1}\bigg|_{\dot{U}_2=0} = \frac{35}{78} = 0.45\text{S}$$

$$Y_{21} = \frac{\dot{I}_2}{\dot{U}_1}\bigg|_{\dot{U}_2=0} = -\frac{18}{78} = -0.231\text{S}$$

令二端口网络的输入端短路，使 $\dot{U}_1 = 0$，则

$$\dot{I}_2 = \frac{\dot{U}_2}{\dfrac{5}{6} + \dfrac{8}{6}} = \frac{6}{13}\dot{U}_2$$

$$Y_{22} = \frac{\dot{I}_2}{\dot{U}_2}\bigg|_{\dot{U}_1=0} = \frac{6}{13} = 0.462\text{S}$$

Π 型等效电路的参数

$$Y_1 = Y_{11} + Y_{12} = 0.45 - 0.231 = 0.219\text{S}$$
$$Y_2 = -Y_{12} = 0.231\text{S}$$
$$Y_3 = Y_{22} + Y_{12} = 0.462 - 0.213 = 0.231\text{S}$$

上述提到的已知二端口的参数具有对称性，如果 $Z_{12} \neq Z_{21}$、$Y_{12} \neq Y_{21}$，也能找出它们对应的 Π 型和 T 型等效电路，只不过此时等效电路中含有受控源。下面举例说明。

【例 10-5】 已知一个二端口的 Z 参数矩阵，有 $Z = \begin{bmatrix} 3 & 1 \\ 4 & 5 \end{bmatrix}\Omega$，求该二端口的 T 型等效。

解： 由二端口的 Z 参数矩阵，可以写成 Z 参数方程

$$\dot{U}_1 = 3\dot{I}_1 + 1\dot{I}_2$$
$$\dot{U}_2 = 4\dot{I}_1 + 5\dot{I}_2$$

将第二个方程变形，于是有

$$\dot{U}_1 = 3\dot{I}_1 + 1\dot{I}_2$$
$$\dot{U}_2 - 3\dot{I}_1 = 1\dot{I}_1 + 5\dot{I}_2$$

也即

$$\dot{U}_1 = 3\dot{I}_1 + 1\dot{I}_2$$
$$\dot{U}_2' = 1\dot{I}_1 + 5\dot{I}_2$$

其中

$$\dot{U}_2' = \dot{U}_2 - 3\dot{I}_1$$

其 T 型等效电路 22′口处相当于串联一个电流控制电压源（大小为 $3\dot{I}_1$），如图 10-11（a）所示。

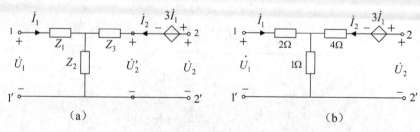

图 10-11　例 10-5 图

$$Z_1 = Z_{11} - Z_{12} = 3 - 1 = 2\Omega，\quad Z_{21} = Z_{12} = 1\Omega，\quad Z_3 = Z_{22} - Z_{12} = 5 - 1 = 4\Omega$$

已知 Y 参数（$Y_{12} \neq Y_{21}$），求其 Π 型等效电路，方法与上例相同。

10.3　二端口网络的连接

【微课视频】

二端口网络的
连接

二端口网络的连接指的是各子二端口网络之间的连接及连接方式，基本的连接方式有三种：串联、并联及级联。

10.3.1　二端口网络的串联

两个或两个以上二端口网络的对应端口分别作串联连接称为二端口网络的串联，如图 10-12 所示。

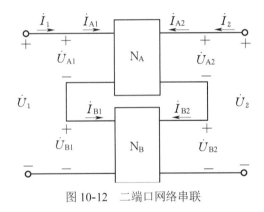

图 10-12　二端口网络串联

根据基尔霍夫电压定理，图 10-12 串联的二端口网络的端口电压的矩阵形式为

$$\begin{bmatrix} \dot{U}_1 \\ \dot{U}_2 \end{bmatrix} = \begin{bmatrix} \dot{U}_{A1} \\ \dot{U}_{A2} \end{bmatrix} + \begin{bmatrix} \dot{U}_{B1} \\ \dot{U}_{B2} \end{bmatrix}$$

串联时参数的计算采用 Z 参数比较方便。二端口网络 N_A、N_B 的 Z 参数方程的矩阵形式为

$$\begin{bmatrix} \dot{U}_{A1} \\ \dot{U}_{A2} \end{bmatrix} = \begin{bmatrix} Z_{A11} & Z_{A12} \\ Z_{A21} & Z_{A22} \end{bmatrix}\begin{bmatrix} \dot{I}_{A1} \\ \dot{I}_{A2} \end{bmatrix} = Z_A\begin{bmatrix} \dot{I}_{A1} \\ \dot{I}_{A2} \end{bmatrix}、\quad \begin{bmatrix} \dot{U}_{B1} \\ \dot{U}_{B2} \end{bmatrix} = \begin{bmatrix} Z_{B11} & Z_{B12} \\ Z_{B21} & Z_{B22} \end{bmatrix}\begin{bmatrix} \dot{I}_{B1} \\ \dot{I}_{B2} \end{bmatrix} = Z_B\begin{bmatrix} \dot{I}_{B1} \\ \dot{I}_{B2} \end{bmatrix}$$

要求串联后仍然满足端口条件，通过各二端口网络对应端口的是同一个电流，所以

$$\begin{bmatrix} \dot{U}_1 \\ \dot{U}_2 \end{bmatrix} = \begin{bmatrix} \dot{U}_{A1} \\ \dot{U}_{A2} \end{bmatrix} + \begin{bmatrix} \dot{U}_{B1} \\ \dot{U}_{B2} \end{bmatrix} = Z_A\begin{bmatrix} \dot{I}_{A1} \\ \dot{I}_{A2} \end{bmatrix} + Z_B\begin{bmatrix} \dot{I}_{B1} \\ \dot{I}_{B2} \end{bmatrix} = (Z_A + Z_B)\begin{bmatrix} \dot{I}_1 \\ \dot{I}_2 \end{bmatrix} = Z\begin{bmatrix} \dot{I}_1 \\ \dot{I}_2 \end{bmatrix}$$

其中
$$Z = Z_A + Z_B$$
$$Z = \begin{bmatrix} Z_{A11} + Z_{B11} & Z_{A12} + Z_{B12} \\ Z_{A21} + Z_{B21} & Z_{A22} + Z_{B22} \end{bmatrix}$$

即两个二端口网络串联的等效 Z 参数矩阵等于各二端口网络的矩阵 Z_A 和 Z_B 之和。

同理，当 n 个二端口网络串联时，则复合后的二端口网络 Z 参数矩阵为
$$Z = Z_1 + Z_2 + Z_3 + \cdots + Z_n$$

10.3.2　二端口网络的并联

两个或两个以上二端口网络的对应端口分别作并联连接称为二端口网络的并联，如图 10-13 所示。二端口网络并联时参数的计算采用 Y 参数比较方便。

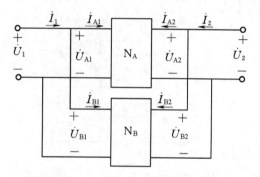

图 10-13　二端口网络并联

根据基尔霍夫电流定理，通过图 10-13 并联的二端口网络的电流其矩阵形式为
$$\begin{bmatrix} \dot{I}_1 \\ \dot{I}_2 \end{bmatrix} = \begin{bmatrix} \dot{I}_{A1} \\ \dot{I}_{A2} \end{bmatrix} + \begin{bmatrix} \dot{I}_{B1} \\ \dot{I}_{B2} \end{bmatrix}$$

二端口网络 N_A、N_B 的 Y 参数方程的矩阵形式为
$$\begin{bmatrix} \dot{I}_{A1} \\ \dot{I}_{A2} \end{bmatrix} = \begin{bmatrix} Y_{A11} & Y_{A12} \\ Y_{A21} & Y_{A22} \end{bmatrix} \begin{bmatrix} \dot{U}_{A1} \\ \dot{U}_{A2} \end{bmatrix} = Y_A \begin{bmatrix} \dot{U}_{A1} \\ \dot{U}_{A2} \end{bmatrix} 、 \begin{bmatrix} \dot{I}_{B1} \\ \dot{I}_{B2} \end{bmatrix} = \begin{bmatrix} Y_{B11} & Y_{B12} \\ Y_{B21} & Y_{B22} \end{bmatrix} \begin{bmatrix} \dot{U}_{B1} \\ \dot{U}_{B2} \end{bmatrix} = Y_B \begin{bmatrix} \dot{U}_{B1} \\ \dot{U}_{B2} \end{bmatrix}$$

要求并联后仍然满足端口条件，各二端口网络对应端口的电压相同，即有
$$\begin{bmatrix} \dot{I}_1 \\ \dot{I}_2 \end{bmatrix} = \begin{bmatrix} \dot{I}_{A1} \\ \dot{I}_{A2} \end{bmatrix} + \begin{bmatrix} \dot{I}_{B1} \\ \dot{I}_{B2} \end{bmatrix} = Y_A \begin{bmatrix} \dot{U}_{A1} \\ \dot{U}_{A2} \end{bmatrix} + Y_B \begin{bmatrix} \dot{U}_{B1} \\ \dot{U}_{B2} \end{bmatrix} = (Y_A + Y_B) \begin{bmatrix} \dot{U}_1 \\ \dot{U}_2 \end{bmatrix} = Y \begin{bmatrix} \dot{U}_1 \\ \dot{U}_2 \end{bmatrix}$$

其中
$$Y = Y_A + Y_B$$
$$Y = \begin{bmatrix} Y_{A11} + Y_{B11} & Y_{A12} + Y_{B12} \\ Y_{A21} + Y_{B21} & Y_{A22} + Y_{B22} \end{bmatrix}$$

即两个二端口网络并联的等效 Y 参数矩阵等于各二端口网络的矩阵 Y_A 和 Y_B 之和。

同理，当 n 个二端口网络并联时，则复合后的二端口网络 Y 参数矩阵为

$$Y = Y_1 + Y_2 + Y_3 + \cdots + Y_n$$

10.3.3　二端口网络的级联

设有两个或两个以上二端口网络，上一级二端口网络的输出端口与下一级二端口网络的输入端口作对应的连接称为二端口网络的级联，如图 10-14 所示。级联时，二端口网络参数的计算采用 T 参数比较方便。

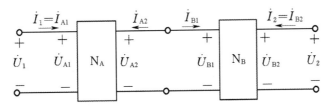

图 10-14　二端口网络的级联

二端口网络 N_A、N_B 的 T 参数方程的矩阵形式分别为

$$\begin{bmatrix} \dot{U}_{A1} \\ \dot{I}_{A1} \end{bmatrix} = \begin{bmatrix} A_A & B_A \\ C_A & D_A \end{bmatrix} \begin{bmatrix} \dot{U}_{A2} \\ -\dot{I}_{A2} \end{bmatrix} = T_A \begin{bmatrix} \dot{U}_{A2} \\ -\dot{I}_{A2} \end{bmatrix} \text{、} \begin{bmatrix} \dot{U}_{B1} \\ \dot{I}_{B1} \end{bmatrix} = \begin{bmatrix} A_B & B_B \\ C_B & D_B \end{bmatrix} \begin{bmatrix} \dot{U}_{B2} \\ -\dot{I}_{B2} \end{bmatrix} = T_B \begin{bmatrix} \dot{U}_{B2} \\ -\dot{I}_{B2} \end{bmatrix}$$

由图 6-15 可知，二端口网络级联后，上一级的输出端口为下一级的输入端口，有

$$\begin{bmatrix} \dot{U}_{A2} \\ -\dot{I}_{A2} \end{bmatrix} = \begin{bmatrix} \dot{U}_{B1} \\ \dot{I}_{B1} \end{bmatrix}$$

$$\begin{bmatrix} \dot{U}_{A1} \\ \dot{I}_{A1} \end{bmatrix} = T_A \begin{bmatrix} \dot{U}_{A2} \\ -\dot{I}_{A2} \end{bmatrix} = T_A \begin{bmatrix} \dot{U}_{B1} \\ \dot{I}_{B1} \end{bmatrix} = T_A T_B \begin{bmatrix} \dot{U}_{B2} \\ -\dot{I}_{B2} \end{bmatrix}$$

所以有

$$\begin{bmatrix} \dot{U}_1 \\ \dot{I}_1 \end{bmatrix} = T_A T_B \begin{bmatrix} \dot{U}_{B2} \\ -\dot{I}_{B2} \end{bmatrix} = T_A T_B \begin{bmatrix} \dot{U}_2 \\ -\dot{I}_2 \end{bmatrix} = T \begin{bmatrix} \dot{U}_2 \\ -\dot{I}_2 \end{bmatrix}$$

其中

$$T = T_A T_B$$

即

$$T = \begin{bmatrix} A_A A_B + B_A C_B & A_A B_B + B_A D_B \\ C_A A_B + D_A C_B & C_A B_B + D_A D_B \end{bmatrix}$$

即两个二端口网络级联的等效 T 参数矩阵等于各二端口网络的矩阵 T_A 和 T_B 之积。

同理，当 n 个二端口网络级联时，则复合后的二端口网络 T 参数矩阵为

$$T = T_1 T_2 T_3 \cdots T_n$$

10.4 回转器

回转器是一个非常重要的二端口网络，它是一种线性非互易的多端元件，由运放和电阻元件构成，其图形符号如图 10-15 所示。其端口电压、电流满足下列关系式

$$u_1 = -ri_2$$
$$i_1 = gu_2$$

式中，r 称为回转电阻，g 称为回转电导，$g = \dfrac{1}{r}$，r 和 g 简称为回转常数。上式可写为 T 参数方程

$$i_1 = 0 \cdot u_2 - ri_2$$
$$i_1 = gu_2 - 0 \cdot i_2 \qquad T = \begin{bmatrix} 0 & r \\ g & 0 \end{bmatrix}$$

由上述端口方程可知，回转器有把一个端口上的电流"回转"为另一端口上的电压或相反过程的性质。正是这一性质，使回转器具有把一个电容"回转"为一个电感的本领，这在微电子器中为易于集成的电容实现难以集成的电感提供可能。

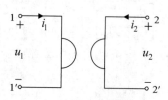

图 10-15   回转器电路符号

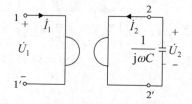

图 10-16   电感的实现

现说明如下：

如图 10-16 所示，用相量分析

因为
$$\dot{U}_1 = -r\dot{I}_2 = -r\left(\dfrac{-\dot{U}_2}{-\mathrm{j}\dfrac{1}{\omega C}} \right) = \mathrm{j}r\omega C\dot{U}_2$$

$$\dot{U}_2 = \dfrac{1}{g}\dot{I}_1 = r\dot{I}_1$$

所以
$$\dot{U}_1 = \mathrm{j}r^2\omega C\dot{I}_1$$

于是 1–1′ 的输入阻抗

$$Z_{\mathrm{in}} = \dfrac{\dot{U}_1}{\dot{I}_1} = \mathrm{j}\omega(r^2 C) = \mathrm{j}\omega(\dfrac{1}{g^2}C) = \mathrm{j}\omega L$$

可见 Z_{in} 相当于一个电感元件，电感值 $L = r^2 C = \dfrac{1}{g^2} C$。若设 $C = 1\mu F$，$r = 50 k\Omega$，则 $L = 2500 H$。

二端口网络各参数之间相互转换公式见表 10-1。

表 10-1　二端口网络各参数之间相互转换公式表

参数	用 Z 参数表示		用 Y 参数表示		用 T(A)参数表示		用 H 参数表示		互易条件
Z 参数	Z_{11} $\quad$ Z_{12} Z_{21} $\quad$ Z_{22}		$\dfrac{Y_{22}}{\Delta Y}$ $\quad$ $-\dfrac{Y_{12}}{\Delta Y}$ $-\dfrac{Y_{21}}{\Delta Y}$ $\quad$ $\dfrac{Y_{11}}{\Delta Y}$		$\dfrac{A}{C}$ $\quad$ $\dfrac{\Delta T}{C}$ $\dfrac{1}{C}$ $\quad$ $\dfrac{D}{C}$		$\dfrac{\Delta H}{H_{22}}$ $\quad$ $\dfrac{H_{12}}{H_{22}}$ $-\dfrac{H_{21}}{H_{22}}$ $\quad$ $\dfrac{1}{H_{22}}$		$Z_{12} = Z_{21}$
Y 参数	$\dfrac{Z_{22}}{\Delta Z}$ $\quad$ $-\dfrac{Z_{12}}{\Delta Z}$ $-\dfrac{Z_{21}}{\Delta Z}$ $\quad$ $\dfrac{Z_{11}}{\Delta Z}$		Y_{11} $\quad$ Y_{12} Y_{21} $\quad$ Y_{22}		$\dfrac{D}{B}$ $\quad$ $-\dfrac{\Delta T}{B}$ $-\dfrac{1}{B}$ $\quad$ $\dfrac{A}{B}$		$\dfrac{1}{H_{11}}$ $\quad$ $-\dfrac{H_{12}}{H_{11}}$ $\dfrac{H_{21}}{H_{11}}$ $\quad$ $\dfrac{\Delta H}{H_{11}}$		$Y_{12} = Y_{21}$
T(A)参数	$\dfrac{Z_{11}}{Z_{21}}$ $\quad$ $\dfrac{\Delta Z}{Z_{21}}$ $\dfrac{1}{Z_{21}}$ $\quad$ $\dfrac{Z_{22}}{Z_{21}}$		$-\dfrac{Y_{22}}{Y_{21}}$ $\quad$ $-\dfrac{1}{Y_{21}}$ $-\dfrac{\Delta Y}{Y_{21}}$ $\quad$ $-\dfrac{Y_{11}}{Y_{21}}$		A $\quad$ B C $\quad$ D		$-\dfrac{\Delta H}{H_{21}}$ $\quad$ $-\dfrac{H_{11}}{H_{21}}$ $-\dfrac{H_{22}}{H_{21}}$ $\quad$ $-\dfrac{1}{H_{21}}$		$\Delta T = 1$
H 参数	$\dfrac{\Delta Z}{Z_{22}}$ $\quad$ $\dfrac{Z_{12}}{Z_{22}}$ $-\dfrac{Z_{21}}{Z_{22}}$ $\quad$ $\dfrac{1}{Z_{22}}$		$\dfrac{1}{Y_{11}}$ $\quad$ $-\dfrac{Y_{12}}{Y_{11}}$ $\dfrac{Y_{21}}{Y_{11}}$ $\quad$ $\dfrac{\Delta Y}{Y_{11}}$		$\dfrac{B}{D}$ $\quad$ $\dfrac{\Delta T}{D}$ $-\dfrac{1}{D}$ $\quad$ $\dfrac{C}{D}$		H_{11} $\quad$ H_{12} H_{21} $\quad$ H_{22}		$H_{12} = -H_{21}$

说明：表中 $\Delta Z = Z_{11} Z_{22} - Z_{12} Z_{21}$，$\Delta Y$、$\Delta T$、$\Delta H$ 的表达式与 ΔZ 类似。

本章重点小结

1. 二端口网络有四个端子，其中每两个端子满足端口条件构成一个端口。二端口网络的端口特性可以由四个参数方程来描述，与之对应的有 Z、Y、H、T 四种参数。这四种参数的计算，可以依据端口特性方程来求解，也可以根据电路结构先求出容易求解的参数，比如 T 型电路可以利用回路电流法直接求出 Z 参数，Π 型电路可以利用结点电压法直接求出 Y 参数，再通过方程的数学变换求出要求解的参数。

2. 可以利用 Y 参数矩阵找出电路的 Π 型等效电路；利用 Z 参数矩阵找出电路的 T 型等效电路。

3. 几个二端口网络串联时，参数的计算采用 Z 参数较为方便，二端口网络串联的等效 Z 参数矩阵等于各二端口网络的 Z 参数矩阵之和。几个二端口网络并联时，

参数的计算采用 Y 参数较为方便，二端口网络并联的等效 Y 参数矩阵等于各二端口网络的 Y 参数矩阵之和。几个二端口网络级联时，参数的计算采用 T 参数较为方便，二端口网络级联的等效 T 参数矩阵等于各二端口网络的 T 参数矩阵之积。

习题十

在线测试

10-1　如题 10-1 图所示，试求二端口网络的 Y、Z 参数矩阵（如不存在，说明原因）。

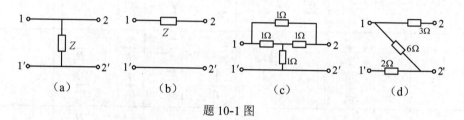

题 10-1 图

10-2　求题 10-2 图所示二端口网络的 Y、Z 和 T 参数矩阵。

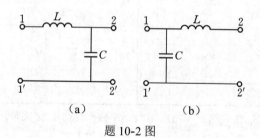

题 10-2 图

10-3　求题 10-3 图所示二端口网络的 H 参数。

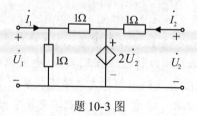

题 10-3 图

10-4　已知某二端口网络的 T 参数矩阵为

$$T = \begin{bmatrix} 4 & 3 \\ 9 & 7 \end{bmatrix}$$

求它的等效 T 型网络和 Π 型网络。

10-5 题 10-5 图所示二端口网络 P_1、P_2 的 T 参数矩阵为

$$T = \begin{bmatrix} A & B \\ C & D \end{bmatrix}$$

分别求出题 10-5 图中两个二端口网络的 T 参数矩阵。

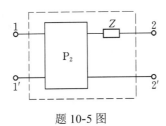

题 10-5 图

10-6 试求题 10-6 图所示各二端口网络的等效 T 型网络中各元件的参数。

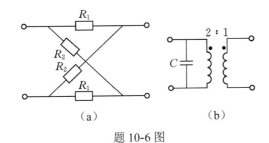

（a）   （b）

题 10-6 图

10-7 二端口网络如题 10-7 图所示，已知网络 N_A 的 T 参数矩阵为

$$T_A = \begin{bmatrix} 1.5 & 2 \\ 1 & 2 \end{bmatrix}$$

试求：（1）整个二端口网络的 T 参数矩阵。

（2）设 $\dot{U}_1 = 38V$，输出端口开路时，求入口电流 $\dot{I}_1$、出口电压 $\dot{U}_2$ 各应为多少？

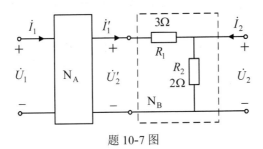

题 10-7 图

10-8　电路如题 10-8 图所示，已知二端口网络的 Y 参数矩阵为

$$Y = \begin{bmatrix} 4 & 2 \\ 2 & 1 \end{bmatrix}$$

若在其输出端 $2-2'$ 接负载电阻 $R_L = 5\Omega$，求从 $1-1'$ 端看进去的入端电阻 R_{in}。

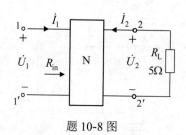

题 10-8 图

10-9　对于题 10-9 图（a）所示二端口网络，用串联的方法选择一种合适的参数，求出该网络的这种参数矩阵。

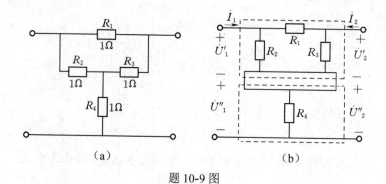

（a）　　　　　　　　　（b）

题 10-9 图

10-10　对于题 10-10 图（a）所示二端口网络，用并联的方法选择一种合适的参数，求出该网络的这种参数矩阵。

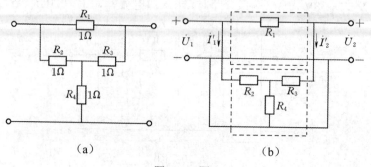

（a）　　　　　　　　　（b）

题 10-10 图

参考文献

[1] 邱关源. 电路[M]. 5版. 北京：高等教育出版社，2006.

[2] 周守昌. 电路原理[M]. 北京：高等教育出版社，2001.

[3] 江辑光. 电路原理[M]. 北京：清华大学出版社，1996.

[4] 范承志，孙盾，童梅，等. 电路原理[M]. 4版. 北京：机械工业出版社，2014.

[5] 张永瑞. 电路分析基础[M]. 4版. 西安：西安电子科技大学出版社，2013.

[6] 李瀚荪. 电路分析基础[M]. 3版. 北京：高等教育出版社，2005.

[7] 蔡伟建. 电路原理[M]. 2版. 浙江：浙江大学出版社，2009.

[8] 付玉明，陈晓，章晓眉. 电路分析基础[M]. 4版. 北京：中国水利水电出版社，2016.

[9] 范世贵，李辉，冯晓毅. 电路分析基础：导教·导学·导考[M]. 西安：西北工业大学出版社，2006.

[10] Charles K. Alexander, Matthew N. O. Sadiku. 电路基础（英文版·第5版）[M]. 北京：机械工业出版社，2013.

附录 基于 Multisim 的电路仿真

1. Multisim 电路仿真软件简介

Multisim 是美国国家仪器公司（National Instruments，NI）推出的一款基于 SPICE（Simulation Program with Integrated Circuit Emphasis）的电路仿真软件。Multisim 提炼了 SPICE 仿真的复杂内容，使得用户无须深入了解 SPICE 技术，就可以快速地进行电路分析和仿真。该软件不仅功能强大，而且操作简便，可以将电路图的绘制、电路的测试分析和仿真结果集成在同一个电路窗口中。本书采用 Multisim 14.0，介绍电路的计算机仿真过程。

我们先来搭建一个简单的电路，以熟悉 Multisim 软件的基本操作。该电路由一个直流电压源和一个电阻构成，使用电压表和电流表测量其中的电压和电流。启动软件后，出现如图 11-1 所示的界面。在绘图区空白处右击 Place component 放置元件，然后从元件库中选择放置直流电压源、电阻、直流电压表和直流电流表，如图 11-2 所示。可以双击元件，或者在元件上右击并选择 Properties，来调整元件的参数值。将这些元件连成如图 11-3 所示的电路。需要特别注意的是，在仿真时需要对电路进行接地。电路搭建完毕后，单击上方工具栏中的运行按钮（绿色三角形），或按 F5 键，仿真就开始运行，电压表和电流表会显示相应的数值。

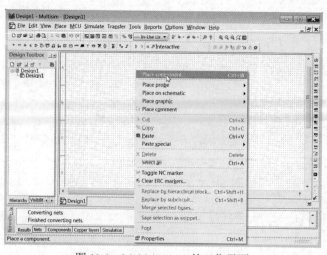

图 11-1 Multisim 14.0 的工作界面

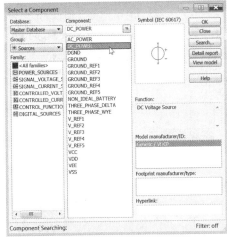

图 11-2 Multisim 的元件库

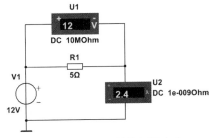

图 11-3 一个简单的测量电路

2. 戴维宁定理和最大功率传输定理的验证

运用本书第一章例 1-11 中的电路（图 11-4），验证戴维宁定理和最大功率传输定理。

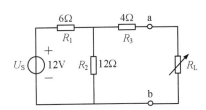

图 11-4 用于验证戴维宁定理和最大功率传输定理的电路

（1）戴维宁定理的验证。对照图 11-4，在 Multisim 中搭建如图 11-5 所示的电路。将图 11-4 中的可变负载电阻 R_L 用阻值固定的电阻替代，在这里我们取 $R_L=3\Omega$。运行仿真后，电流表测得 R_L 中的电流 $I_L=0.727A$。

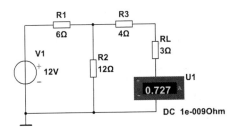

图 11-5 测量负载电阻 R_L 中的电流 I_L

将负载电阻 R_L 移除，测得开路电压 U_{OC}=8V，如图 11-6 所示。然后将电压源短路，用万用表测得戴维宁等效电阻 R_{eq}=8Ω，如图 11-7 所示。万用表从 Multisim 软件右侧的工具栏中选取，双击万用表图标显示其操作面板，选择欧姆挡。

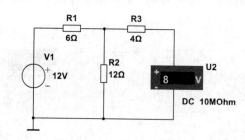

图 11-6   测量开路电压 U_{OC}

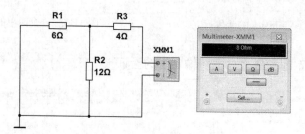

图 11-7   测量戴维宁等效电阻 R_{eq}

建立如图 11-8 所示的戴维宁等效电路，测得负载电阻 R_L 中的电流为 0.727A，与图 11-5 中的测量结果一致，戴维宁定理得以验证。读者可以将手工计算的结果与仿真结果进行对比。

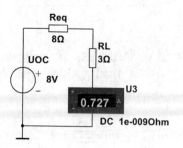

图 11-8   戴维宁等效电路

（2）最大功率传输定理的验证。将图 11-8 所示电路中的固定负载 R_L 替换为最大值为 20Ω 的可变电阻，并在其 Properties 对话框中打开 Value 选项卡，将 Increment 调整为 1%，以便能够较精确地调整可变电阻的阻值。从 Multisim 右侧的工具栏中选取功率表，按图 11-9 进行连接，测量可变电阻的功率。双击功率表，显示其面板。

启动仿真，然后用鼠标指针拖动可变电阻的调节杆，并观察功率表的读数。可以观察到，当可变电阻的阻值为最大值的 40%，即 R_L=8Ω 时，功率表的读数达到最大，最大值 P_{Lmax}=2W。这与例 1-11 中的计算结果一致，最大功率传输定理得到验证。

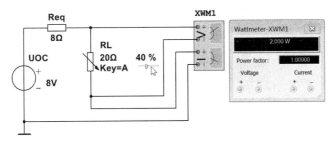

图 11-9　最大功率传输定理验证

3．*RLC* 串联谐振电路仿真

（1）测量谐振频率。搭建如图 11-10 所示的 *RLC* 串联电路，其中 *R*=1Ω，*L*=2mH，*C*=80μF。V1 为交流电压源，其参数无须设置。XBP1 为波特图仪，从右侧工具栏中选取。双击波特图仪，在弹出的面板中将 Horizontal（水平）和 Vertical（垂直）均设置为 Lin(线性)。将 Horizontal 下的扫描起始频率设为 1Hz，终止频率设为 1kHz。在 Vertical 下面，将纵坐标的起始值设为 0，终止值设为 1.2。单击 Set，将 Resolution points（分辨率点数）设为 1000，数值越大表示分辨率越高。运行仿真，用波特图仪面板下的箭头移动标尺。观察波特图仪下方的读数，当纵坐标值达到最大时，所显示的频率即为谐振频率。根据公式，该串联电路的谐振频率为

$$f_0 = \frac{1}{2\pi\sqrt{LC}} = \frac{1}{2\pi \times \sqrt{2\times10^{-3}\times80\times10^{-6}}} = 397.89\text{Hz}$$

在图 11-10 中显示的测量结果为 397.732Hz，与计算结果基本相同。

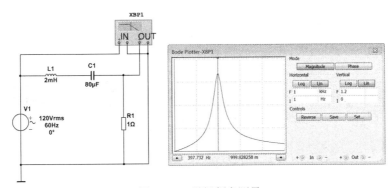

图 11-10　谐振频率测量

（2）测量谐振电压和电流。在 *RLC* 串联电路中，将交流电压源的电压设为
10V，频率设为前面测得的谐振频率，如图 11-11 所示。可以看到，发生谐振时，
电感和电容两端电压的有效值基本相等，电阻上的电压约等于电源电压，电路中
电流的有效值等于电源电压除以电阻值。这与我们在前面交流电路的学习中得到
的结论一致。

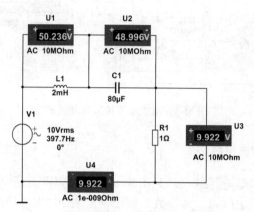

图 11-11　电压和电流有效值测量

（3）观察相位关系。如图 11-12 所示，用示波器观察电感和电容上的电压波形。
可以看到，发生谐振时，电感上的电压和电容上的电压大小相等、相位相反。

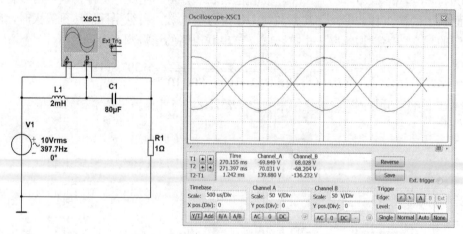

图 11-12　用示波器观察电压的相位关系